Deusch
Ott

Schnittstelle Mathematik

Vorkurs für Studienanfänger

Deusch
Ott

Schnittstelle Mathematik

Vorkurs für Studienanfänger

Merkur
Verlag Rinteln

Wirtschaftswissenschaftliche Bücherei für Schule und Praxis
Begründet von Handelsschul-Direktor Dipl.-Hdl. Friedrich Hutkap †

Die Verfasser:

Ronald Deusch

Oberstudienrat mit Lehrauftrag Mathematik am BSZ Bietigheim-Bissingen

Studium der Mathematik an der Universität Tübingen

Roland Ott

Oberstudienrat mit Lehrauftrag Mathematik an der KSW Wangen

Studium der Mathematik an der Universität Tübingen

* * * *

1. Auflage 2011

Gesamtherstellung:
MERKUR VERLAG RINTELN Hutkap GmbH & Co. KG, 31735 Rinteln
E-Mail: info@merkur-verlag.de
lehrer-service@merkur-verlag.de
Internet: www.merkur-verlag.de

ISBN 978-3-8120-0604-0

Vorwort

Der Übergang von beruflichen Gymnasien (BG), Berufskollegs (BK), Fachoberschulen (FOS) und Berufsoberschulen (BOS) zu naturwissenschaftlichen, wirtschaftswissenschaftlichen und technischen Studiengängen an Fachhochschulen, Berufsakademien und Universitäten stellt für viele Studentinnen und Studenten gerade im Fach Mathematik eine hohe Hürde dar. Häufig wird aufgrund fehlender Grundkenntnisse das Fach Mathematik zu einem Problemfach. Wissenslücken in elementarer Mathematik erschweren den Studieneinstieg. Um diese Hürde zu überwinden, benötigen die Studentinnen und Studenten individuelle Förderung und Hilfestellung.

Deshalb bieten mittlerweile Dozenten und Studentenmentoren Vorbereitungs- und Stützkurse an, die diesen Übergang ohne Zeit- und Motivationsverlust bewältigen helfen.

Das vorliegende Werk ist ein Arbeitsbuch für alle Vorbereitungskurse an Fachhochschulen, Berufsakademien und Universitäten mit naturwissenschaftlichen, wirtschaftswissenschaftlichen und technischen Studiengängen sowie für alle Vorbereitungskurse an den abgebenden Schulen. Die Inhalte wurden in enger Absprache und in Zusammenarbeit mit Dozenten von Fachhochschulen, Berufsakademien und Universitäten ausgewählt.

Anhand von Musterbeispielen mit ausführlichen Lösungen werden die grundlegenden Vorkenntnisse für die ersten Semester erarbeitet, d. h., die rechentechnischen Grundfertigkeiten werden trainiert und der Aufbau von grundlegenden mathematischen Kompetenzen wird gefördert. Dabei wird auf den Einsatz von grafikfähigen Taschenrechnern und CAS-Rechnern verzichtet.

Jede Lerneinheit schließt mit einer ausreichenden Anzahl von Aufgaben mit unterschiedlichem Schwierigkeitsgrad ab. Diese eignen sich zur Ergebnissicherung und zur Übung. Am Ende des Buches sind zur Selbstkontrolle die Lösungen abgedruckt.

Um den Studentinnen und Studenten eine schnelle Orientierung über die Inhalte zu ermöglichen, werden Farben als Gestaltungsmittel eingesetzt.

Aufgabenbeispiele und Aufgaben sind grau hinterlegt.

Definitionen, Festlegungen, Merksätze und mathematisch wichtige Grundlagen sind rot hinterlegt.

Bemerkungen, Hinweise und Beachtenswertes sind blau hinterlegt.

Hinweise und Anregungen, die zur Verbesserung beitragen, werden dankbar aufgegriffen.

Die Verfasser

Inhaltsverzeichnis

1 Zahlenmengen

Eine Zahlenmenge ist eine Zusammenfassung von unterscheidbaren Zahlen.

Mengen werden mit großen lateinischen Buchstaben bezeichnet.

Beispiel: Gegeben sind die Mengen $A = \{1; \frac{3}{2}; 2\}$ und $C = \{1; \frac{3}{2}; 8, 10; 14\}$.

1 ist **ein Element** aus A: $1 \in A$ $\frac{1}{2}$ ist **kein Element** aus C: $\frac{1}{2} \notin C$

Schreibweisen für Mengen

$B = \{1; \frac{3}{2}; 8\}$ aufzählende Darstellung

$= \{x \in C \mid x < 10\}$ beschreibende Darstellung

In Worten: Menge aller x aus C, für die gilt: $x < 10$.

Leere Menge $\{x \in A \mid x < 0{,}5\} = \emptyset$ d. h., die Menge enthält kein Element.

Teilmenge: Jedes Element von B ist auch Element von C: $B \subseteq C$

Beispiel: $\{1; \frac{3}{2}; 8\} \subseteq \{1; \frac{3}{2}; 8, 10; 14\}$

Mengenverknüpfungen

Vereinigungsmenge: $A \cup B$ enthält alle Elemente, die zu A **oder** zu B gehören

$A \cup B = \{x \mid x \in A \vee x \in B\}$ $\vee$ bedeutet **„oder"**

Beispiel: $A \cup B = \{1; \frac{3}{2}; 2\} \cup \{1; \frac{3}{2}; 8\} = \{1; \frac{3}{2}; 2; 8\}$

Schnittmenge: $A \cap B$ enthält alle Elemente, die zu A **und** zu B gehören

$A \cap B = \{x \mid x \in A \wedge x \in B\}$ $\wedge$ bedeutet **„und"**

Beispiel: $A \cap B = \{1; \frac{3}{2}; 2\} \cap \{1; \frac{3}{2}; 8\} = \{1; \frac{3}{2}\}$

Differenzmenge: $A \backslash B$ enthält alle Elemente, die zu A **aber nicht** zu B gehören

$A \backslash B = \{x \mid x \in A \wedge x \notin B\}$

Beispiel: $A \backslash B = \{1; \frac{3}{2}; 2\} \backslash \{1; \frac{3}{2}; 8\} = \{2\}$

Besondere Zahlenmengen

Menge der natürlichen Zahlen: $\mathbb{N} = \{0; 1; 2; 3...\}$

Menge der **natürlichen Zahlen ohne null:** $\mathbb{N}^* = \{1; 2; 3...\}$ *** bedeutet ohne null**

Menge der **ganzen Zahlen:** $\mathbb{Z} = \{... -2; -1; 0; 1; 2; 3...\}$

Menge der **rationalen Zahlen:** $\mathbb{Q} = \{\frac{p}{q} \mid p, q \in \mathbb{Z}; q \neq 0\}$

(Menge aller Zahlen, die sich als Bruch darstellen lassen.)

In Worten: Menge aller Bruchzahlen $\frac{p}{q}$ für die gilt: $p, q \in \mathbb{Z}$ und $q \neq 0$.

Menge der **irrationalen Zahlen,** die Elemente sind nicht als Bruch darstellbar.

Beispiele für irrationale Zahlen: $\sqrt{3}; \sqrt{\frac{1}{2}}; \pi$

Menge der **reellen Zahlen:** $\mathbb{R}$

Sie besteht aus der Menge der rationalen und der Menge der irrationalen Zahlen.

Menge der **reellen Zahlen ohne null:** $\mathbb{R}^*$

Menge der **positiven reellen Zahlen:** $\mathbb{R}_+$ (Null ist enthalten.)

Menge der **negativen reellen Zahlen:** $\mathbb{R}_-$ (Null ist enthalten.)

Beachten Sie:

$\mathbb{N} \subset \mathbb{Z} \subset \mathbb{Q} \subset \mathbb{R}$

$\mathbb{N} \subset \mathbb{Z}$ bedeutet:

$\mathbb{N}$ ist Teilmenge von $\mathbb{Z}$,

d. h., jede natürliche Zahl

ist auch eine ganze Zahl.

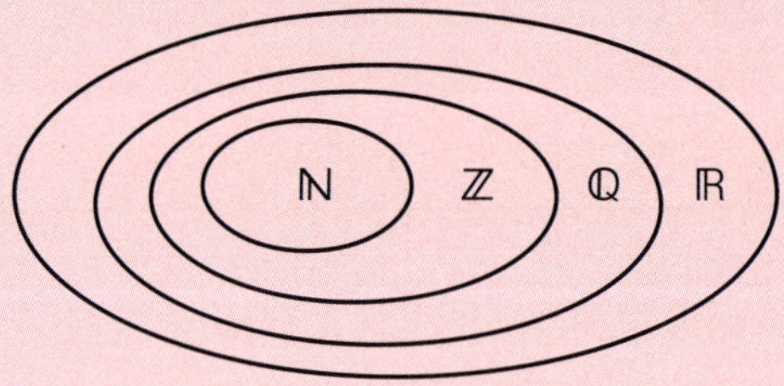

Teilmengen der Menge der reellen Zahlen (Intervalle)

Beispiele

Menge A der reellen Zahlen, die größer oder gleich 0 **und** kleiner oder gleich 6 sind.

A in **Mengenschreibweise:** $A = \{x \in \mathbb{R} \mid x \geq 0 \wedge x \leq 6\} = \{ x \in \mathbb{R} \mid 0 \leq x \leq 6 \}$

A in **Intervallschreibweise:** $A = [0; 6]$

Darstellung des Intervalls am Zahlenstrahl:

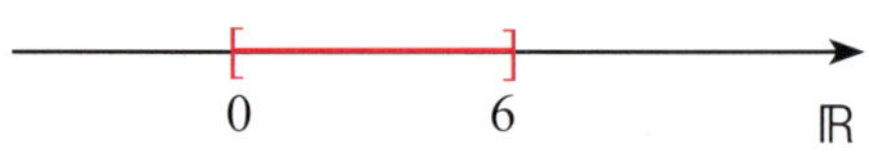

Menge B der reellen Zahlen, die größer 3 und kleiner 7 sind: $B = \{x \in \mathbb{R} \mid 3 < x < 7 \}$

B in **Intervallschreibweise:** $B =]3; 7[$

Darstellung des Intervalls am Zahlenstrahl:

Menge C der reellen Zahlen, die kleiner – 2 **oder** größer 2 sind: $C = \{x \in \mathbb{R} \mid x < -2 \vee x > 2\} = \mathbb{R} \setminus [-2; 2]$

Darstellung des Intervalls am Zahlenstrahl:

Aufgaben

1. Die Elemente der Menge A haben eine gemeinsame Eigenschaft. Welche? Geben Sie drei weitere Elemente von A an.

a) $A = \{2; 4; 6; 8; ...\}$ b) $A = \{1; \frac{1}{2}; \frac{1}{3}; \frac{1}{4}; \frac{1}{6}; ...\}$ c) $A = \{0; \frac{1}{2}; \frac{2}{3}; \frac{3}{4}; ...\}$

2. Gegeben sind die Mengen $A = \{x \mid x \in \mathbb{N} \wedge x > 4\}$ und $B = \{x \mid x \in \mathbb{N} \wedge x < 6\}$. Bestimmen Sie $A \cup B$; $A \cap B$; $A \setminus B$.

3. Geben Sie vier Elemente der Menge B an. Geben Sie eine Zahl an, die die Bedingung erfüllt, aber nicht zu B gehört.

a) $B = \{x \in \mathbb{Q} \mid 0 < x < 1\}$ b) $B = \{x \in \mathbb{Z} \mid -10 < x < -5\}$

4. Welche Zahlen gehören zu welcher Zahlenmenge?

Verwenden Sie die Zeichen $\notin$ oder $\in$.

	$\mathbb{N}$	$\mathbb{Z}$	$\mathbb{Q}$	$\mathbb{R}$
-4				
$\frac{2}{7}$				
$-28{,}352$				
$\sqrt{19}$				
$\sqrt{-4}$				
2π				

5. Schreiben Sie als Intervall. Kennzeichnen Sie die Menge am Zahlenstrahl.

a) $A = \{x \in \mathbb{R} \mid x \geq 0 \wedge x \leq 6\}$ b) $B = \{x \in \mathbb{R} \mid -1 < x < 9\}$

c) $C = \{x \in \mathbb{R} \mid -1{,}5 \leq x \leq 1\}$ d) $D = \{x \in \mathbb{R} \mid x \leq 2{,}25\}$

6. Beschreiben Sie die Menge in Worten.

a) $A = \{x \in \mathbb{R} \mid x \leq 4{,}2\}$ b) $B = \{x \in \mathbb{R} \mid x \geq -3 \wedge x < 3\}$

c) $C = \{x \in \mathbb{R} \mid x \geq -5 \wedge x \geq 0{,}5\}$ d) $D = \{x \in \mathbb{R} \mid x \geq -6 \vee x \leq 2\}$

7. Schreiben Sie in Mengenschreibweise.

a) $[-1; 0]$ b) $]-\infty; 0]$ c) $]2; 12[$ d) $[-5; \infty[$

8. Beschreiben Sie die rot markierte Menge.

a)

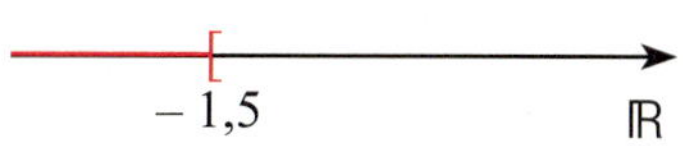

b)

2 Rechnen mit Termen

2.1 Algebraische Begriffe

Beachten Sie: Ein **Term** ist ein mathematischer Ausdruck.

Terme sind Zahlen	$2; 3^2; 2; 4; \ldots$
oder **Variablen**	$x; a; x^3; \sqrt{x}; \ldots$
oder sinnvolle Kombinationen von **Variablen, Zahlen und Rechenzeichen.**	$7 \cdot 3 + 15; x + 5y; \ldots$

Addition

Summanden

$$\underbrace{a + b}_{\text{Summe}}$$

Subtraktion

$$\underbrace{a - b}_{\text{Differenz von a und b}}$$

Multiplikation mit Variablen:

Variable → x

$3 \cdot x$

Koeffizient → 3

$$\underbrace{x + x + x}_{\text{Summe}} = \underbrace{3 \cdot x}_{\text{Produkt}}$$

Faktoren

$$\underbrace{x \cdot x \cdot x}_{\text{Produkt}} = \underbrace{x^3}_{\text{Potenz}}$$

a^n Potenz

a Basis

n Exponent

Division

Zähler → a, Nenner → b: $\frac{a}{b}$ Quotient (Bruch)

$\frac{1}{a}$ Kehrwert von a

Vereinbarungen:

Fakultät: $n! = n \cdot (n-1) \cdot \ldots \cdot 3 \cdot 2 \cdot 1$ Festlegung: $0! = 1$

Binomialkoeffizient: $\binom{n}{k} = \frac{n!}{k!(n-k)!}$; $0 \leq k \leq n$ Festlegung: $\binom{n}{0} = 1$

Summenzeichen: $\sum_{i=1}^{k} a_i = a_1 + a_2 + \ldots + a_{k-1} + a_k$

Summe über a_i für i von 1 bis k

Aufgaben

1. Berechnen Sie die Summe, die Differenz, das Produkt und den Quotienten aus den beiden Zahlen.
   a) 14; 22 b) 3,5; 2,5 c) $\frac{3}{4}; \frac{5}{8}$
2. Zerlegen Sie in ein Produkt.
   a) 3^4 b) $4\pi + 4$ c) $2x + 5x + 4{,}5x$
3. Kürzen Sie den Bruch soweit wie möglich.
   a) $\frac{156}{9}$ b) $\frac{24}{176}$ c) $\frac{102abc^2}{60a^3b^2c}$
4. Bilden Sie den Kehrwert.
   a) 5 b) 2,3 c) $\frac{3}{7}$ d) $5\frac{1}{2}$ e) $\frac{a}{3}$
5. Vereinfachen Sie.
   a) $\frac{\frac{13}{7}}{3}$ b) $\frac{2}{\frac{5}{9}}$ c) $(4 + \frac{3}{7}) \cdot \frac{7}{6}$ d) $\frac{5}{17} \cdot 2 + \frac{5}{17} \cdot 8$
6. Vereinfachen Sie.
   a) $(\sqrt{3})^2$ b) $\sqrt{50} + \sqrt{2}$ c) $(\sqrt{a})^3$ d) $\frac{1}{2}(\sqrt{2})^3$
7. Berechnen Sie ohne TR.
   a) $1{,}02 \cdot 15$ b) 8 % von 550 c) $\frac{4}{5}$ von 30 d) $\frac{12}{5}$ von 40
8. Ordnen Sie die nachfolgenden Brüche. Beginnen Sie mit der kleinsten Zahl.
   $1{,}3;\ -2{,}1;\ -\frac{16}{9};\ -\frac{9}{8};\ \frac{3}{4};\ 0{,}76;\ \frac{28}{20};\ 1{,}45;\ \frac{29}{15}.$
9. Berechnen Sie den Wert der folgenden Terme für $a = 2$, $b = -6$ und $c = -\frac{2}{3}$.
   a) $\frac{1}{a} + \frac{1}{b} - \frac{1}{c}$ b) $\sqrt{abc}$ c) $(c - b)^a$ d) $a^3 + b^2 - c^2$
10. Setzen Sie =, < oder > ein.
   a) $\frac{3}{4} \square \frac{4}{5}$ b) $\frac{6}{5} \square \frac{19}{20}$ c) $\frac{5}{7} \square \frac{61}{84}$ d) $\frac{3}{8} \cdot \frac{4}{5} - \frac{1}{5} \square \frac{1}{10}$
11. Lösen Sie die Formeln nach den gegebenen Variablen auf.
   a) $A = \frac{a + c}{2} \cdot h$ b) $V = \frac{1}{3} Gh$ c) $O = 2\pi r^2 + 2\pi rh$
12. Berechnen Sie.
   a) $8!$ b) $\frac{5!}{3!2!}$ c) $\binom{10}{2}$ d) $\binom{9}{3} + \binom{9}{6}$
13. Berechnen Sie.
   a) $\sum_{i=1}^{5} (\frac{1}{2i})$ b) $\sum_{n=1}^{4} ((-1)^n(n + 1))$ c) $\sum_{k=0}^{2} \left(\binom{2}{k} \cdot x^{2-k} \cdot 4^k\right)$

2.2 Rechnen mit Summen und Differenzen

1) **Gleichartige Glieder lassen sich zusammenfassen.**

$2x + 5y - 4x - 15y - 23x + 2{,}5y = 2x - 4x - 23x + 5y - 15y + 2{,}5y = -25x - 7{,}5y$

2) **Rechenzeichen und Vorzeichen vor der Klammer beachten.**

$-(4a - 2b) - (b - a) + 5a = -4a + 2b - b + a + 5a = 2a + b$

3) **Jedes Glied der Summe wird mit dem Faktor multipliziert.**

Gliedweise ausmultiplizieren.

$6(x - 2y) - 8(3 - 4x - 2y) + 1 = 6x - 12y - 24 + 32x + 16y + 1 = 38x + 4y - 23$

4) **Faktoren dürfen vertauscht werden.**

$\frac{2}{3}xy \cdot (-3x) = \frac{2}{3} \cdot (-3) \cdot x \cdot x \cdot y = -2x^2y$

5) **Klammern werden von innen nach außen aufgelöst.**

$a - \frac{1}{2}[5a - (b - 8a)] = a - \frac{1}{2}[5a - b + 8a] = a - \frac{1}{2}(13a - b) = a - \frac{13}{2}a + \frac{1}{2}b = -\frac{11}{2}a + \frac{1}{2}b$

6) **Multiplikation von Summen.**

$(a - 3)(a + 8) = a^2 - 3a + 8a - 3 \cdot 8 = a^2 + 5a - 24$

Beachten Sie: **Ausmultiplizieren** von Summen heißt, **jeden Summanden** der einen Summe mit **jedem Summanden** der anderen Summe **multiplizieren.**

Unterscheiden Sie: $(x - 4)(x - 2) = x^2 - 6x + 8$

$x - 4 \cdot (x - 2) = x - 4x + 8 = -3x + 8$

Punktrechnung vor Strichrechnung

Aufgaben

1. Vereinfachen Sie.

a) $18a - 3x + 6a - 3(x + a) - 5(a - 2x)$
b) $15ax + 3ax - 7a \cdot (-2x)$
c) $2 \cdot 4a \cdot 3b + 5a \cdot 2b - 18ab$
d) $-3(x^2 - x) + (x^2 - 2x + 3) \cdot (-2)$
e) $6{,}5x^2 - [5x - x(3 - 4x) + 2] \cdot (-0{,}5)$
f) $x - 5x(x^2 - 3x) \cdot (-4) - 5x^2$
g) $1{,}2 \cdot (x + x \cdot 1{,}2) + 1{,}2^2 \cdot x$
h) $-\frac{a^2}{2} - (\frac{3}{2}a)^2 + \frac{1}{4}(2 - 2a^2)$
i) $\frac{1}{5}x - 3[x - x(1 - 4a) + ax]$
j) $\frac{3}{2}[5(x - 2(x - 4)) + 2]$

2. Multiplizieren Sie aus (Schreiben Sie ohne Klammern.).

a) $(x - 5)(2x - 3)$
b) $\frac{2}{3}(x - 2)(x + 3)$
c) $-(3a + 5b)(3a + 4b)$
d) $\frac{3}{2}(x + 4)(x + 4)$
e) $(4 - 2x)(-2x + 4)$
f) $\frac{x - 5}{2} \cdot (4x + 8)$
g) $a(b + c) - 2ab$
h) $(a + b)(a - c)$
i) $(3a + 2b)^2$

2.3 Rechnen mit Bruchtermen

Bruchterm: $\frac{x^2 - 4x}{2x - 1}$ **Zählerterm:** $x^2 - 4x$

Nennerterm: $2x - 1$

Der Term ist nur definiert für $2x - 1 \neq 0 \Leftrightarrow x \neq 0{,}5$

Der Term hat den (maximalen) **Definitionsbereich** $D = \mathbb{R}\backslash\{0{,}5\}$.

1) **Kürzen**

a) $\frac{65}{143} = \frac{5 \cdot 13}{11 \cdot 13} = \frac{5}{11}$

b) $\frac{36abc^3}{3a^2bc} = \frac{12c^2}{a}$

c) $\frac{3x^2 + 6x}{2(x+2)} = \frac{3x(x+2)}{2(x+2)} = \frac{3x}{2}$ Zähler- und Nennerterm durch denselbenTerm kürzen.

2) **Gleichnamige Brüche addieren, heißt Zähler addieren und Nenner beibehalten.**

a) $\frac{3}{5} - \frac{4}{5} + 1 = \frac{\mathbf{3 - 4 + 5}}{\mathbf{5}} = \frac{4}{5}$

b) $\frac{x}{y} + \frac{7x}{y} = \frac{x + 7x}{y} = \frac{8x}{y}$

3) **Ungleichnamige Brüche werden zunächst gleichnamig gemacht (erweitert) und dann addiert.**

a) $\frac{1}{2} - \frac{6}{5} = \frac{\mathbf{5}}{\mathbf{10}} - \frac{\mathbf{12}}{\mathbf{10}} = -\frac{7}{10}$

b) $-\frac{x}{4} - \frac{3x}{2} = -\frac{x}{4} - \frac{6x}{4} - -\frac{7x}{4} - -\frac{7}{4}x$

c) $\frac{6}{x-3} + \frac{1}{x^2 - 3x} = \frac{6}{x-3} + \frac{1}{x(x-3)} = \frac{6 \cdot x}{(x-3) \cdot x} + \frac{1}{x(x-3)} = \frac{6 \cdot x + 1}{(x-3) \cdot x}$

4) **Brüche werden multipliziert, indem man Zähler mit Zähler und Nenner mit Nenner multipliziert.**

a) $\frac{5}{8} \cdot \frac{1}{7} = \frac{\mathbf{5 \cdot 1}}{\mathbf{8 \cdot 7}} = \frac{5}{56}$

b) $\frac{3}{4} \cdot \frac{x}{6} = \frac{3 \cdot x}{4 \cdot 6} = \frac{x}{8} = \frac{1}{8}x$ (kürzen)

c) $\frac{3x^2 + 6x}{2} \cdot \frac{1}{(x+2)} = \frac{3x(x+2)}{2(x+2)} = \frac{3x}{2}$ (kürzen)

d) $\frac{1}{2}x \cdot \frac{12}{7}x = \frac{1}{2} \cdot \frac{12}{7}x^2 = \frac{6}{7}x^2$

e) $\frac{5a + 5b}{4a} \cdot \frac{5a^2}{a^2 - b^2} = \frac{5(a+b)}{4a} \cdot \frac{5a^2}{(a-b)(a+b)} = \frac{5 \cdot 5a}{4(a-b)} = \frac{25a}{4(a-b)}$

5) **Man dividiert durch einen Bruch, indem man mit dessen Kehrwert multipliziert.**

a) $\frac{\frac{7}{8}}{\frac{7}{4}} = \frac{7}{8} \cdot \frac{\mathbf{4}}{\mathbf{7}} = \frac{1}{2}$ (kürzen)

b) $\frac{\frac{45}{8b}}{\frac{9c}{4b}} = \frac{45}{8b} \cdot \frac{4b}{9c} = \frac{5}{2 \cdot c}$

c) $\frac{\frac{m}{s}}{s} = \frac{m}{s} \cdot \frac{1}{s} = \frac{m}{s^2}$

d) $\frac{\frac{x}{5y}}{\frac{x+1}{y^2}} = \frac{x}{5y} \cdot \frac{y^2}{x+1} = \frac{xy}{5(x+1)}$

Beachten Sie: $\frac{\mathbf{0}}{\mathbf{1}} = \mathbf{0}$, **aber** $\frac{\mathbf{1}}{\mathbf{0}}$ **ist nicht definiert.**

2 Deusch, Ott - ISBN 978-3-8120-0604-0

Aufgaben

1. Vereinfachen Sie.

a) $\frac{2}{5} + \frac{21}{5} - \frac{3}{8} \cdot \frac{4}{15}$ b) $\frac{1}{7} - \frac{3}{14} + \frac{1}{21}$ c) $\frac{1}{a} + \frac{1}{b}$

d) $\frac{x}{2} + \frac{x}{3} - 3x$ e) $\frac{x}{5} + \frac{2x}{5} - \frac{3}{8}x$ f) $\frac{1}{a} - \frac{3}{a} + \frac{1}{2a}$

g) $\frac{\frac{3}{x}}{2} + \frac{5}{x}$ h) $\frac{\frac{2}{x}}{4x} - \frac{5}{x^2}$ i) $\frac{5}{\frac{1}{a}} + 3a$

j) $\frac{4}{3a} \cdot \frac{a}{5}$ k) $\frac{x}{3} : \frac{x}{5}$ l) $\frac{1}{t} \cdot \left(\frac{3}{2t}\right)^2$

m) $\frac{\frac{a}{b}}{c} + \frac{a}{\frac{b}{c}}$ n) $\frac{1}{x-2} + \frac{2}{x}$ o) $\frac{5x}{x+1} \cdot \frac{4x+4}{x}$

2. Vereinfachen Sie die folgenden Brüche: $\frac{\frac{1}{a}}{7}$; $\frac{\frac{1}{a}}{\frac{1}{a}}$; $\frac{\frac{1}{a}}{a}$; $\frac{\frac{1}{a}}{\frac{5}{4a}}$; $\frac{\frac{3a}{4}}{\frac{6a}{8}}$.

3. Überprüfen Sie, ob die Rechenausdrücke $x^2 - bx + c$ und $\left(x - \frac{b}{2}\right)^2 - \frac{b^2 - 4c}{4}$ gleich sind.

4. Überprüfen Sie, ob die beiden Bruchterme $\frac{1}{\frac{p}{q}}$ und $\frac{\frac{1}{p}}{q}$ den gleichen Wert haben.

5. Bestimmen Sie jeweils den Definitionsbereich.

a) $\frac{3x^2 + 6x}{2(x+2)}$ b) $\frac{3x}{x^2 + 2}$ c) $\frac{x^2 - 4}{(x-2)(x+1)}$

6. Fassen Sie zusammen.

a) $\frac{1}{2a} + \frac{2}{3a} - \frac{3}{4a}$ b) $\frac{1}{x-1} - \frac{5}{x-1} - \frac{x+3}{x-1}$ c) $\frac{5}{2x+4} - \frac{10}{x+2} + \frac{2x+1}{3x+6}$

7. Vereinfachen Sie.

a) $\frac{2}{a} + \frac{5}{b}$ b) $\frac{x+2}{x-2} - \frac{x-1}{x-3}$ c) $\frac{5}{x+y} - \frac{4}{x-y} + \frac{3}{x^2 - y^2}$

d) $\frac{\frac{4+x^2}{2x}}{\frac{2}{x} - \frac{x}{2}}$ e) $\frac{1}{2 + \frac{1}{x+3}}$ f) $\frac{8a+6}{5ab - b^2} \cdot \frac{25ab - 5b^2}{2ab}$

g) $2 + \frac{2}{x+2}$ h) $\left(\frac{x}{y} - \frac{y}{x}\right) : \frac{x}{3}$ i) $\frac{\frac{x}{y} - \frac{y}{x}}{\frac{(x-y)^2}{4xy} + 1}$

j) $\left[\left(\frac{2}{x} - \frac{5}{y}\right) : \left(\frac{1}{y} + \frac{1}{x}\right)\right] \cdot \frac{(x-y)(x+y)}{5x - 2y}$ k) $\frac{1}{x} + \frac{2}{y} - \frac{3}{x+y}$

2.4 Vereinfachung durch Ausklammern

Vorgehensweise beim Ausklammern: Man zerlegt alle Summanden in Faktoren. Dann wird der (größte) gemeinsame Faktor ausgeklammert.

Beispiele

1) $7x - 14 = 7x - 7 \cdot 2 = 7(x - 2)$ $\qquad -4x + 2 = -2 \cdot 2x + 2 = 2(-2x + 1) = -2(2x - 1)$

2) $\underbrace{30x + 39y - 51}_{\text{Summe}} = 3 \cdot 10x + 3 \cdot 13y - 3 \cdot 17 = 3 \cdot \underbrace{(10x + 13y - 17)}_{\text{Produkt}}$

Summe **gemeinsamer Faktor** **Produkt**

Probe durch Ausmultiplizieren.

3) $-\frac{3}{8} - x - \frac{7}{8}y = -\frac{3}{8} - \frac{8}{8}x - \frac{7}{8}y = -\frac{1}{8}(3 + 8x + 7y)$

Beim Ausklammern eines negativen Faktors Vorzeichen beachten.

$-9 + 9x = -9 \cdot (1 - x) = 9(x - 1)$

4) $x^2 - 8x = x(x - 8)$

5) $4(x - 5) + x(x - 5) = (x - 5)(4 + x)$

(x – 5) ist der gemeinsame Faktor.

6) $\frac{6 - 12x}{6} = \frac{6(1 - 2x)}{6} = 1 - 2x$ $\qquad \frac{18x - 15x^2}{3} = \frac{1}{3}(18x - 15x^2) = 6x - 5x^2$

Keine Summanden, sondern nur Faktoren kürzen.

Beachten Sie: Das **Ausklammern** macht aus einer **Summe** ein **Produkt.**

Aufgaben

1. Bestimmen Sie den Klammerausdruck.

a) $18x - 12 = 3 \cdot (...)$ b) $\frac{5}{4}a - \frac{3}{4}b = \frac{1}{4} \cdot (...)$ c) $-x + 2xy = -x \cdot (...)$

d) $ax^2 - 8x = x(...)$ e) $\frac{4}{3}a + a^2 = \frac{4}{3}a(...)$ f) $2{,}5a - 1{,}5ab - 0{,}5a^2 = 0{,}5a(...)$

2. Klammern Sie einen geeigneten Faktor aus und vereinfachen Sie.

a) $\frac{1}{2}(2x - 2) - \frac{3}{8}(2x - 2)$ b) $4x - ax + 5bx$ c) $x \cdot t - 2x \cdot t + 4t$

d) $\frac{1}{5}(x - 3) - \frac{4}{5}x + \frac{12}{5}$ e) $\frac{4x - 12}{4} - 6 \cdot \frac{5x - 15}{5}$ f) $\frac{1}{2} \cdot \frac{2x - 6y}{5}$

g) $ab - ax + 2ca - a^2d$ h) $\frac{2}{3}(4 - 2x) - \frac{4x - 2}{3}$ i) $\frac{8x - 2}{2} - \frac{3}{8}(32x - 8)$

2.5 Zerlegung in Linearfaktoren

Beispiele

1) $(x-2)(x-5) = x^2 - 5x - 2x + 10 = x^2 - 7x + 10$

d. h. $-7 = -2 - 5$ und $10 = (-2) \cdot (-5)$

$(x-2)(x-5)$ ist die Zerlegung von $x^2 - 7x + 10$ in Linearfaktoren.

2) $x^2 - 5x + 6 = (x + \square)(x + \square)$

Für die gesuchten Werte gilt: Die Summe ist gleich -5 und das Produkt ist gleich 6.

Die Bedingungen sind erfüllt für die Zahlen -3 und -2.

Zerlegung: $x^2 - 5x + 6 = (x-3) \cdot (x-2)$

Binome als Sonderfälle

1) $x^2 - 8x + 16 = (x-4)(x-4)$

2) $x^2 + 6x + 9 = (x+3)(x+3)$

3) $\frac{1}{2}x^2 - 6x + 18 = \frac{1}{2}(x^2 - 12x + 36) = \frac{1}{2}(x-6)(x-6)$

Diese drei **Sonderfälle** treten in vielen Umformungen auf. Deshalb ist es sinnvoll, sich die nachfolgenden binomischen Formeln zu merken.

Binomische Formeln:

$(a+b)^2 = a^2 + 2ab + b^2$

$(a-b)^2 = a^2 - 2ab + b^2$

$(a-b)(a+b) = a^2 - b^2$

Aufgaben

1. Schreiben Sie in Produktform.

a) $x^2 + 10x + 25$ b) $4x^2 - 8x + 4$ c) $\frac{1}{2}x^2 - x + \frac{1}{2}$

d) $25x^2 - 9$ e) $x^2 + 7x + 10$ f) $-x^2 + 6x - 9$

g) $k^2 + 6k + 5$ h) $\frac{1}{4}x^2 - 3x + 9$ i) $u^2 - 7u - 8$

j) $\frac{1}{3}(x^2 - 6x + 5)$ k) $4t^2 - 4t + 1$ l) $81b^2 - 169a^2$

2. Füllen Sie die Leerfelder aus.

a) $x^2 + \square x + 2{,}25 = (x + \square)^2$ b) $x^2 - x - \square = (x - \square)(x+4)$

c) $x^2 - 8x + \square = (x - \square)^2$ d) $x^2 - \square x + 6 = (x - \square)(x-3)$

3. Vereinfachen Sie: $(3a - 4b)^2 - (3a + 4b)^2$

4. Faktorisieren Sie: $4a^2x + 12abxy + 9b^2xy^2$

2.6 Rechnen mit Potenzen

Potenzgesetze

1. Potenzen mit gleicher Basis werden multipliziert (dividiert), indem man die Hochzahlen addiert (subtrahiert), und die Basis beibehält:

$a^n \cdot a^m = a^{n+m}$ $\quad \frac{a^n}{a^m} = a^{n-m}$; $a \neq 0$

Beispiele

a) $5^4 \cdot 5^2 = 5^{4+2} = 5^6$

b) $x \cdot x^3 = x^1 \cdot x^3 = x^{1+3} = x^4$

c) $\frac{5^4}{5^3} = 5^{4-3} = 5^1$

d) $\frac{2^4}{2^4} = 2^{4-4} = 2^0 = 1$

e) $\frac{a^2}{a^3} = a^{2-3} = a^{-1} = \frac{1}{a}$

f) $2^{x-1} = \frac{2^x}{2}$

Sinnvolle Festlegungen: $a^0 = 1$; $a \neq 0$ $\quad a^{-1} = \frac{1}{a}$; $a \neq 0$ $\quad a^{-n} = \frac{1}{a^n}$; $a \neq 0$

2. Potenzen mit gleicher Hochzahl werden multipliziert (dividiert), indem man das Produkt (den Quotienten) der Basen mit der gemeinsamen Hochzahl potenziert:

$a^n \cdot b^n = (a \cdot b)^n$ $\quad \frac{a^n}{b^n} = \left(\frac{a}{b}\right)^n$; $b \neq 0$

a) $(-16)^3 \cdot \left(\frac{1}{2}\right)^3 = \left(-16 \cdot \frac{1}{2}\right)^3 = (-8)^3 = -512$ $\quad$ b) $\left(-\frac{x}{4}\right)^3 = -\frac{x^3}{4^3} = -\frac{x^3}{64}$

3. Eine Potenz wird potenziert, indem man die Hochzahlen multipliziert und die Basis beibehält: $(a^n)^m = a^{n \cdot m}$

a) $(2^2)^3 = 2^{2 \cdot 3} = 2^6$ $\quad$ b) $(x^3)^2 = x^6$ $\quad$ c) $(-x^2)^4 = (x^2)^4 = x^8$

Bemerkung: Die Potenzgesetze gelten auch für Hochzahlen aus der Menge $\mathbb{Z}$.

Zehnerpotenzen

$10^0 = 1$; $\quad 10^{-1} = \frac{1}{10}$; $\quad 3 \cdot 10^{-3} = \frac{3}{1000}$; $\quad 2{,}4 \cdot 10^6$ mm $= 2{,}4 \cdot 10^3$ m $= 2{,}4$ km

Aufgaben

1. Vereinfachen Sie.

a) $2x^2 \cdot x^4$ $\quad$ b) $4x^2 \cdot (x^4 - 5x)$ $\quad$ c) $\left(\frac{1}{4}x^2\right)^3$ $\quad$ d) $\frac{21x^5}{3x}$

e) $\frac{10^4}{2^4} + 5^4 + \frac{5}{x^{-2}}$ $\quad$ f) $\left(-\frac{4}{7}x\right)^3$ $\quad$ g) $\frac{1}{5}a^4 \cdot a$ $\quad$ h) $\frac{2a^5b^{-2}}{a^{-3}b^2}$

2. Schreiben Sie ohne Hochzahl.

a) $6{,}1 \cdot 10^6$ $\quad$ b) $4 \cdot 10^{-3}$ $\quad$ c) $0{,}3 \cdot 10^{-4}$ $\quad$ d) $1{,}25 \cdot 10^3$

3. Schreiben Sie nur mit positiven Hochzahlen: $\left(\frac{x^2y^{-2}z^4}{ab^{-2}}\right) : \left(\frac{xy^2}{z^{-1}a^{-4}b^2}\right)$.

2.7 Rechnen mit Wurzeln

Die **Quadratwurzel** aus einer **nichtnegativen Zahl a** ist die Zahl größer oder gleich null, die mit sich selbst multipliziert a ergibt.
Für $a \geq 0$: $\sqrt{a} \geq 0$ und $\sqrt{a} \cdot \sqrt{a} = (\sqrt{a})^2 = a$

Rechnen mit Quadratwurzeln

a) $\sqrt{2} + 5\sqrt{2} = 6\sqrt{2}$ $\qquad 3\sqrt{7} - 8\sqrt{7} + \sqrt{2} = -5\sqrt{7} + \sqrt{2}$

Nur Wurzeln mit gleichem Radikand (Zahl unter der Wurzel) lassen sich zusammenfassen.

b) $\sqrt{16+9} = \sqrt{25} = 5$, **aber** $\sqrt{16+9} \neq \sqrt{16} + \sqrt{9} = 7$

c) $\sqrt{4 \cdot 9} = \sqrt{36} = \sqrt{4} \cdot \sqrt{9} = 2 \cdot 3 = 6$

d) $\sqrt{\frac{4}{9}} = \frac{\sqrt{4}}{\sqrt{9}} = \frac{2}{3}$

e) $\sqrt{18} = \sqrt{2} \cdot \sqrt{9} = 3\sqrt{2}$

$\sqrt{a^2 + b^2} \neq a + b$

$\sqrt{a \cdot b} = \sqrt{a} \cdot \sqrt{b}$

$\sqrt{\frac{a}{b}} = \frac{\sqrt{a}}{\sqrt{b}}$

$\sqrt{a^2 b} = a\sqrt{b}$; $a \geq 0$, $b > 0$

Potenzschreibweise: $\sqrt{a} = a^{\frac{1}{2}}$; $a \geq 0$

Die **3. Wurzel (n-te Wurzel)** aus einer nichtnegativen Zahl a ist die Zahl größer oder gleich null, deren 3. (n-te) Potenz a ergibt.

$\sqrt[3]{a} \cdot \sqrt[3]{a} \cdot \sqrt[3]{a} = (\sqrt[3]{a})^3 = a$ $\qquad \sqrt[n]{a} \cdot \ldots \cdot \sqrt[n]{a} = (\sqrt[n]{a})^n = a$

Potenzschreibweise ($a \geq 0$): $\sqrt[3]{a} = a^{\frac{1}{3}}$ $\qquad \sqrt[n]{a} = a^{\frac{1}{n}}$; $a \geq 0$ $\qquad \sqrt[n]{a^m} = a^{\frac{m}{n}}$

Bemerkung: Die Potenzgesetze gelten auch für Hochzahlen aus der Menge $\mathbb{Q}$.

Aufgaben

1. Vereinfachen Sie.

a) $\sqrt{3}\,\sqrt{27t}$ b) $(\sqrt{x} - \sqrt{2})(\sqrt{x} + \sqrt{2})$ c) $(e^{0,5} - e^{-0,5})\sqrt{2e}$ d) $0,5e\sqrt{e^{-2}} + 2$

e) $\sqrt[3]{5}\,\sqrt[3]{25}$ f) $\sqrt[3]{t}\,\sqrt[3]{t^2}$ g) $(\sqrt[4]{6})^8$ h) $\sqrt{e}\,e^{x-0,5}$ i) $(\sqrt[4]{e^2} + \sqrt{e})e^{0,5}$

2. Schreiben Sie als Potenz.

a) $\sqrt[3]{t}$ b) $(\sqrt{x})^5$ c) $\sqrt[4]{a^3}$ d) $\frac{1}{\sqrt{2}}$ e) $\sqrt{e} \cdot e^x$

f) $\sqrt[3]{5}\,\sqrt{5}$ g) $a^{\frac{1}{2}}\,a^2\,\sqrt{a}$ h) $\sqrt[4]{e^2} + 4e^{0,5}$ i) $\sqrt[3]{e^{a+3}}\,e^{-a}$ j) $(\sqrt{a})^{0,5}$

3. Ein Kapital wächst bei gleichbleibendem Zinssatz in 5 Jahren mit Zinseszinsen um 30 % an. Wie hoch ist der jährliche Zinssatz?

2.8 Rechnen mit Logarithmen

Logarithmus-Definition:

$a^x = b \iff x = \log_a(b)$; $a, b \in \mathbf{R}_+^*$; $a \neq 1$ Der **Logarithmus einer Zahl b** zur Basis a ist die Zahl x, mit der man a potenzieren muss, um b zu erhalten.

$e^x = b \iff x = \ln(b)$ ln(b) ist die **Hochzahl zur Basis** e, sodass die Potenz den Wert b hat (zu e vgl. Seite 42).

Beispiele: $\log_a(1) = 0$, denn $a^0 = 1$ $\log_a(a^2) = 2$

$\log_2(8) = \log_2(2^3) = 3$ $\ln\left(\frac{1}{e}\right) = -1$ denn $e^{-1} = \frac{1}{e}$

Folgerungen: $a^{\log_a(b)} = b$ $\log_a(a^x) = x$ $\log_a(1) = 0$ $\log_a(a) = 1$

$e^{\ln(b)} = b$ $\ln(e^x) = x$ $\ln(1) = 0$ $\ln(e) = 1$

Logarithmus-Regeln: (vgl. Potenzgesetze für Potenzen mit gleicher Basis)

$\log_a(xy) = \log_a(x) + \log_a(y)$ $\log_a(\frac{x}{y}) = \log_a(x) - \log_a(y)$

$\log_a(x^k) = k \cdot \log_a(x)$ $\log_a(\frac{1}{x}) = -\log_a(x)$

aber: $\log_a(x + y) \neq \log_a(x) + \log_a(y)$

Beispiele: (Die Basis a wird weggelassen.)

$\log(7x) = \log(7) + \log(x)$ $\log(\frac{1}{8}) = \log(1) - \log(8) = -\log(8)$

$\log(\sqrt{x}) = \log(x^{0,5}) = 0{,}5\log(x)$

$\log(x^4) + \log\sqrt[5]{x^2} = 4\log(x) + \frac{2}{5}\log(x) = \frac{22}{5}\log(x) = \log(x^{\frac{22}{5}}) = \log(\sqrt[5]{x^{22}})$

$\log(x - 3)$ ist definiert für $x - 3 > 0 \Leftrightarrow x > 3$

Zusammenhang von Potenz, Wurzel und Logarithmus

Basis x: $x^n = a \Rightarrow x = \sqrt[n]{a}$ **Exponent x:** $a^x = b \Rightarrow x = \log_a(b)$

Aufgaben

1. Zerlegen Sie.

a) $\log(abc)$ b) $\log(100x^2)$ c) $\log((x+1)^2)$

d) $\log(\frac{a}{b+c})$ e) $\log(\sqrt[3]{x})$ f) $\log(\sqrt{(\frac{x}{y})^3})$

2. Zeigen Sie: $\log_a(x) = \frac{\ln(x)}{\ln(a)}$ für $a > 0$, $a \neq 1$, $x > 0$.

3. Bestimmen Sie den Definitionsbereich des Terms $\log(6x + 13)$.

4. Fassen Sie zusammen: $\frac{1}{2}\log x^{2m+1} - (m+1)\log\sqrt[3]{x^2}$

2.9 Rechnen mit Betrag

Definition: Betrag einer Zahl a $|a| = \begin{cases} a & \text{für } a \geq 0 \\ -a & \text{für } a < 0 \end{cases}$

Beispiele

$|-7a| = \begin{cases} 7a & \text{für } a \geq 0 \\ -7a & \text{für } a < 0 \end{cases}$

$|x+3| = \begin{cases} x+3 & \text{für } x \geq -3 \\ -(x+3) & \text{für } x < -3 \end{cases}$

$|a-3| = 5 \Leftrightarrow a-3 = 5 \vee a-3 = -5 \Leftrightarrow a = 8 \vee a = -2$

Alle (reellen) Zahlen, die von 3 **genau 5** entfernt sind.

Rechnen mit Beträgen

Beispiele

$|x-4| - 2x = \begin{cases} x-4-2x = -4-x & \text{für } x \geq 4 \\ -(x-4)-2x = -3x+4 & \text{für } x < 4 \end{cases}$

Bemerkung: $x - 4 = 0 \Leftrightarrow x = 4$

$|x^2-9| + 3 = \begin{cases} x^2-9+3 = x^2-6 & \text{für } x < -3 \vee x > 3 \\ -x^2+9+3 = -x^2+12 & \text{für } -3 \leq x \leq 3 \end{cases}$

Bemerkung: $x^2 - 9 = 0 \Leftrightarrow x = -3 \vee x = 3$

$5 - a \leq y \leq 5 + a;\ a \geq 0$ in Betragsschreibweise: $|5-y| \leq a$

Alle (reellen) Zahlen, die von 5 **höchstens a** entfernt sind.

Aufgaben

1. Schreiben Sie betragsfrei.

   a) $|2x| - 1$ b) $|6-4x| + 2$

   c) $|\frac{1}{2}x - 1| + x$ d) $|x^2-1| - 7$

2. Welche Zahlen erfüllen die Bedingung?

   a) $|4x| = 1$ b) $|4-x| = 1$

   c) $|x-4| = 1$ d) $|4-x| \leq 1$

3. Schreiben Sie in Betragsschreibweise ($x \in \mathbb{R}$).

   a) $\{x \mid -3 \leq x \leq 3\}$ b) $\{x \mid -1 \leq x \leq 7\}$

   c) $\{x \mid -2a \leq x \leq 2a\}$ d) $\{x \mid 1-2u \leq x \leq 1+2u\}$

2.10 Polynomdivision

Polynom

Ein **Polynom n-ten Grades** ist eine Summe der Art $\mathbf{a_0 + a_1x + a_2x^2 + a_3x^3 + \ldots + a_nx^n}$.

$a_0, a_1, a_2, a_3, \ldots, a_n$ heißen **Koeffizienten.**

Mit Hilfe der **Polynomdivision** kann z. B. ein gebrochen-rationaler Term in einen ganzrationalen Term mit oder ohne Rest umgeschrieben werden.

Beispiel

$$
\begin{array}{ll}
(2x^3 + 17x^2 + 7x - 8) : (x + 1) = 2x^2 + 15x - 8 & \\
\underline{-(2x^3 + 2x^2)} & \leftarrow 2x^2(x+1) \\
\quad 15x^2 + 7x & \\
\quad \underline{-(15x^2 + 15x)} & \leftarrow 15x(x+1) \\
\qquad -8x - 8 & \\
\qquad \underline{-(-8x - 8)} & \leftarrow -8(x+1) \\
\qquad\quad 0 \quad 0 &
\end{array}
$$

d. h. $\dfrac{2x^3 + 17x^2 + 7x - 8}{x + 1} = 2x^2 + 15x - 8$

Beispiel

$$
\begin{array}{l}
(x^3 - 3x^2 + 3) : (x - 1) = x^2 - 2x - 2 + \frac{1}{x - 1} \\
\underline{-(x^3 - x^2)} \\
\quad -2x^2 + 3 \\
\quad \underline{-(-2x^2 + 2x)} \\
\qquad -2x + 3 \\
\qquad \underline{-(-2x + 2)} \\
\qquad\quad 1
\end{array}
$$

d. h. $\dfrac{x^3 - 3x^2 + 3}{x - 1} = x^2 - 2x - 2 + \dfrac{1}{x - 1}$

Aufgaben

1. Führen Sie die Polynomdivision durch:

   a) $(0{,}5x^3 - x + 2) : (x + 2)$ b) $(x^3 + 5x^2 - 17x - 21) : (x - 1)$

2. Vereinfachen Sie.

   a) $\dfrac{x^3 - 3x^2 - 4x + 12}{x^2 - 4}$ b) $\dfrac{-3x^3 + 4x^2 + 10}{x - 2}$

3. Zeigen Sie mithilfe der Polynomdivision:

   $x^4 + 4x^3 + 2x^2 - 4x - 3 = (x - 1)^2\,(x + 1)\,(x + 3)$.

4. Lösen Sie folgende Gleichungen durch Polynomdivision.

   a) $x^3 + 5x^2 - 17x - 21 = 0$ b) $x^3 - 3x^2 - 4x + 12 = 0$ c) $-3x^3 + 4x^2 + 8 = 0$

3 Gleichungen

3.1 Gleichungen und Ungleichungen 1. Grades

Beispiele

1) Bestimmen Sie die Lösungsmenge der Gleichung $\frac{3}{2}x - \frac{1}{2}(x-1) = 4x + 3$; $x \in \mathbb{R}$.

Lösung

Beide Seiten mit 2 multiplizieren:	$\frac{3}{2}x - \frac{1}{2}(x-1) = 4x + 3$	$\mid \cdot 2$
Klammer ausmultiplizieren:	$3x - (x-1) = 8x + 6$	
	$3x - x + 1 = 8x + 6$	
Auf beiden Seiten (8x) subtrahieren:	$2x + 1 = 8x + 6$	$\mid -8x$
Auf beiden Seiten 1 subtrahieren:	$-6x + 1 = 6$	$\mid -1$
Beide Seiten durch (– 6) teilen:	$-6x = 5$	$\mid : (-6)$
Lösung:	$x = -\frac{5}{6}$	
Lösungsmenge:	$L = \{-\frac{5}{6}\}$	

Bemerkung: Umformungen, die die Lösungsmenge nicht verändern, nennt man **Äquivalenzumformungen.**

Beachten Sie: Eine **lineare Gleichung** in x kann auf die Form

$ax = b$; $a \neq 0$, gebracht werden.

Die **Lösungsvariable x** tritt nur in der **1. Potenz** auf.

2) Bestimmen Sie die Lösungsmenge der Ungleichung $1 - \frac{3}{2}x \leq 2$; $x \in \mathbb{R}$.

Lösung

Auf beiden Seiten 1 subtrahieren:	$1 - \frac{3}{2}x \leq 2$	$\mid -1$
Beide Seiten mit 2 multiplizieren:	$-\frac{3}{2}x \leq 1$	$\mid \cdot 2$
Beide Seiten durch (– 3) teilen:	$-3x \leq 2$	$\mid : (-3)$
	$x \geq -\frac{2}{3}$	

Lösungsmenge: $L = \{x \in \mathbf{R} \mid x \geq -\frac{2}{3}\}$

Beachten Sie: Beim Multiplizieren (und Dividieren) mit einer **negativen Zahl,** dreht sich das **Ungleichheitszeichen** um.

Beispiel: $-4 < -1$, aber $4 > 1$

Aufgaben

1. Bestimmen Sie die Lösung ($x, a, u \in \mathbb{R}$).

a) $10x - 2(5x + 7) = -2(2 - x)$

b) $4x - (18 + 9x) = 10$

c) $-\frac{4}{5}x - \frac{3}{2} = -\frac{1}{2}x - 1$

d) $\frac{1}{4}x + \frac{3}{4} = -\frac{5}{4}x + 4$

e) $(x - 3)(x - 3) = (x - 1)(x - 8) + 6$

f) $-\frac{1}{2}(x + 5) = 4x - 3$

g) $\frac{x}{16} - \frac{5}{2} = \frac{2x + 5}{8} - 4$

h) $\frac{2x}{3} - 4 = -\frac{5x}{6} - 1$

i) $6 - \frac{x - 5}{4} = 2 + \frac{x + 1}{2}$

j) $\frac{1}{2}(x - 1)^2 - 3x - \frac{x^2}{2} = -4$

k) $16x - 9 - 2(13 - 9x) = 15x - (7 - 4x)$

l) $\frac{1}{x} + 2 = \frac{3}{x}$

m) $2x - 3 - \frac{7}{4}(5x - 3) = -\frac{1}{2}(2x + 5)$

n) $(x + 2)^2 - (x - 3)^2 = -x^2 + (x + 2)^2$

o) $\frac{1}{2}a - \frac{3}{2} = 4a + 1$

p) $-\frac{1}{2}(u + 5) - 3 = 5$

q) $4 - \frac{a - 5}{4} = \frac{a + 1}{2} - \frac{a - 3}{3}$

r) $\frac{1}{7}(u - 1)^2 - \frac{5}{7}u = \frac{u^2}{7}$

2. Lösen Sie nach x auf: $a_1x + a_2y = b_1x + b_2y$

3. Bestimmen Sie die Lösungsmenge ($x \in \mathbb{R}$).

a) $4x - 2 > 2x + 1$

b) $\frac{x}{2} - 8 \leq 10$

c) $1 - \frac{2}{3}x < 5$

d) $\frac{1}{12}(x - 5) > 0$

e) $3(1 - 2x) - 2 > 2(x - 3) - (3x + 5)$

f) $\frac{1}{3}x - 5 \leq \frac{1}{4}x + 3$

4. Bestimmen Sie die Lösung in Abhängigkeit von t.

a) $3x + 5t = 2x - 2t$

b) $t - 2x = \frac{3}{4}x - \frac{t}{3}$

c) $\frac{5}{2}(x + 4t) = 0$

d) $tx - 4 = 2;\ t \neq 0$

e) $tx + 5t = 2x;\ t \neq 2$

f) $t(x - 3) = 2tx + 1;\ t \neq 0$

g) $\frac{t}{6}(x - 3t) = 0;\ t \neq 0$

h) $t^2x - 3t = -2t;\ t \neq 0$

5. Lösen Sie nach x auf.

a) $2x + 4ax + 5a = x - a$

b) $ax - 2bx = 8b - 4a$

c) $5ax + 3b = ax + 7 - 4b$

d) $2{,}5ax + 5x - 1{,}2bx = 14x - 8$

Lineare Gleichungssysteme mit 2 Unbekannten

Lösen Sie das Gleichungssystem $3x - 2y = 4$
$x - 5y = -3; \quad x, y \in \mathbb{R}$.

Lösung

Durch **Additionsverfahren:**

$$\begin{array}{llr} 3x - 2y = 4 & & (1) \\ x - 5y = -3 & | \cdot (-3) & (2) \\ \hline 3x - 2y = 4 & & (1) \\ -3x + 15y = 9 & & (2^*) \end{array}$$

Addition von (1) und (2*): $13y = 13$

Auflösen nach y: $y = 1$

Einsetzen in Gleichung (1): $3x - 2 \cdot 1 = 4 \Rightarrow x = 2$

Lösung des linearen Gleichungssystems: (2; 1) d. h., $x = 2$ und $y = 1$

Durch **Einsetzungsverfahren:**

$$\begin{array}{lr} 3x - 2y = 4 & (1) \\ x - 5y = -3 & (2) \\ \hline \end{array}$$

Auflösen von (2) nach x: $x = -3 + 5y$

Einsetzen in Gleichung (1): $3(-3 + 5y) - 2y = 4$

Auflösen nach y: $-9 + 15y - 2y = 4 \Rightarrow y = 1$

Einsetzen in Gleichung (1): $x = 2$

Durch **Gleichsetzungsverfahren:**

$$\begin{array}{lr} 3x - 2y = 4 & (1) \\ x - 5y = -3 & (2) \\ \hline \end{array}$$

Auflösen von (1) und (2) nach x: $x = \frac{2}{3}y + \frac{4}{3}$ (1*)

$x = -3 + 5y$ (2*)

Gleichsetzen: $\frac{2}{3}y + \frac{4}{3} = -3 + 5y \Rightarrow y = 1$

Einsetzen in Gleichung (1): $3x - 2 = 4 \Rightarrow x = 2$

Aufgaben

Bestimmen Sie die Lösung.

a) $10x - 6y = -2$
$x - 4y = -2$

b) $3x + y = 0$
$-3x + 4y = 6$

c) $2a + 10b = 5$
$a + 3b = -2$

d) $-a + 4b = 0$
$2{,}5a + 5b = 10$

e) $x = -3$
$2x - 5y = 4$

f) $\frac{x}{2} + \frac{y}{3} = 1$
$\frac{1}{4}x - y = -1$

Lineare Ungleichungssysteme

Welche $x \in \mathbb{R}$ erfüllen die folgenden Bedingungen $2x + 1 \geq 0 \wedge x - 1 < 2$

Lösung

Skizze mit Gerade g: $y = 2x + 1$
und Gerade h: $y = x - 1 - 2 = x - 3$

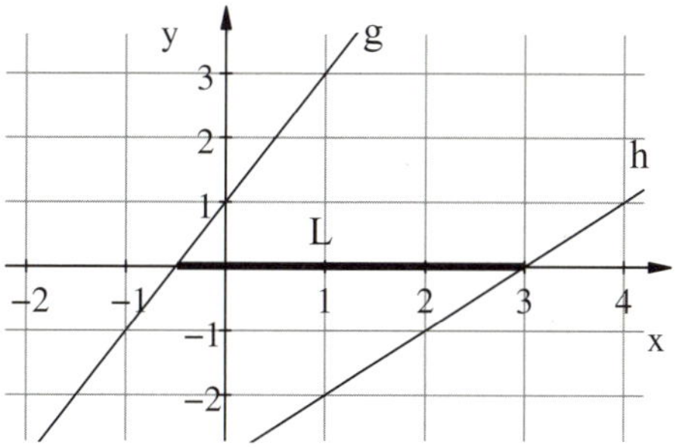

$2x + 1 \geq 0 \wedge x - 3 < 0$ ist erfüllt
wenn **g oberhalb der x-Achse** und
gleichzeitig **h unterhalb der x-Achse**
verläuft.

Lösungsmenge: $L = \{x \in \mathbb{R} \mid -\frac{1}{2} \leq x < 3\}$

Bemerkung: Die wichtigen Stellen sind die Nullstellen von g und h.

Bestimmen Sie den Lösungsraum des Ungleichungssystems
$y \leq -\frac{3}{2}x + 60 \wedge x \leq 30 \wedge y \leq 40 \wedge y \leq -x + 50 \wedge x \geq 0 \wedge y \geq 0.$

Lösung

Zeichnerische Lösung
mit Hilfe der Randgeraden:

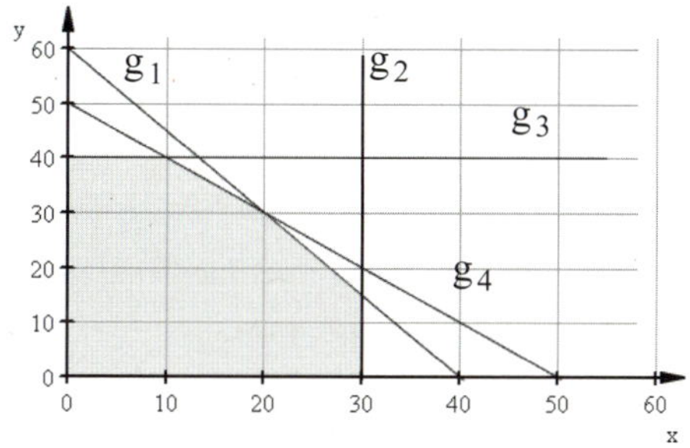

g_1: $y = -\frac{3}{2}x + 60$

g_2: $x = 30$

g_3: $y = 40$

g_4: $y = -x + 50$

Der Lösungsraum ist ein Vieleck mit den Eckpunkten

$(0 \mid 0)$, $(30 \mid 0)$; $(30 \mid 15)$; $(20 \mid 30)$; $(10 \mid 40)$ und $(0 \mid 40)$.

Aufgaben

1. Bestimmen Sie grafisch den Lösungsraum des linearen Ungleichungssystems ($x, y \in \mathbb{R}$).

a)	b)	c)
$x \geq 0, y \geq 0$	$x \geq 3$	$0 \leq x \leq 100$
$2x + y \geq 8$	$y \leq 8$	$x + 3y \leq 900$
$x + y \geq 5$	$x + 2y \leq 20$	$2x + 4y \geq 400$

2. Welche Punkte der Ebene erfüllen die folgenden Ungleichungen?

$y > 1 - x \wedge x \geq 0 \wedge y \geq -1$

Gauß-Algorithmus

Beispiel

1) Lösen Sie das lineare Gleichungssystem:

$-x_1 - x_2 - 2x_3 = -3 \wedge -12x_1 - 7x_2 - 18x_3 = -2 \wedge 5x_1 + x_2 + 6x_3 = -9.$

Lösung mit dem Gauß'schen Eliminationsverfahren

$$\begin{aligned} -x_1 - x_2 - 2x_3 &= -3 \quad \cdot(-12) \quad \cdot 5 \\ -12x_1 - 7x_2 - 18x_3 &= -2 \quad + \\ 5x_1 + x_2 + 6x_3 &= -9 \quad + \end{aligned}$$

$$\begin{aligned} -x_1 - x_2 - 2x_3 &= -3 \\ 5x_2 + 6x_3 &= 34 \quad \cdot 4 \\ -4x_2 - 4x_3 &= -24 \quad \cdot 5 \; + \end{aligned}$$

$$\begin{aligned} -x_1 - x_2 - 2x_3 &= -3 \\ 5x_2 + 6x_3 &= 34 \\ 4x_3 &= 16 \end{aligned}$$

$$\left(\begin{array}{ccc|c} -1 & -1 & -2 & -3 \\ -12 & -7 & -18 & -2 \\ 5 & 1 & 6 & -9 \end{array}\right) \quad \cdot(-12) \; + \quad \cdot 5 \; +$$

$$\left(\begin{array}{ccc|c} -1 & -1 & -2 & -3 \\ 0 & 5 & 6 & 34 \\ 0 & -4 & -4 & -24 \end{array}\right) \quad \cdot 4, \; \cdot 5 \; +$$

$$\left(\begin{array}{ccc|c} -1 & -1 & -2 & -3 \\ 0 & 5 & 6 & 34 \\ 0 & 0 & 4 & 16 \end{array}\right)$$

Dreiecksform

Einsetzen ergibt $x_3 = 4;\ x_2 = 2;\ x_1 = -7$

Das LGS ist eindeutig lösbar mit der Lösung $(-7 \quad 2 \quad 4)$.

Beachten Sie: Die zulässigen Elementarumformungen, um die Dreiecksform zu erreichen, sind die **Multiplikation einer Gleichung mit einer Zahl** ungleich null und das Ersetzen einer Gleichung durch **Addition einer anderen Gleichung.**

Aufgaben

Lösen Sie das lineare Gleichungssystem (LGS).

a) $\begin{aligned} -2x_1 - 4x_2 &= -6 \\ x_1 + 2x_2 - 6x_3 &= 0 \\ -2x_1 + 4x_2 - 6x_3 &= -4 \end{aligned}$

b) $\begin{aligned} 3x_1 + 3x_2 - 3x_3 &= 9 \\ x_2 - 3x_3 &= -12 \\ 6x_1 + x_2 - x_3 &= 18 \end{aligned}$

c) $\begin{aligned} x_1 + x_2 + 2x_3 &= 5 \\ 3x_1 - x_2 - 2x_3 &= -1 \\ -2x_1 + 2x_2 + 2x_3 &= 1 \end{aligned}$

d) $\begin{aligned} x_2 - x_3 &= 0 \\ 2x_1 + 3x_2 + x_3 &= 6 \\ x_2 + x_3 &= 3 \end{aligned}$

e) $\begin{aligned} x + 2y + 2z &= 5 \\ 2x + y + z &= 4 \\ 2x + 4y + 3z &= 9 \end{aligned}$

f) $\begin{aligned} x + y + z &= 3 \\ 3x + 4y + 3z &= 9 \\ 2x + 2y + 3z &= 5 \end{aligned}$

3.2 Quadratische Gleichungen und Ungleichungen

Lösung mit Formel

Beachten Sie: Eine **quadratische Gleichung** in x kann auf die Form

$\mathbf{ax^2 + bx + c = 0;\ a \neq 0}$, gebracht werden.

Die **Lösungsvariable x** tritt in der **2. Potenz** auf.

Beispiele

1) Lösen Sie die Gleichung.

a) $6x^2 - 3x - 2 = 0$ b) $-0{,}5x^2 + 5x - 12{,}5 = 0$ c) $3x^2 - tx + t^2 = 0$

Lösungsformel für $\mathbf{ax^2 + bx + c = 0\ (a \neq 0)}$: $x_{1|2} = \frac{-b \pm \sqrt{b^2 - 4ac}}{2a}$

$\mathbf{D = b^2 - 4ac}$ heißt Diskriminante.

Lösung

a) Mit a = 6, b = – 3 und c = – 2: $x_{1|2} = \frac{3 \pm \sqrt{(-3)^2 - 4 \cdot 6 \cdot (-2)}}{2 \cdot 6} = \frac{3 \pm \sqrt{57}}{12}$

Diskriminante D = 57

Wegen D > 0 gibt es **zwei Lösungen** $x_{1|2} = \frac{3 \pm \sqrt{57}}{12}$.

b) Mit (– 2) multiplizieren: $-0{,}5x^2 + 5x - 12{,}5 = 0$

Nullform: $x^2 - 10x + 25 = 0$

Mit a = 1, b = – 10 und c = 25: $x_{1|2} = \frac{10 \pm \sqrt{100 - 4 \cdot 1 \cdot 25}}{2 \cdot 1} = \frac{10 \pm \sqrt{0}}{2} = 5$

Diskriminante D = 0

Wegen D = 0 gibt es **eine (doppelte) Lösung** $x_{1|2} = 5$.

c) Quadratische Gleichung in Nullform: $3x^2 - tx + t^2 = 0$

Mit a = 3, b = – t und c = 5: $x_{1|2} = \frac{t \pm \sqrt{(-t)^2 - 4 \cdot 3 \cdot t^2}}{2 \cdot 3} = \frac{t \pm \sqrt{-11t^2}}{6}$

Diskriminante $D = -11t^2 < 0$

Wegen D < 0 hat die Gleichung **keine Lösung.**

Die Wurzel aus einer negativen Zahl kann in **R nicht** gezogen werden.

2) Lösen Sie die Gleichung.

a) $x^2 - 3x - 2 = 0$ b) $-0,5x^2 + 5x - 12,5 = 0$

Lösungsformel für $x^2 + px + q = 0$: $x_{1|2} = -\frac{p}{2} \pm \sqrt{\frac{p^2}{4} - q}$ mit $D = \frac{p^2}{4} - q$

Lösung

a) Mit $p = -3$ und $q = -2$: $x_{1|2} = \frac{3}{2} \pm \sqrt{\frac{(-3)^2}{4} - (-2)} = \frac{3}{2} \pm \sqrt{\frac{17}{4}}$

Diskriminante $D = \frac{17}{4}$

Wegen $D > 0$ gibt es **zwei Lösungen** $x_{1|2} = \frac{3}{2} \pm \sqrt{\frac{17}{4}}$.

b) Mit (– 2) multiplizieren: $-0,5x^2 + 5x - 12,5 = 0$

Geeignete Nullform: $x^2 - 10x + 25 = 0$

Mit $p = -10$ und $q = 25$: $x_{1|2} = 5 \pm \sqrt{\frac{100}{4} - 25} = 5 \pm \sqrt{0} = 5$

Diskriminante $D = 0$

Wegen $D = 0$ gibt es **eine (doppelte) Lösung** $x_{1|2} = 5$.

Die Anzahl der Lösungen hängt von der Diskriminante (D) ab.

$\mathbf{D = b^2 - 4ac}$ $\mathbf{D = \frac{p^2}{4} - q}$

$D > 0$	$D = 0$	$D < 0$
zwei Lösungen	**eine (doppelte) Lösung**	**keine Lösung**

Aufgaben

1. Lösen Sie die quadratische Gleichung.

a) $4x^2 + 8x - 48 = 0$ b) $\frac{1}{4}x^2 + \frac{3}{2}x = \frac{5}{2}$ c) $3 + \frac{1}{3}x^2 = 2x$

d) $x^2 + x + 7 = -3x + 2$ e) $-2x^2 - 3x = 2,5$ f) $(x - 3)^2 - 9 = 0$

g) $3x^2 + 5x - 8 = 0$ h) $\frac{1}{2}(x^2 - 4x - 5) = 0$ i) $-x^2 - \frac{3}{2}x = \frac{5}{4}$

j) $0 = 1,5x(x + 2) - 3$ k) $(2x + 5)^2 = 4$ l) $x(2x + 1) - 5 = 0$

2. Bestimmen Sie die Lösungen in Abhängigkeit von a.

a) $x^2 + ax - 24 = 0$ b) $\frac{1}{2}x^2 + ax = a$ c) $1 - x + ax^2 = 0$

3. Für welche Werte von t hat die Gleichung 2, 1, 0 Lösung(en)?

a) $x^2 - tx = 2$ b) $x(x - t) + 1 = 0$ c) $(x + 3)^2 - 2t + 1 = 0$

Lösung ohne Formel

1) $ax^2 + c = 0$

Lösen Sie die Gleichung $0{,}5x^2 - 5 = 0$.

Lösung

Quadratische Gleichung: $0{,}5x^2 - 5 = 0 \quad \Leftrightarrow \quad x^2 = 10$

Wurzelziehen ergibt: $x_1 = \sqrt{10};\ x_2 = -\sqrt{10}$

Die Gleichung hat die zwei Lösungen $x_{1|2} = \pm\sqrt{10}$.

2) $ax^2 + bx = 0$

Lösen Sie durch Ausklammern: $x^2 + ax = 0;\ a \in \mathbf{R}$.

Lösung

x ausklammern: $x(x + a) = 0$

Satz vom Nullprodukt anwenden: $x = 0$ oder $x + a = 0$

Die Gleichung hat zwei Lösungen: $x_1 = 0;\ x_2 = -a$

Die Gleichung hat für $a = 0$ genau eine Lösung, für $a \neq 0$ zwei Lösungen.

Satz vom Nullprodukt: Ein **Produkt ist null,** wenn **mindestens ein Faktor null** ist:

$u \cdot v = 0 \quad \Leftrightarrow \quad u = 0 \vee v = 0$ („$\vee$“ bedeutet „oder“)

3) $a(x - u)(x - v) = 0$

Lösen Sie die Gleichung: a) $4(2x - 6)(2t - x) = 0$ b) $x^2 + 6x + 9 = 0$.

Lösung

a) **Bemerkung: $4 \neq 0$ ist ein konstanter Faktor.**

Nullprodukt: $(2x - 6)(2t - x) = 0$.

Satz vom Nullprodukt anwenden: $2x - 6 = 0 \vee 2t - x = 0$

Die Gleichung hat zwei Lösungen: $x_1 = 3;\ x_2 = 2t$

Die Gleichung hat für $t = 1{,}5$ genau eine Lösung, für $t \neq 1{,}5$ zwei Lösungen.

b) Der Term kann mit Hilfe einer binomischen Formel faktorisiert werden.

Quadratische Gleichung: $x^2 + 6x + 9 = 0$

Binom: $(x + 3)^2 = 0$

Faktorform: $(x + 3)(x + 3) = 0$

Die Gleichung hat eine (doppelte) Lösung $x_{1|2} = -3$.

3 Deusch, Ott - ISBN 978-3-8120-0604-0

Lösen Sie die Gleichung a) $x^2 + 6x + 8 = 0$ b) $x^2 + 4x - 5 = 0$

Lösung

Für die Lösungen von $x^2 + px + q = 0$ gilt: $x_1 + x_2 = -p$ und $x_1 \cdot x_2 = q$

Damit kann der Term $x^2 + px + q$ faktorisiert werden: $x^2 + px + q = (x - x_1)(x - x_2) = 0$

a) Aus $x_1 + x_2 = -6$ und $x_1 \cdot x_2 = 8$ ergibt sich $x_1 = -4$ und $x_2 = -2$

Gleichung in Faktorform: $(x + 4)(x + 2) = 0$

b) Aus $x_1 + x_2 = -4$ und $x_1 \cdot x_2 = -5$ ergibt sich $x_1 = -5$ und $x_2 = 1$

Gleichung in Faktorform: $(x + 5)(x - 1) = 0$

Aufgaben

1. Lösen Sie die folgenden quadratischen Gleichungen.

a) $x^2 + 3x = 0$ b) $4x^2 - x = 0$ c) $\frac{3}{4}x = \frac{1}{2}x^2$

d) $\frac{1}{5}x + \frac{1}{2}x^2 = 0$ e) $\frac{14}{15}(x^2 - 7x) = 0$ f) $\frac{x^2}{7} + \frac{x}{7} = 0$

g) $-\frac{1}{8}x^2 + tx = 0$ h) $x^2 - tx = 0$ i) $tx - \frac{x^2}{t} = 0;\ t \neq 0$

j) $3x(x - 4) = 0$ k) $(5x + 2)x = 0$ l) $ax - 2x^2 = 0$

m) $-\frac{1}{8}(x^2 - 8x) = 0$ n) $4x^2 = (t - 1)x$ o) $\frac{x - 5x^2}{12} = 0$

p) $5 - (x^2 + 4x + 5) = 0$ q) $(2x + 1)x = 3$ r) $5(\frac{5}{4}x - \frac{1}{2}x^2) = 0$

s) $0{,}5k^2 - 2k = -3$ t) $\frac{u^2 + u}{2} = 4$ u) $x^2 + 9x + 20 = 0$

2. Lösen Sie möglichst ohne Formel.

a) $(x + 4)(x - 5) = 0$ b) $(2x + 7)(4x - a) = 0$ c) $(x + t)(x - 2t) = 0$

d) $x^2 + 8x + 16 = 0$ e) $x^2 = 14x - 49$ f) $3a(2x - x^2) = 0;\ a \neq 0$

g) $x(x - 12) = -36$ h) $3(1 - x)^2 - 3 = 9$ i) $k^2 + k - 12 = 0$

j) $n^2 - 16n + 60 = 0$ k) $(x - 1)^2 - 2x = 0$ l) $1 = a + a^2$

3. Lösen Sie die quadratische Gleichung nach x auf.

a) $6t - x^2 = 0$ b) $\frac{4}{5}(x^2 - 5) = 0$ c) $\frac{5}{4} - \frac{1}{2}x^2 = x^2$

d) $3x^2 + 6 = 15$ e) $\frac{1}{2}x^2 = 9$ f) $\frac{4}{5}x^2 = 2x^2$

g) $6x^2 = 0$ h) $3x^2 + 4 = -x^2 + 1$ i) $7(x - 1)^2 = -14x$

j) $x^2 - 2t^2 = 0$ k) $x^2 = \frac{a^2}{2}$ l) $ax = x(x + a)$

4. Für welche Werte von a ($a \in \mathbf{R}$) hat die Gleichung $ax^2 + 1 = 0$ keine Lösung?

Was man wissen sollte... zum Lösen quadratischer Gleichungen

Die quadratische Gleichung wird in Nullform umgeformt (wenn nötig).

Lösung mit Formel:

$ax^2 + bx + c = 0;\ a \neq 0$

Lösung mit der abc-Formel

$x_{1|2} = \frac{-b \pm \sqrt{b^2 - 4ac}}{2a}$ mit $D = b^2 - 4ac$

$x^2 + px + q = 0$

Lösung mit der pq-Formel

$x_{1|2} = -\frac{p}{2} \pm \sqrt{\frac{p^2}{4} - q}$ mit $D = \frac{p^2}{4} - q$

Die **Anzahl der Lösungen** hängt von der **Diskriminante D** ab.

$D > 0$	$D = 0$	$D < 0$
zwei Lösungen	**eine Lösung**	**keine Lösung**

Lösung ohne Formel:

$ax^2 + c = 0;\ a \neq 0$

Umformung zu $x^2 = -\frac{c}{a}$

Lösung durch **Wurzelziehen.**

$ax^2 + bx = 0;\ a \neq 0$

Lösung durch **Ausklammern**

$x(ax + b) = 0$

Satz vom Nullprodukt anwenden.

Zerlegung in Linearfaktoren $x^2 + px + q = (x - x_1)(x - x_2) = 0$

(Faktorisieren)

mithilfe der **Binomischen Formeln:**

$x^2 + 2ax + a^2 = (x + a)^2$

$x^2 - 2ax + a^2 = (x - a)^2$

$(x - a)(x + a) = x^2 - a^2$

oder

mithilfe des **Satzes von Vieta:** $x_1 + x_2 = -p$ und $x_1 \cdot x_2 = q$

Quadratische Ungleichungen

Beispiele

Bestimmen Sie die Lösung der Ungleichung $x^2 + 2x \leq 3$.

Lösung

Ungleichung in Nullform: $x^2 + 2x - 3 \leq 0$

Lösung der Gleichung $x^2 + 2x - 3 = 0$: $x_1 = -3$; $x_2 = 1$

Der **Term** $T(x) = x^2 + 2x - 3$ wechselt das Vorzeichen in -3 bzw. in 1.

Einsetzen von $x = 0$ ergibt: $T(0) = -3$

Vorzeichentabelle:	$x < -3$	$x = -3$	$-3 < x < 1$	$x = 1$	$x > 1$
T(x)	positiv	0	negativ	0	positiv

$x^2 + 2x - 3 \leq 0 \Leftrightarrow \quad x \geq -3 \wedge x \leq 1 \quad \Leftrightarrow \quad -3 \leq x \leq 1$

Bemerkung: $x^2 + 2x - 3 > 0 \Leftrightarrow \quad x < -3 \vee x > 1$

$x^2 + 2x > 3 \Leftrightarrow x^2 + 2x - 3 > 0 \Leftrightarrow \quad x < -3 \vee x > 1$

Bestimmen Sie die Lösung der Ungleichung $(x + 2)(1 - x) > 0$.

Lösung

Lösung der Gleichung $(x + 2)(1 - x) = 0$: $x_1 = -2$; $x_2 = 1$

(Satz vom **Nullprodukt**)

Der **Term** $T(x) = (x + 2)(1 - x)$ wechselt das Vorzeichen in -2 bzw. in 1.

Einsetzen von $x = 0$ ergibt: $T(0) = 2 > 0$

Vorzeichentabelle:	$x < -2$	$x = -2$	$-2 < x < 1$	$x = 1$	$x > 1$
T(x)	negativ	0	positiv	0	negativ

$(x + 2)(1 - x) > 0 \Leftrightarrow \quad -2 < x < 1$

Aufgaben

Bestimmen Sie die Lösungsmenge.

a) $2x(x - 5) \leq 0$
b) $-\frac{1}{2}x^2 - x + 7 > 0$
c) $(1 - x)^2 \geq 3$
d) $(x - 5)(x + 1) > 0$
e) $x^2 + 4x < 4$
f) $x^2 + x + 1 < 0$
g) $x^2 + 2x + 1 > 0$
h) $x^2 + 4 \geq -4x$
i) $(x + 5)(x + 2) > 1$

3.3 Polynomgleichungen

1) Lösung durch Wurzelziehen

Beispiele

1) $x^3 - 8 = 0 \quad \Leftrightarrow \quad x^3 = 8 \quad \Leftrightarrow \quad x = \sqrt[3]{8} = 2$ **(3. Wurzel aus 8)**

2) $x^4 - 16 = 0 \Leftrightarrow x^4 = 16 \quad \Rightarrow \quad x = \pm\sqrt[4]{16} = \pm\ 2$ **(4. Wurzel aus 16)**

3) $x^6 + 3 = 0 \Leftrightarrow x^6 = -3$ keine Lösung, da $x^6 \geq 0$ für alle $x \in \mathbb{R}$.

Beachten Sie: Gleichungen der Form $ax^n - b = 0$; $a \neq 0$ werden umgeformt zu $x^n = \frac{b}{a}$.
Für $\frac{b}{a} > 0$ erhält man durch **n-te Wurzel** ziehen für **n gerade zwei** Lösungen.
Für $\frac{b}{a} < 0$ erhält man durch **n-te Wurzel** ziehen für **n ungerade eine** Lösung.
Für $b = 0$ ist $x = 0$ **einzige** Lösung.

2) Lösung durch Ausklammern und Anwendung des Satzes vom Nullprodukt

Beispiele

1) $x^3 - x^2 = 0$

Ausklammern von x^2:	$x^2 \cdot x - x^2 = x^2(x-1) = 0$
Satz vom Nullprodukt:	$x^2 = 0 \vee x - 1 = 0$
Lösungen:	$x_{1\|2} = 0;\ x_3 = 1$

2) $x^4 - 9x^3 + 20x^2 = 0$

Ausklammern von x^2:	$x^2(x^2 - 9x + 20) = 0$
Satz vom Nullprodukt:	$x^2 = 0 \vee x^2 - 9x + 20 = 0$
Lösung von $x^2 - 9x + 20 = 0$ ergibt:	$x_3 = 5;\ x_4 = 4$
Lösungen:	$x_{1\|2} = 0;\ x_3 = 5;\ x_4 = 4$

Beachten Sie: Gleichungen der Form $\mathbf{ax^3 + bx^2 + cx = 0}$; $a \neq 0$
$\mathbf{ax^4 + bx^3 + cx^2 = 0}$; $a \neq 0$
löst man durch **Ausklammern** der höchsten gemeinsamen Potenz von x und **Anwendung des Satzes vom Nullprodukt.**

Aufgaben

Lösen Sie die Gleichungen exakt.

a) $\frac{1}{32}x^3 - 3 = 0$ b) $-0{,}3\,x^4 + 0{,}8 = 0$ c) $x^5 - 2a = 0$

d) $-0{,}25x^3 + 3x = 0$ e) $2x^5 - \frac{3}{4}x^2 = 0$ f) $x^3 - x^2 = x$

3) Lösung durch Substitution
Beispiel

$x^4 - 9x^2 + 20 = 0$

Substitution $x^2 = z$ $(x^4 = z^2)$ — $z^2 - 9z + 20 = 0$

Lösung der quadratischen Gleichung in z: — $z_1 = 4; z_2 = 5$

Rücksubstitution: — $z_1 = x^2 = 4 \Rightarrow x_{1|2} = \pm 2$

$z_2 = x^2 = 5 \Rightarrow x_{3|4} = \pm \sqrt{5}$

Lösungen: — $x_{1|2} = \pm 2; x_{3|4} = \pm \sqrt{5}$

Beachten Sie: Gleichungen der Form $\mathbf{ax^4 + bx^2 + c = 0}$; a, b, c $\neq 0$
löst man durch **Substitution.**
Die **Substitution** $x^2 = z$ ergibt eine **quadratische Gleichung** in z.
Die Rücksubstitution liefert die gesuchten Lösungen in x.

4) Lösung durch Polynomdivision (Vgl. Seite 25)
Beispiel

$x^3 - x^2 - 3x + 3 = 0$

Eine Lösung z. B durch probieren: $x_1 = 1$

Polynomdivision mit $(x - 1)$:

$$
\begin{array}{l}
(x^3 - x^2 - 3x + 3) : (x - 1) = x^2 - 3 \\
\underline{-(x^3 - x^2)} \\
\qquad -3x + 3 \\
\qquad \underline{-(-3x + 3)} \\
\qquad\qquad 0
\end{array}
$$

$x^2 - 3 = 0 \Leftrightarrow x = -\sqrt{3} \vee x = \sqrt{3}$

Lösungsmenge: $\{1; -\sqrt{3}; \sqrt{3}\}$

Zerlegung in Linearfaktoren: $x^3 - x^2 - 3x + 3 = (x - 1)(x^2 - 3) = (x - 1)(x - \sqrt{3})(x + \sqrt{3})$

Aufgaben

1. Bestimmen Sie alle Lösungen.

   a) $x^4 - 16x^2 + 15 = 0$ b) $\frac{1}{7}x^4 - 2x^2 + 8 = 0$ c) $\frac{1}{48}x^4 = \frac{7}{24}x^2 - 1$

   d) $x^3 - x^2 - x + 1 = 0$ e) $x^3 - x^2 = 4$ f) $(x^2 - 1)(x^2 + 2) = 0$

2. Für welchen Wert von a hat die Gleichung $x^3 - 3x^2 - ax = 0$ die Lösung $x = -1$?
3. Zeigen Sie: Die Gleichung $-x^4 + x^2 = 1 + a^2$ hat für $a \in \mathbb{R}$ keine Lösung.
4. Zeigen Sie: $x = 1{,}5$ ist Lösung von $2x^3 - 3x^2 - 10x + 15 = 0$.
   Berechnen Sie die weiteren Lösungen.

3.4 Bruchgleichungen und -ungleichungen

Bestimmen Sie die Lösung der Gleichung $\frac{1}{x-2} = \frac{3}{x}$; G = ℝ.

Lösung

Nicht alle Zahlen aus der Grundmenge ℝ dürfen eingesetzt werden.

$x \neq 2$ und $x \neq 0$; $\frac{1}{0}$ bzw. $\frac{3}{0}$ ist nicht definiert.

Definitionsmenge ist die Menge aller zugelassenen x-Werte: $x \in \mathbb{R}\setminus\{0; 2\}$

Auflösen nach x: $\frac{1}{x-2} = \frac{3}{x}$ $\quad | \cdot x(x-2)$ (Hauptnenner)

$x = 3(x-2) \Leftrightarrow 6 = 2x \Leftrightarrow x = 3$

Bestimmen Sie alle Lösungen der Ungleichung $\frac{2x}{x+4} > 0$; G = ℝ.

Lösung

Definitionsmenge: $D = \mathbb{R}\setminus\{-4\}$ Nennerterm: $x + 4 = 0 \Leftrightarrow x = -4$

Wegen $(\frac{+}{+} = +)$ gilt: (1) $\frac{2x}{x+4} > 0 \Leftrightarrow 2x > 0 \wedge x + 4 > 0 \Leftrightarrow x > 0 \wedge x > -4$

Wegen $(\frac{-}{-} = +)$ gilt: (2) $\frac{2x}{x+4} > 0 \Leftrightarrow 2x < 0 \wedge x + 4 < 0 \Leftrightarrow x < 0 \wedge x < -4$

Zusammenfassung: $\frac{2x}{x+4} > 0 \Leftrightarrow (x > 0 \wedge x > -4) \vee (x < 0 \wedge x < -4)$

$\Leftrightarrow \quad x > 0 \quad \vee \quad x < -4$

Aufgaben

1. Bestimmen Sie den Definitionsbereich der folgenden Terme.

   a) $\frac{2}{x-7}$ b) $\frac{1}{x} + \frac{1}{x^2 + 2x}$ c) $\frac{x}{2x^2 + 1}$

2. Bestimmen Sie die Lösung.

   a) $\frac{1}{2x} - 2 = 0$ b) $\frac{1}{x+2} + \frac{1}{x-2} = \frac{4}{x^2 - 4}$ c) $\frac{2}{x+1} = \frac{2}{9}$

   d) $\frac{0{,}2}{x} = \frac{1}{5}$ e) $\frac{3}{x} - \frac{2}{3x} = 0$ f) $\frac{1}{a} - \frac{1}{2a} = 1$

   g) $\frac{x+2}{x} = 12$ h) $\frac{3}{x-1} = \frac{4}{x} + \frac{7}{x^2 - x}$ i) $\frac{54}{2x+4} = \frac{72}{3x+2}$

3. Lösen Sie die Ungleichung $\frac{4}{x} < 1$. Beachten Sie die zwei möglichen Fälle.

4. Lösen Sie nach x auf.

   a) $\frac{7}{x} + 3a = 4$ b) $\frac{a}{x+1} = 7 + a$ c) $\frac{1}{ax} - a = 0$

   d) $\frac{ax}{x+a} = b$ e) $\frac{1}{x+a} + \frac{1}{x-a} = \frac{1}{x}$ f) $\frac{a}{2-x} = ax$

5. Bestimmen Sie alle Lösungen der Ungleichung

   a) $\frac{7}{x+3} < 0$ b) $\frac{4}{x+1} > 1$ c) $\frac{3x}{x-3} \geq 0$

3.5 Wurzelgleichungen

Beispiele

1) $\sqrt{2x-3} = 4$

Definitionsmenge: $D = \{x \mid x \in \mathbb{R} \wedge x \geq \frac{3}{2}\}$

Die Wurzel ist in **R** nur definiert für $2x - 3 \geq 0 \Leftrightarrow x \geq \frac{3}{2}$

Auflösung durch Quadrieren beider Seiten: $2x - 3 = 16 \Rightarrow x = 9{,}5$

Quadrieren ist **keine Äquivalenzumformung**, es ist eine **Probe** erforderlich.

$x = 9{,}5$ liegt im Definitionsbereich.

Die Probe $\sqrt{2 \cdot 9{,}5 - 3} = 4$ ergibt eine w. A., also ist $x = 9{,}5$ **Lösung.**

2) $\sqrt{x^2 - 4} = 1 + x$

Definitionsmenge: $D = \{x \mid x \in \mathbb{R} \wedge (x \leq -2 \vee x \geq 2)\}$

Die Wurzel ist in **R** nur definiert für $x^2 - 4 \geq 0 \Leftrightarrow x \leq -2 \vee x \geq 2$

Auflösung durch **Quadrieren beider Seiten:** $x^2 - 4 = (1 + x)^2 \Leftrightarrow 2x + 5 = 0 \Rightarrow x = -2{,}5$

Probe: $\sqrt{(-2{,}5)^2 - 4} = 1 + (-2{,}5) \Rightarrow 1{,}5 = -1{,}5$ falsche Aussage

$x = -2{,}5$ liegt im Definitionsbereich, ist aber **keine Lösung.**

3) $\sqrt{x-2} = 4 - x$

Definitionsmenge: $x - 2 \geq 0 \Leftrightarrow x \geq 2 D = \{x \mid x \in \mathbf{R} \wedge x \geq 2\}$

Quadrieren: $x - 2 = (4 - x)^2 \Rightarrow x^2 - 9x + 18 = 0$

Lösungen der quadratischen Gleichung: $x = 3 \vee x = 6$

Beide x-Werte liegen in D,

Probe mit $x = 3$ ergibt: $\sqrt{3-2} = 4 - 3$ w. A.

Probe mit $x = 6$ ergibt: $\sqrt{6-2} = 4 - 6$ f. A.

$x = 3$ ist damit **einzige Lösung** von $\sqrt{x-2} = 4 - x$.

Aufgaben

1. Bestimmen Sie den Definitionsbereich der folgenden Terme.

a) $\sqrt{x-2}$ b) $\frac{1}{x} - \sqrt{x}$ c) $\frac{2}{\sqrt{x}}$ b) $\sqrt{5 - x^2}$

2. Bestimmen Sie die Lösungsmenge.

a) $\sqrt{x} - 7 = 0$ b) $\sqrt{x-7} = 0$ c) $\sqrt{x^2 - 7} = 0$ d) $\sqrt{x} - 7x = 0$

3. Bestimmen Sie alle reellen Lösungen.

a) $\sqrt{x+1} = x$ b) $\sqrt{2x+1} = x - 1$ c) $\sqrt{x^2+1} = \frac{1}{2}x - 1$

3.6 Betragsgleichungen und -ungleichungen

Definition: Betrag einer Zahl a $|a| = \begin{cases} a & \text{für } a \geq 0 \\ -a & \text{für } a < 0 \end{cases}$ (vgl. Seite 24)

Beispiele

1) $|2x - 5| = 7$

1. Fall: $2x - 5 = 7 \Rightarrow x = 6$

2. Fall $2x - 5 = -7 \Rightarrow x = -1$

Lösungen: $x = 6 \lor x = -1$

2) $|4x + 1| = x + 2$

1. Fall: $4x + 1 \geq 0 \Leftrightarrow x \geq -\frac{1}{4}$ $\quad 4x + 1 = x + 2 \Rightarrow x = \frac{1}{3}$

2. Fall $4x + 1 < 0 \Leftrightarrow x < -\frac{1}{4}$ $\quad -4x - 1 = x + 2 \Rightarrow x = -\frac{3}{5}$

Lösungen: $x = \frac{1}{3} \lor x = -\frac{3}{5}$

3) $|\frac{1}{3}x - 2| \leq 1$

Betragsfreie Schreibweise: $|\frac{1}{3}x - 2| \leq 1 \Leftrightarrow -1 \leq \frac{1}{3}x - 2 \leq 1 \quad |+2$

$1 \leq \frac{1}{3}x \leq 3 \quad |\cdot 3$

Lösungen: $3 \leq x \leq 9$

4) $|6 - 3x| \geq 1$

Betragsfreie Schreibweise: $|6 - 3x| \geq 1 \Leftrightarrow 6 - 3x \geq 1 \lor 6 - 3x \leq -1 \quad |-6$

$-3x \geq -5 \lor -3x \leq -7 \quad |:(-3)$

Das Ungleichheitszeichen dreht sich um.

Lösungen: $x \leq \frac{5}{3} \lor x \geq \frac{7}{3} \Leftrightarrow x \in \mathbb{R} \setminus]\frac{5}{3}; \frac{7}{3}[$

Aufgaben

1. Lösen Sie folgende Betragsgleichungen.

a) $|5x - 12| = 3$ b) $|x - 1| = 0{,}5x + 2$ c) $|x^2 - 1| = 2$

d) $|12x - 20| = x + 1$ e) $|3x - 4| = |x|$ f) $-2 + |x - 4| = 5$

2. Lösen Sie folgende Betragsungleichungen.

a) $|\frac{1}{3}x + 1| \leq 1$ b) $|2x - 1| \geq 0{,}5$ c) $|2x + 5| \leq 4$

d) $|0{,}25x - 3| \geq 1$ e) $|x| \geq 0{,}5x + 1$ f) $|2x + 5| \leq x$

3.7 Exponentialgleichungen

Exponentialgleichungen zur Basis e

1) **Lösung durch Anwendung der Logarithmus-Definition**

Beispiel: $\frac{1}{2}e^{1-x} - 3t = 0$

Lösung	$\frac{1}{2}e^{1-x} = 3t \Rightarrow e^{1-x} = 6t$
Anwenden der Definition:	$1 - x = \ln(6t)$
Exakte Lösung:	$x = 1 - \ln(6t)$

Für $t > 0$ ist $x = 1 - \ln(6t)$ Lösung der Gleichung

Für $t \leq 0$ hat die Gleichung keine Lösungen. ($\ln(6t)$ ist nur für $t > 0$ definiert).

Beachten Sie: Gleichungen der Form $a \cdot e^u - b = 0$ (u ist ein Term in x.)
werden **vereinfacht** zu $e^u = \frac{b}{a} \Leftrightarrow u = \ln\left(\frac{b}{a}\right)$
Auflösen von u nach x ergibt für $\frac{b}{a} > 0$ die Lösung.

2) **Lösung durch Ausklammern und Anwendung des Satzes vom Nullprodukt**

Beispiele

1) $4e^{-x} - 2e^x = 0$

Ausklammern:	$e^{-x}(4 - 2e^{2x}) = 0$
Satz vom **Nullprodukt:**	$e^{-x} = 0 \vee 4 - 2e^{2x} = 0$
Wegen $e^{-x} \neq 0$:	$4 - 2e^{2x} = 0$
	$e^{2x} = 2 \Rightarrow 2x = \ln(2)$
Exakte Lösung:	$x = 0{,}5\ln(2)$
Alternative:	
Beide Seiten mit e^x multiplizieren:	$4e^{-x} - 2e^x = 0 \quad \mid \cdot e^x$
	$4e^{-x} \cdot e^x - 2e^x \cdot e^x = 0 \Leftrightarrow 4 - 2e^{2x} = 0$

Beachten Sie: $e^{-x} = \frac{1}{e^x}$

2) $3e^x - xe^x = 0$

Ausklammern:	$e^x(3 - x) = 0$
Satz vom **Nullprodukt:**	$e^x = 0 \vee 3 - x = 0$
Wegen $e^x \neq 0$:	$3 - x = 0$
Einzige Lösung:	$x = 3$

3) **Lösung durch Substitution**

Beispiele

1) $e^{2x} - 5e^x + 6 = 0$

Substitution: Man setzt $u = e^x$ und erhält:	$u^2 = (e^x)^2 = e^{2x}$
Quadratische Gleichung in u:	$u^2 - 5u + 6 = 0$
Auflösung nach u:	$u_1 = 3;\ u_2 = 2$
Auflösung nach x (Rücksubstitution):	$u_1 = e^x = 3 \Rightarrow x_1 = \ln(3)$
	$u_2 = e^x = 2 \Rightarrow x_2 = \ln(2)$
Lösungen:	$x_1 = \ln(3);\ x_2 = \ln(2)$

2) $e^{2x} - 2e^{-x} = -1$

Nullform:	$e^{2x} - 2e^{-x} + 1 = 0 \quad \vert \cdot e^x$
Form:	$\mathbf{e^{3x} + e^x - 2 = 0}$
Substitution:	$u = e^x;\ u^2 = e^{2x};\ u^3 = e^{3x}$
Gleichung in u:	$u^3 + u - 2 = 0$
Auflösung nach u:	$u = 1$ (Z. B. durch Polynomdivision)
Auflösung nach x (Rücksubstitution):	$u = e^x = 1 \Leftrightarrow x = 0$

Beachten Sie: $e^x \cdot e^x = e^{x+x} = e^{2x}$ $\quad e^x \cdot e^{-x} = e^{x-x} = e^0 = 1$

$e^{2x} \cdot e^{-x} = e^{2x-x} = e^x$ $\quad e^x \cdot e^y = e^{x+y}$

Lösung von Exponentialgleichungen durch

- **Anwendung der Definition** — Beispiel: $e^{-2x} = 4$
- **Ausklammern** — $2e^{-2x} - e^x = 0$
- **Substitution** — $e^{2x} - 5e^x + 2 = 0$

Aufgaben

1. Lösen Sie folgende Exponentialgleichungen.

a) $-e^{x-1} - 2 = 0$ b) $-3e^{-3x} + 6e = 0$ c) $2e^{-0,1tx} = 1,5;\ t \neq 0$

d) $2e^{2x} - 3e^x = 0$ e) $-4e^{2x} + 2te^{-2x} = 0$ f) $\frac{x}{2}e^{t-x} = 2x$

g) $e^{2x} - \frac{17}{2}e^x + 4 = 0$ h) $-\frac{1}{5}e^x - 1 + 10e^{-x} = 0$ i) $4 - 3e^{-0,5x} = e^{0,5x}$

j) $e^{3x} - 4e^x + 3 = 0$ k) $(x-t)e^{x+t} = 0$ l) $(2 - e^x)^2 = (e^x - 3)^2$

2. Zeigen Sie: $e^{2x} + te^x - 1 = 0$ hat für $t > 0$ genau eine Lösung.

Exponentialgleichungen zu einer beliebigen Basis

Beispiele:

1) $3^x = 7$

Logarithmieren: $x \ln(3) = \ln(7) \Leftrightarrow x = \frac{\ln(7)}{\ln(3)} \approx 1{,}77$

Bemerkung: $3^x = 7 \Leftrightarrow x = \log_3(7) = \frac{\ln(7)}{\ln(3)} = \frac{\lg(7)}{\lg(3)}$

2) $3^x \cdot 5^6 = \sqrt{10}$

Logarithmieren: $x \lg(3) + 6\lg(5) = \frac{1}{2}\lg(10)$

Auflösen nach x: $x = \frac{\frac{1}{2}\lg(10) - 6\lg(5)}{\lg(3)} \approx -7{,}74$

Bemerkung: Rechnen mit lg (Basis 10) oder ln (Basis e) liefert das Ergebnis − 7,74.

3) $4^{2x} - 24 \cdot 4^x + 128 = 0$

Substitution:

Man setzt $u = 4^x$ und erhält: $u^2 = (4^x)^2 = 4^{2x}$

Quadratische Gleichung in u: $u^2 - 24u + 128 = 0$

Auflösung nach u: $u_1 = 16; u_2 = 8$

Auflösung nach x (Rücksubstitution): $u_1 = 4^x = 16 \Rightarrow x_1 = 2$

$u_2 = 4^x = 8 \Rightarrow x_2 = \frac{\ln(8)}{\ln(4)} = 1{,}5$

Lösungen: $x_1 = 2; x_2 = 1{,}5$

4) Ein Kapital von 1000,00 € wird mit Zinseszinsen von 8 % fest angelegt.

a) Wie kann man das Kapital nach einer beliebigen Zeit berechnen?

b) Nach welcher Zeit hat sich das Kapital auf 1400,00 € erhöht?

Lösung

a) Kapital nach n Jahren (mit Zins und Zinseszins) $K_n = 1000 \cdot 1{,}08^n$

Zur **Basis e:** Mit $1{,}08 = e^{\ln 1{,}08}$ erhält man: $K_n = 1000(e^{\ln 1{,}08})^n = 1000e^{0{,}0770n}$

$f(0) = 1000$ **(Anfangsbestand);**

$k = \ln(1{,}08) = 0{,}0770 > 0$ ist die **Wachstumskonstante.**

b) Bedingung für n: $K_n = 1400$ $1000e^{0{,}0770n} = 1400 \Leftrightarrow e^{0{,}0770n} = 1{,}4 \Leftrightarrow n = 4{,}4$

Ergebnis: Nach ungefähr 4,4 Jahren hat man 1400,00 € auf dem Konto.

Prozesse exponentiellen (stetigen) Wachstums

Zinsesverzinsung	$K_n = K_0(1 + \frac{p}{100})^n$
Exponentielles Wachstum	$M_t = M_0 \cdot e^{kt}$
Exponentieller Zerfall	$M_t = M_0 \cdot e^{-kt}$

(M_0: Anfangsbestand; $k > 0$: Wachstumskonstante; M_t: Bestand nach t Jahren)

Aufgaben

1. Lösen Sie folgende Exponentialgleichungen.

   a) $3^{x-1} = 2$ b) $10^x \leq 2{,}4$ c) $2 \cdot 5^{-0{,}1t} = \frac{1}{\sqrt{5}}$

   d) $3^{2x} = 3 \cdot 2^x$ e) $e^{x+x^2} = 4$ f) $3 \cdot 4^{2x} - 18 \cdot 4^x = 48$

2. Lösen Sie folgende Gleichungen.

   a) $-5^{4x} + 30 \cdot 5^{2x} = 125$ b) $2^{4x} - 2^{2x+6} + 2^{10} = 0$ c) $4^{x+1} = 8^{x-1}$

3. Um wie viel % nimmt ein eingesetztes Kapital in 8 Jahren zu, wenn der jährliche Zinssatz 4,6 % beträgt?

   Wann ist ein Grundkapital von 120000,- € auf 200000,- € angewachsen.

4. Ein Bundesland hatte im Jahre 1970 8,2 Millionen Einwohner.
   Jährlich nimmt die Einwohnerzahl um 1,8 % zu.

   a) Bestimmen Sie die Wachstumsgleichung (exponentielles Wachstum unterstellt).

   b) Wie viele Einwohner hat das Land im Jahr 2020, wenn die Zuwanderung außer Acht gelassen wird?

   c) In welchem Jahr wird die 10-Millionen-Marke überschritten?

5. Eine radioaktive Substanz zerfällt nach dem Gesetz $g(t) = g(0)e^{-0{,}0122\,t}$.
   Dabei gibt g(t) die Masse des Präparates in Gramm zum Zeitpunkt t (t in Tagen) nach Beginn der Messung an.

   a) Welche Masse war zu Beginn der Messung (t = 0) vorhanden, wenn nach 20 Tagen noch 24 g übrig sind? Geben Sie das Zerfallsgesetz an.

   b) Nach wie viel Tagen ist nur noch 1 % der ursprünglichen Masse vorhanden?

   c) Berechnen Sie die tägliche Zerfallsrate in Prozent und die Halbwertszeit der radioaktiven Substanz.

6. Eine Bank bietet für Anleger 4,1 % bei jährlicher Zinsgutschrift. Die Konkurrenzbank bietet 4 % bei monatlicher Zinsgutschrift. Welches Angebot ist günstiger?

3.8 Logarithmusgleichungen

Beispiele:

Beachten Sie: $\mathbf{\ln(u) = y \Leftrightarrow u = e^y}$ für $u > 0$

1) $\ln(x-3) = 2;\ x > 3 \quad \Leftrightarrow x - 3 = e^2 \Leftrightarrow x = e^2 + 3$

2) $\ln(4 - x^2) = 0;\ -2 < x < 2 \quad \Leftrightarrow \quad 4 - x^2 = e^0 = 1 \Leftrightarrow x^2 = 3 \Leftrightarrow x_{1|2} = \pm\sqrt{3}$

Beachten Sie: $\mathbf{\ln(u) = 0 \Leftrightarrow u = 1}$ $\qquad$ $\mathbf{\ln(u) = 1 \Leftrightarrow u = e}$

3) $\ln(x) + \ln(2x-1) = 0$

Definitionsbereich D: $\quad 2x - 1 > 0 \wedge x > 0 \Leftrightarrow x > \frac{1}{2}$

Umformungen: $\quad \ln(x\cdot(2x-1)) = 0 \Leftrightarrow x \cdot (2x-1) = 1$

Lösung der quadratischen Gleichung: $x_1 = 1;\ x_2 = -\frac{1}{2} \notin D$

Einzige Lösung: $x = 1$

Beachten Sie: $\mathbf{\ln(u) + \ln(v) = \ln(u \cdot v);}$ $\quad$ $\mathbf{\ln(u) - \ln(v) = \ln(\frac{u}{v});}$ $\quad$ $\mathbf{\ln(u^k) = k \cdot \ln(u)}$

4) $x\ln(x) - 3x = 0;\ x > 0$

Lösung durch **Ausklammern:** $\quad x(\ln(x) - 3) = 0$

Satz vom Nullprodukt: $\quad x = 0 \vee x = e^3$

Einzige Lösung: $x = e^3$

5) $(\ln(x))^2 - 3\ln(x) + 4 = 0,\ x > 0$

Lösung durch **Substitution:** $u = \ln(x)$: $\quad u^2 - 3u + 4 = 0$

Lösung der quadratischen Gleichung: $\quad u_1 = 3;\ u_2 = 1$

Rücksubstitution: $u_1 = 3 = \ln(x) \Rightarrow x_1 = e^3;\ u_2 = 1 = \ln(x) \Rightarrow x_2 = e$

6) $\lg(x+1) = 3$

Definitionsmenge: $\quad D = \{x \mid x + 1 > 0\}_{\mathbb{R}} = \{x \mid x > -1\}_{\mathbb{R}}$

Lösung durch Potenzieren: $\quad 10^{\lg(x+1)} = 10^3 \Leftrightarrow x + 1 = 1000 \Leftrightarrow x = 999$

Aufgaben

Lösen Sie folgende Gleichungen.

a) $\ln(2x-5) = 0$ $\qquad$ b) $4x\ln(2x) - \frac{1}{3}x\ln(2x) = 0$ $\qquad$ c) $6\ln(x) + (\ln(x))^2 = -5$

d) $\ln\frac{2-x}{x+3} = 0$ $\qquad$ e) $\ln(x^2) = \ln(x)$ $\qquad$ f) $\ln(x) - \frac{8}{\ln(x)} = 2$

g) $\lg(x^2 + 3) = 0$ $\qquad$ h) $\lg(x) - \ln(x^2 - 1) = 1$ $\qquad$ i) $\lg(\frac{1}{1+x}) = 0$

j) $\lg(x^2 - 2) = 1$ $\qquad$ k) $3\log_4(6) = \lg(x)$ $\qquad$ l) $\lg(2x+3) - \lg(x) = 1$

4 Funktionen

4.1 Definition einer Funktion

Funktionen dienen zur Beschreibung von Zusammenhängen, bei denen eine Größe in **eindeutiger** Weise eine andere Größe festlegt.

Definition einer Funktion:
Eine Funktion f ist eine **eindeutige Zuordnung,** die **jeder reellen Zahl** aus einer Definitionsmenge D **genau eine** reelle Zahl zuordnet.

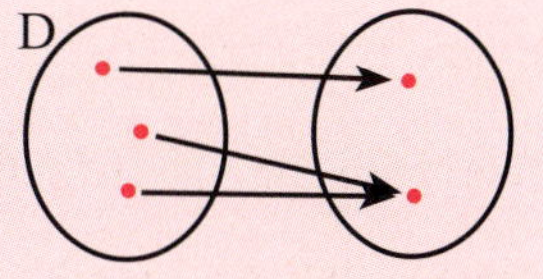

Bezeichnungen

x	Element von D ($x \in D$), Stelle, Argument oder Abszisse **unabhängige Variable**
f(x)	**Funktionswert** von x (Funktionswert an der Stelle x)
D	**Definitionsmenge,** Menge aller x-Werte, auf die f angewandt werden soll.
W	**Wertemenge,** Menge aller y-Werte mit y = f(x) y = f(x) hängt von x ab, y heißt **abhängige Variable.**
K, K_f	**Schaubild von f** Auf K liegen alle Punkte P(x | y), deren Koordinaten y = f(x) erfüllen.

Darstellungsmöglichkeiten einer Funktion f

Funktion f mit $f(x) = x^2 - 1;\ x \in \mathbb{R}$

Zugehöriger Funktionsterm: $f(x) = x^2 - 1$

Zugehörige Wertetabelle

x	– 2	– 1	0	0,5	1	2	3
y	3	0	– 1	– 0,75	0	3	8

Funktionsgraf K_f
(Schaubild der Funktion f)

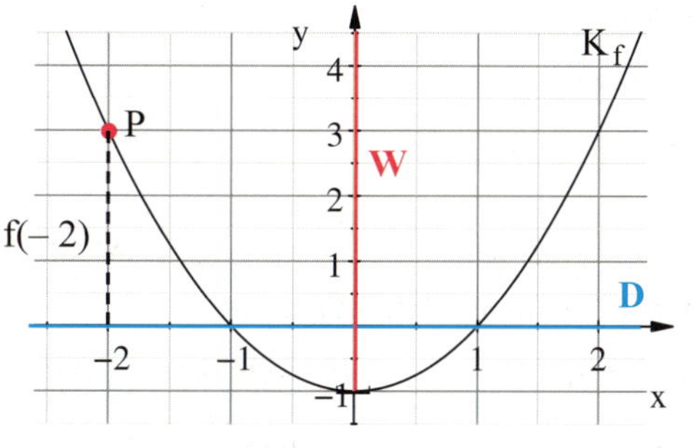

Unterscheiden Sie: Die **Funktion f** mit $f(x) = x^2 - 1;\ x \in \mathbb{R}$, beschreibt die Zuordnung.
Das Schaubild K_f von f hat die Gleichung $y = x^2 - 1$.

Grundtypen von Funktionen

Potenzfunktionen f mit $f(x) = x^r$; $r \in \mathbb{Q}$

a) f mit $f(x) = x^n$; $n \in \mathbb{N}^*$

$D_{max} = \mathbb{R}$

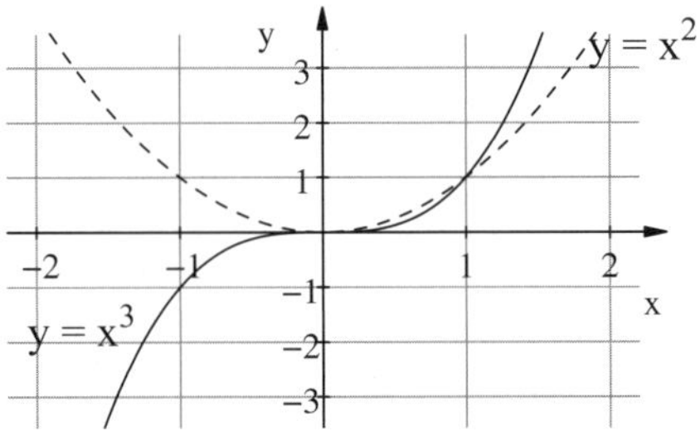

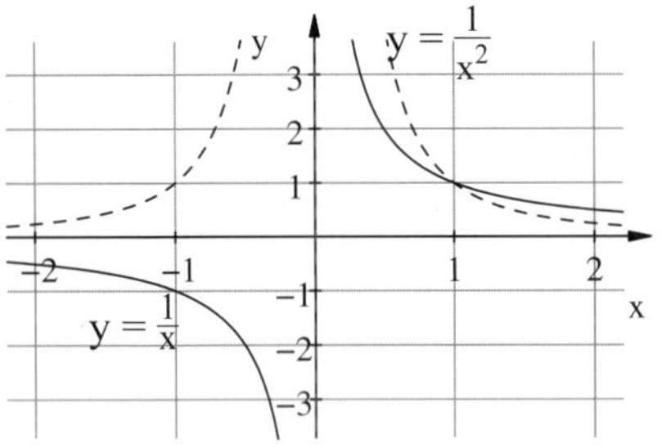

b) f mit $f(x) = x^{-n} = \frac{1}{x^n}$; $n \in \mathbb{N}^*$

$D_{max} = \mathbb{R}^*$

(Hyperbelfunktionen)

c) f mit $f(x) = \sqrt[n]{x}$; $n \in \mathbb{N} \wedge n \geq 2$

$D_{max} = \mathbb{R}_+$

(Wurzelfunktionen)

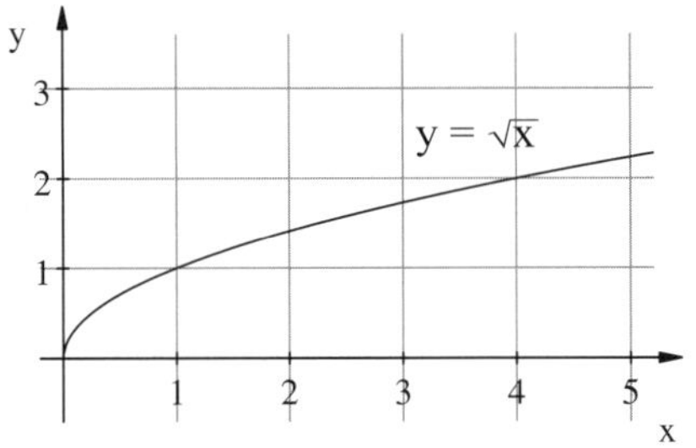

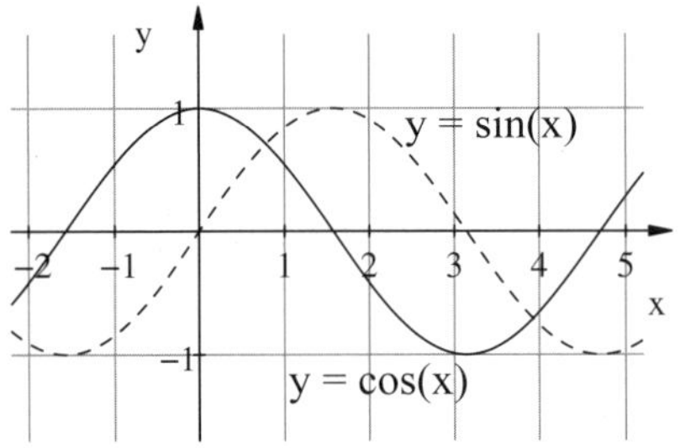

Winkelfunktionen

f mit $f(x) = \sin(x)$

g mit $g(x) = \cos(x)$; $x \in \mathbb{R}$

Exponentialfunktionen

f mit $f(x) = a^x$; $a > 0$; $a \neq 1$; $x \in \mathbb{R}$

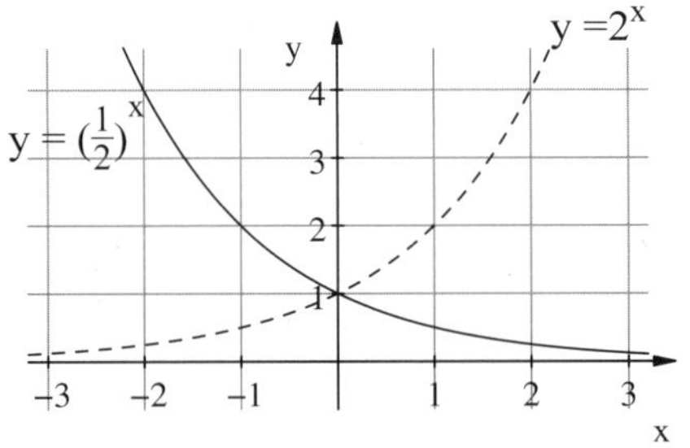

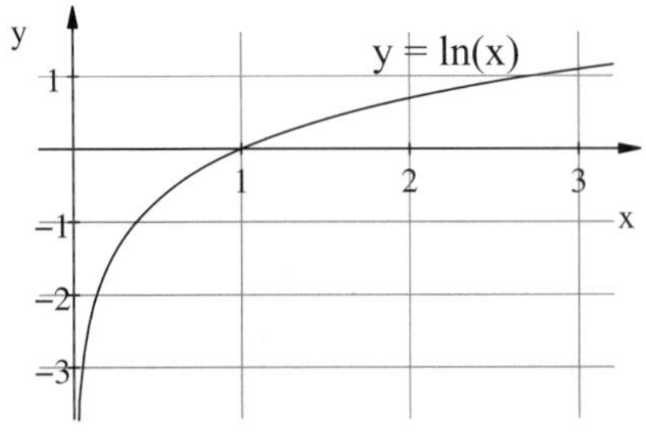

Logarithmusfunktionen

f mit $f(x) = \log_a(x)$; $a > 0$; $a \neq 1$; $x \in \mathbb{R}_+^*$

4.2 Eigenschaften von Funktionen

Abbildungen bei Funktionen

Das Schaubild G der Funktion g entsteht aus dem Schaubild K der Funktion f durch

Verschiebung in y-Richtung: $g(x) = f(x) + c$;

für $c < 0$ nach unten; für $c > 0$ nach oben

in x-Richtung: $g(x) = f(x - b)$;

für $b < 0$ nach links; für $b > 0$ nach rechts

Streckung mit dem Faktor a $(a > 0)$ in y-Richtung: $g(x) = a \cdot f(x)$;

in x-Richtung: $g(x) = f(\frac{1}{a} \cdot x)$

Spiegelung an der x-Achse: $g(x) = -f(x)$

an der y-Achse: $g(x) = f(-x)$

Beispiele:

K: $f(x) = -x^4 + x^2 + 1$

K wird um 2 **nach links** verschoben:

Ersetzen Sie x durch $(x + 2)$

K_1: $g(x) = -(x + 2)^4 + (x + 2)^2 + 1$

K wird um 2 **nach unten** verschoben

K_2: $h(x) = -x^4 + x^2 + 1 - 2 = -x^4 + x^2 - 1$

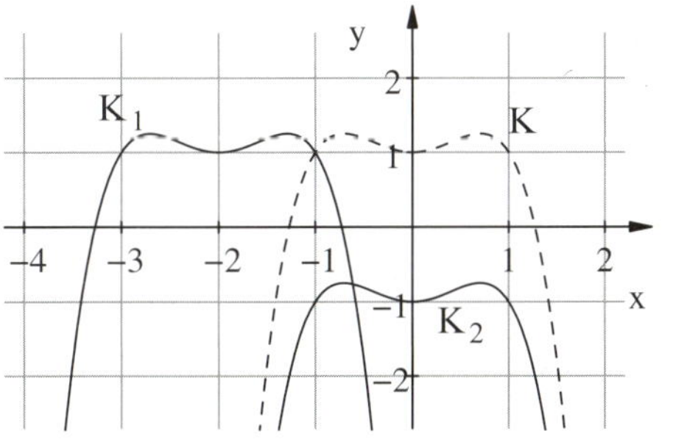

G: $f(x) = e^{-x^2 + 1}$

G wird in y-Richtung gestreckt mit

Faktor 1,5:

G_1: $g(x) = 1{,}5 \cdot e^{-x^2 + 1}$

G wird in x-Richtung gestreckt mit

Faktor 2: Ersetzen Sie x durch $(\frac{1}{2}x)$

G_2: $g(x) = e^{-(0{,}5x)^2 + 1} = e^{-0{,}25x^2 + 1}$

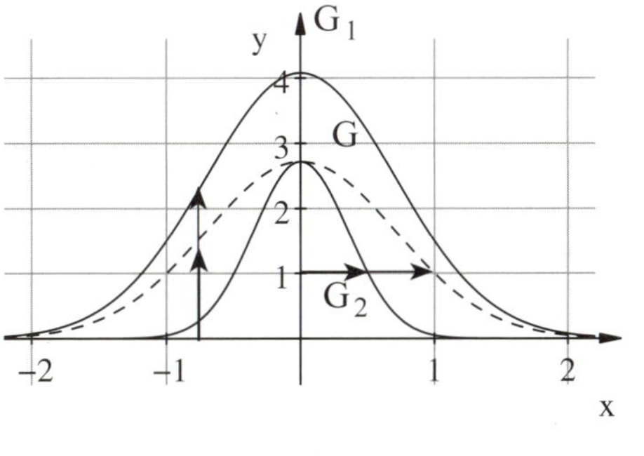

Aufgaben

Wie entstehen die Grafen der folgenden Funktionen aus den Grundfunktionen

$(y = x^2;\ y = \frac{1}{x};\ y = \sqrt{x};\ y = e^x)$?

a) $f(x) = (x - 2)^2 - 3$ b) $f(x) = \frac{3}{x - 1}$ c) $f(x) = -\sqrt{x + 5}$ d) $f(x) = 4e^{0{,}5(x - 1)}$

4 Deusch, Ott - ISBN 978-3-8120-0604-0

Symmetrie

Beispiele:

K: $f(x) = -x^4 + x^2 + 1$

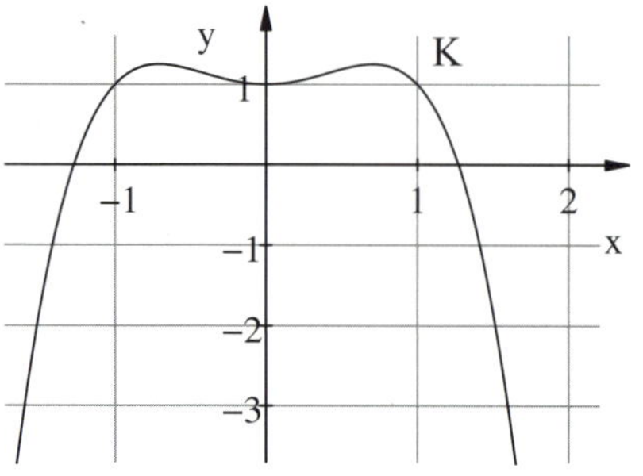

G: $g(x) = e^{-x^2+1}$

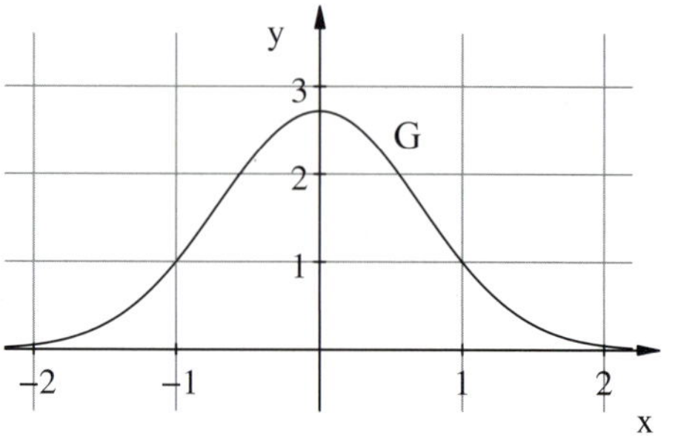

K und G sind **symmetrisch zur y-Achse.** f und g sind **gerade Funktionen.**

H_1: $h_1(x) = -x^3 + x$

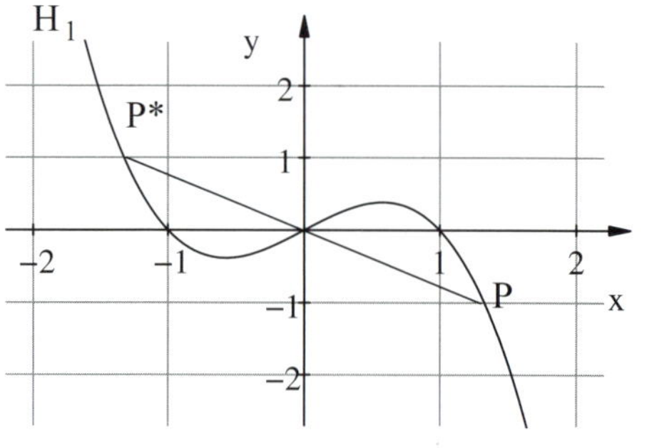

H_2: $h_2(x) = \frac{1}{x+1}$

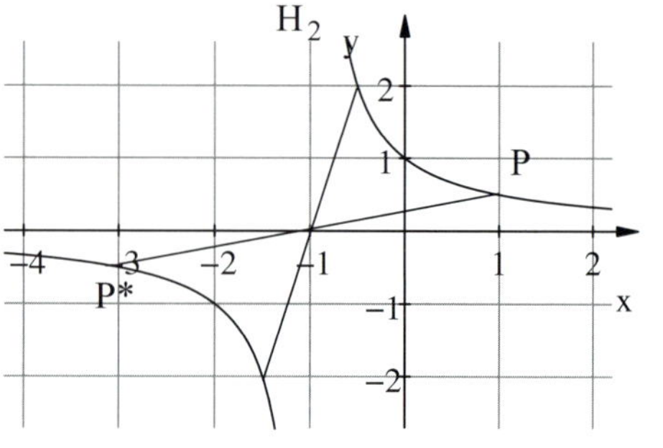

H_1 ist **punktsymmetrisch zum Ursprung .**
h_1 ist eine **ungerade Funktion.**

H_2 ist **punktsymmetrisch** zu $(-1 \mid 0)$.

Das Schaubild K einer Funktion f ist
- **symmetrisch zur y-Achse: $f(-x) = f(x)$.** f ist eine **gerade Funktion.**
- **symmetrisch zum Ursprung: $f(-x) = -f(x)$.** f ist eine **ungerade Funktion.**

Bemerkung: Zum Nachweis der Symmetrie kann die Kurve so verschoben werden, dass diese zum Ursprung oder zur y-Achse symmetrisch ist.

z. B.: H: $g(x) = \frac{1}{x+1}$ wird um 1 nach rechts verschoben; ersetzen Sie x durch $(x - 1)$:

H*: $g^*(x) = \frac{1}{(x-1)+1} = \frac{1}{x}$

H* ist symmetrisch zum Ursprung, da $g^*(-x) = -g^*(x)$.

Beschränktheit

Beispiele:

K: $f(x) = -x^4 + \frac{4}{3}x^3 + \frac{5}{3}$

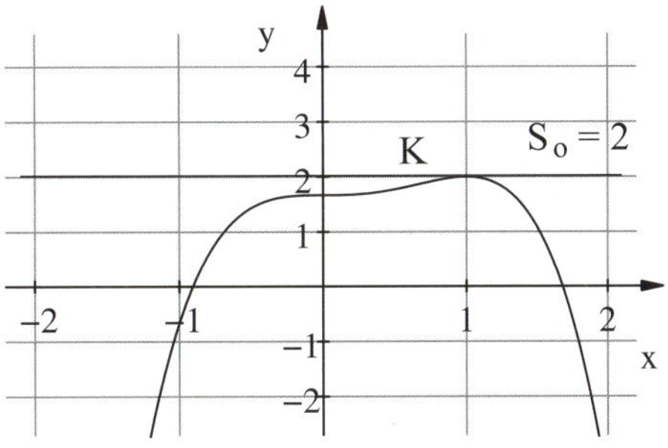

Wegen $f(x) \leq 2$ für $x \in \mathbb{R}$ heißt f **nach oben beschränkt.**

$S_o = 2$ ist die kleinste obere Schranke

Wertemenge: $W_f = \{y \mid y = f(x) \wedge y \leq 2\}$

K: $f(x) = e^x - x$

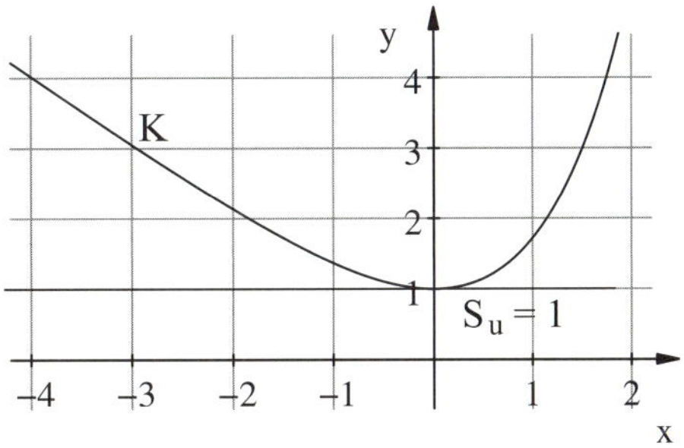

Wegen $f(x) \geq 1$ für $x \in \mathbb{R}$ heißt f **nach unten beschränkt.**

$S_u = 1$ ist die größte untere Schranke

Wertemenge: $W_f = [1; \infty[$

K: $f(x) = 2\sin(2x) + 1$

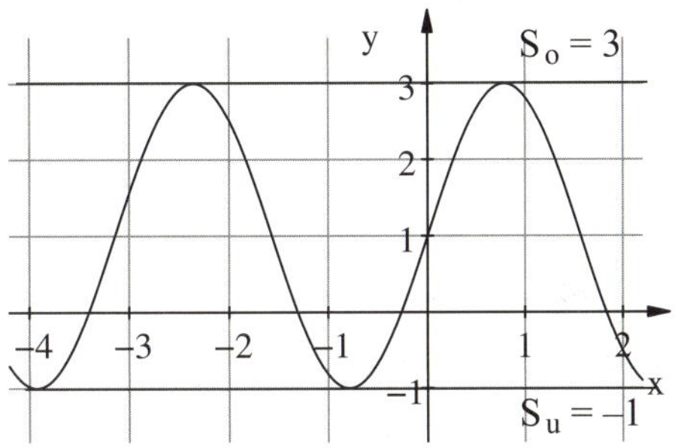

Wegen $-1 \leq f(x) \leq 3$ für $x \in \mathbb{R}$ heißt f **beschränkt.**

$S_u = -1$ ist die größte untere Schranke

$S_o = 3$ ist die kleinste obere Schranke

Wertemenge: $W_f = [-1; 3]$

Eine Funktion f heißt

- **nach oben beschränkt,** wenn für alle $x \in D$ gilt: $f(x) \leq S_o$ (S_o heißt obere Schranke.)
- **nach unten beschränkt,** wenn für alle $x \in D$ gilt: $f(x) \geq S_u$ (S_u heißt untere Schranke.)
- **beschränkt,** wenn für alle $x \in D$ gilt: $S_u \leq f(x) \leq S_o$

Beispiel

Zeigen Sie: f mit $f(x) = x^2 + \cos(x)$; $x \in \mathbb{R}$, ist nach unten beschränkt.

Lösung

Wegen $x^2 \geq 0$ für $x \in \mathbb{R}$ und $-1 \leq \cos(x) \leq 1$ gilt: $S_u = -1$ ist **untere Schranke.**

Monotonie

Beispiele:

H_2: $g(x) = \frac{1}{x+1}$

g ist streng **monoton fallend** für $x > -1$,

da für $x_1 < x_2$ gilt: $g(x_1) > g(x_2)$

Algebraischer Nachweis:

Wegen $x_1 < x_2$ gilt: $x_1 + 1 < x_2 + 1$

$$\frac{1}{x_1+1} > \frac{1}{x_2+1}$$

also $g(x_1) > g(x_2)$

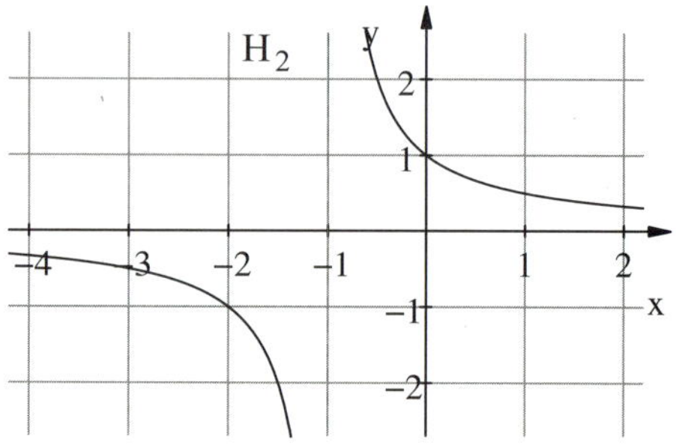

Monotoniebereiche:

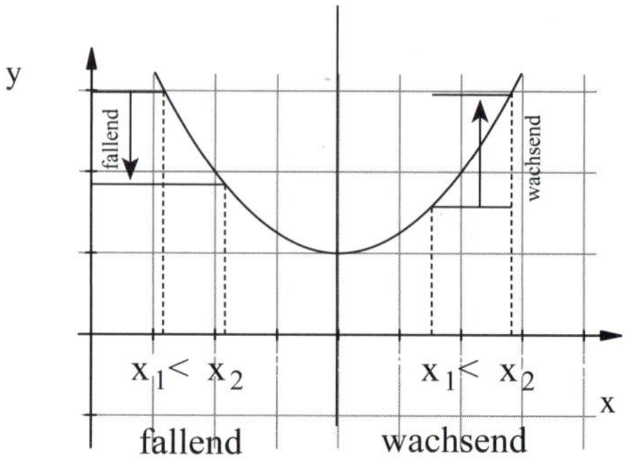

Eine Funktion f heißt

- **monoton wachsend,** wenn für alle $x \in D$ gilt: aus $x_1 < x_2$ folgt $f(x_1) \leq f(x_2)$
- **monoton fallend,** wenn für alle $x \in D$ gilt: aus $x_1 < x_2$ folgt $f(x_1) \geq f(x_2)$
- Gilt für alle $x \in D$: Aus $x_1 < x_2$ folgt $f(x_1) < f(x_2)$ bzw. $f(x_1) > f(x_2)$, so heißt f **streng monoton wachsend** bzw. **fallend.**

Bemerkung: Ein **Wechsel im Steigungsverhalten** (Monotonieverhalten) findet statt an **Hoch- und Tiefpunkten.**

Beispiel

Zeigen Sie: f mit $f(x) = x^3 + x + 2$ ist streng monoton wachsend auf $\mathbb{R}$.

Lösung

Wegen $x_1 < x_2$ gilt: $x_1^3 < x_2^3$

Daraus folgt: $x_1^3 + x_1 + 2 < x_2^3 + x_2 + 2$;

Damit ist gezeigt, dass gilt: $f(x_1) < f(x_2)$; f ist also streng monoton wachsend.

Aufgaben

1. Die folgenden Abbildungen zeigen Schaubilder von Funktionen. Ordnen Sie jeder Abbildung einen Funktionstyp zu. Machen Sie Aussagen über die Symmetrie der Grafen und die Beschränktheit der Funktionen. Auf welchem Bereich ist die Funktion fallend?

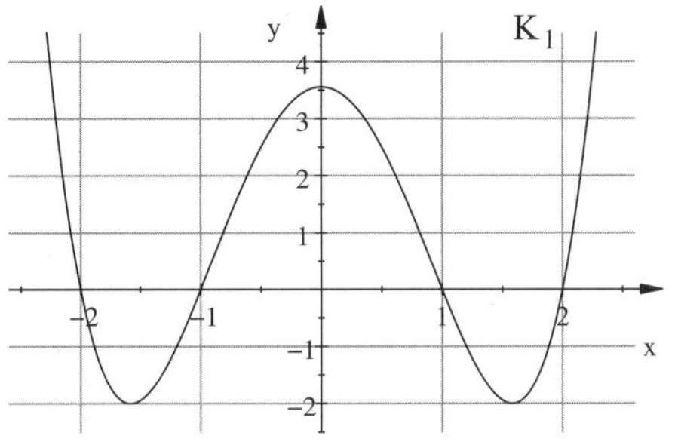

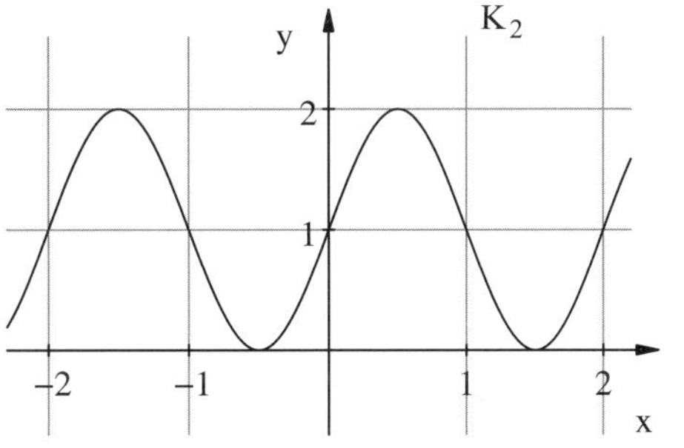

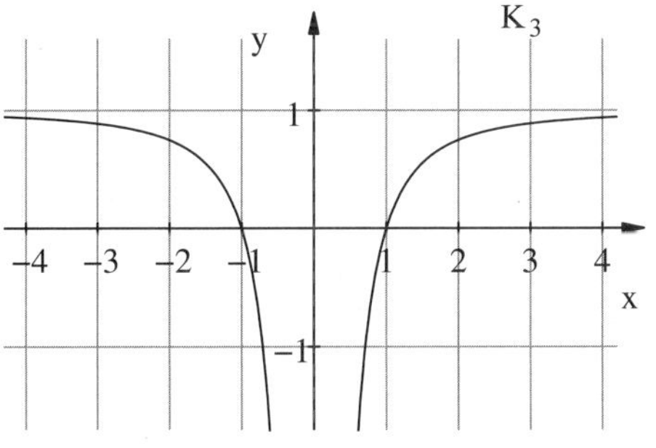

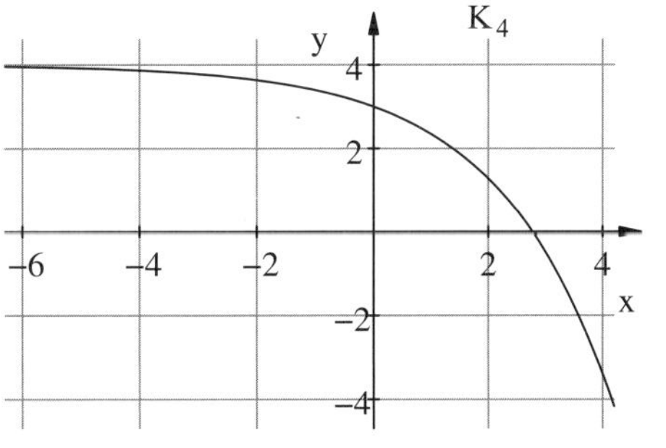

2. Wie entsteht das Schaubild K_g aus dem Schaubild K_f?

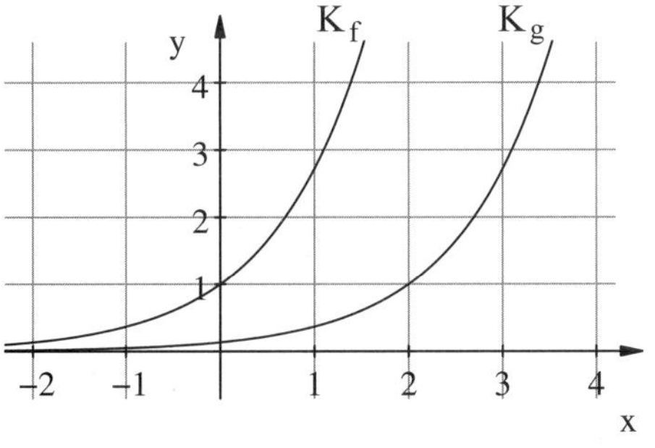

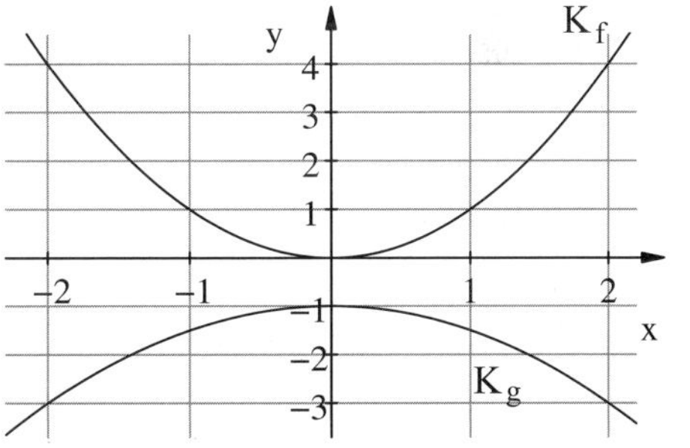

3. Zeigen Sie, f mit $f(x) = x^2 - 2x$; $x \in \mathbb{R}$, ist streng monoton fallend für $x < 1$.

4. Untersuchen Sie den Graf von f mit $f(x) = xe^{-x^2}$; $x \in \mathbb{R}$, auf Symmetrie.

5. Zeigen Sie: Die Funktion f mit $f(x) = 3\sin(x) - 4$; $x \in \mathbb{R}$, ist beschränkt.
   Geben Sie die kleinste obere und die größte untere Schranke an.

Gemeinsame Punkte

Das Schaubild K_f der Funktion f schneidet

- **die x-Achse,** wenn gilt: $f(x) = 0$
- das **Schaubild K_g der Funktion g,** wenn $f(x) = g(x)$

} Die **Lösungen** sind die **Schnittstellen.**

Vielfachheit der Schnittstellen: x_0 ist

Einfache Schnittstelle	**Doppelte Schnittstelle**	**Dreifache Schnittstelle**
Vorzeichenwechsel	kein Vorzeichenwechsel	Vorzeichenwechsel

von f(x)

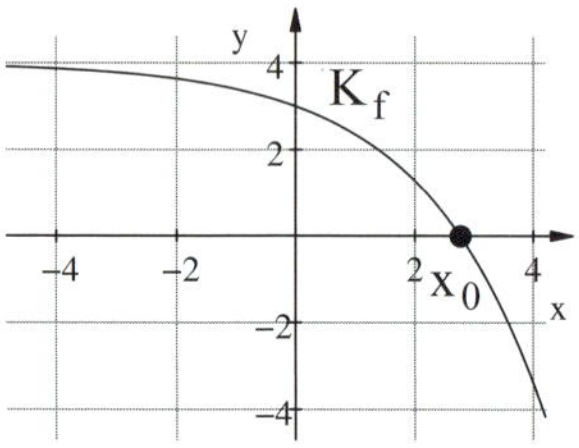

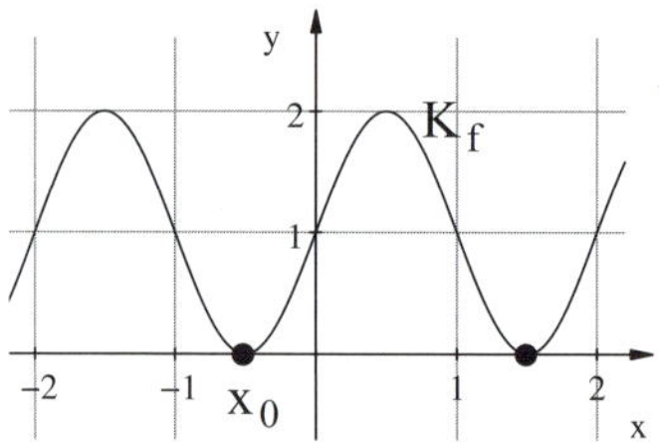

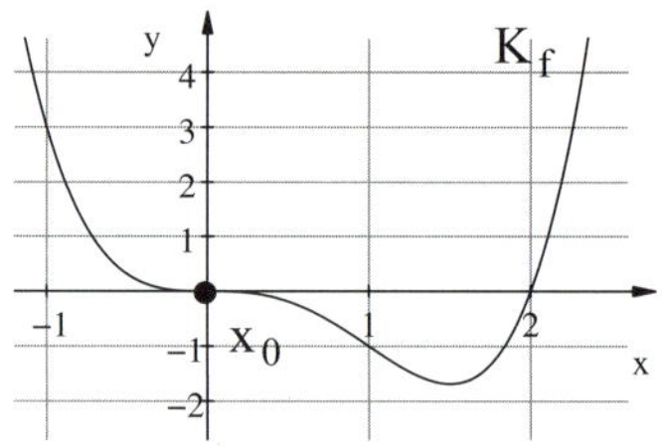

bzw. von $f(x) - g(x)$.

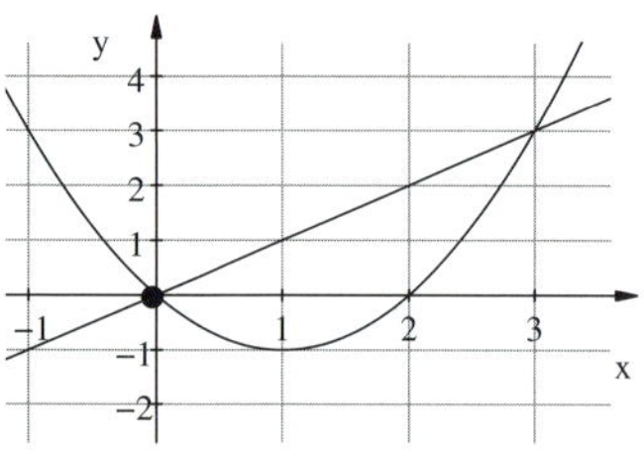

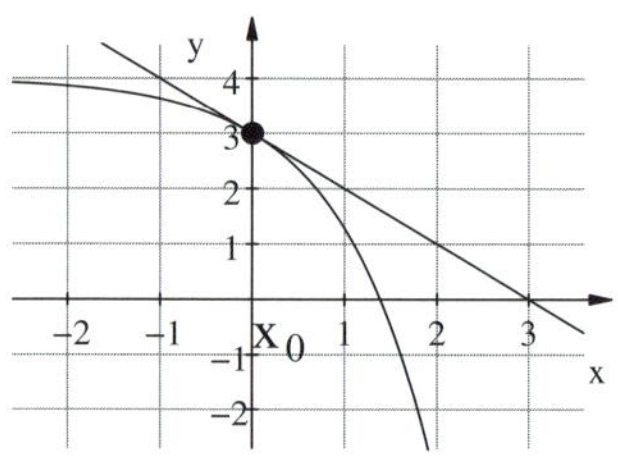

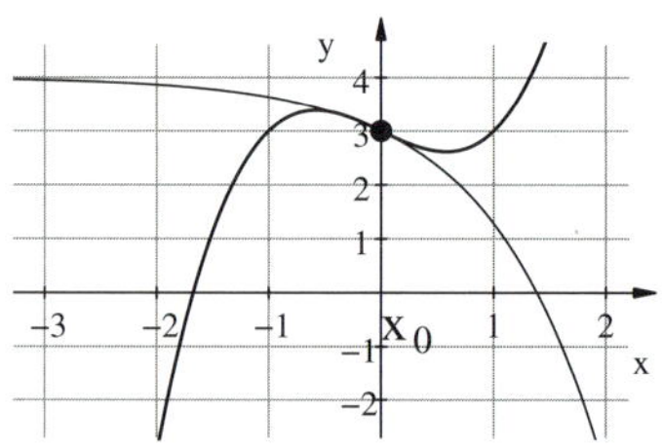

$x_0 = 0$ ist **einfache** | $x_0 = 0$ ist **doppelte** | $x_0 = 0$ ist **dreifache**

Schnittstelle.

Aufgaben

1. Berechnen Sie die Nullstellen von f. Welche Vielfachheit liegt vor?

   a) $f(x) = 3 - 4e^{2x}$ b) $f(x) = \frac{1}{5}x^2\, e^{x-2}$ c) $f(x) = \frac{1}{32}x^4 + x^3$

2. Berechnen Sie die Schnittstellen von f und g. Welche Vielfachheit liegt vor?

   a) $f(x) = 2 - e^x$; $g(x) = e^{-x}$ b) $f(x) = \frac{1}{5}x^2$; $g(x) = \frac{4}{5}(x - 1)$

   c) $f(x) = \frac{1}{4}x^4 - x$; $g(x) = x^3 - x$ d) $f(x) = \frac{1}{x+1}$; $g(x) = -\frac{1}{8}x^2 + \frac{5}{8}$

Umkehrfunktion

Beispiel: $f(x) = 0{,}5x^2 + 3x + 1;\ x > -3$

f ist **streng monoton wachsend** für $x > -3$, also gilt: Aus $x_1 \neq x_2$ folgt $f(x_1) \neq f(x_2)$

Jedem x-Wert wird also für $x > -3$ genau ein y-Wert und umgekehrt zugeordnet.

f ist eine **eineindeutige** Abbildung und lässt sich damit **umkehren.**

Berechnung des Funktionsterms $f^{-1}(x)$:

Aus $y = 0{,}5x^2 + 3x + 1 = 0{,}5(x^2 + 6x + 9) - 3{,}5$

erhält man $y = 0{,}5(x + 3)^2 - 3{,}5$

Auflösen nach x: $(x + 3)^2 = 2(y + 3{,}5)$

Wurzelziehen: $x + 3 = \pm\sqrt{2(y + 3{,}5)}$

Für $x > -3$: $x = \sqrt{2(y + 3{,}5)} - 3$

Vertauschen von x und y: $y = \sqrt{2(x + 3{,}5)} - 3$

Umkehrfunktion f^{-1} mit $f^{-1}(x) = \sqrt{(2x + 7)} - 3$

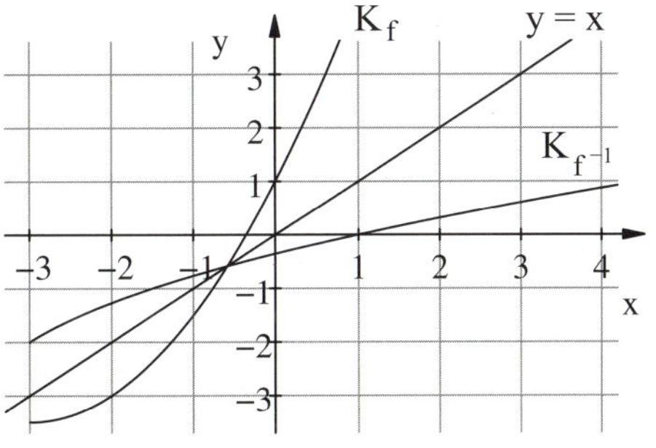

Schaubild der Umkehrfunktion:

Spiegelt man das Schaubild von f **an der 1. Winkelhalbierenden,** so entsteht wieder das Schaubild einer Funktion, der **Umkehrfunktion** f^{-1}.

Beispiel:

f mit $f(x) = e^x;\ x \in \mathbb{R}$

hat den Wertebereich $W = \{y = f(x) \mid y > 0\}$

f ist **umkehrbar**, da streng monoton.

Umkehrfunktion f^{-1} mit $f^{-1}(x) = \ln(x),\ x > 0$

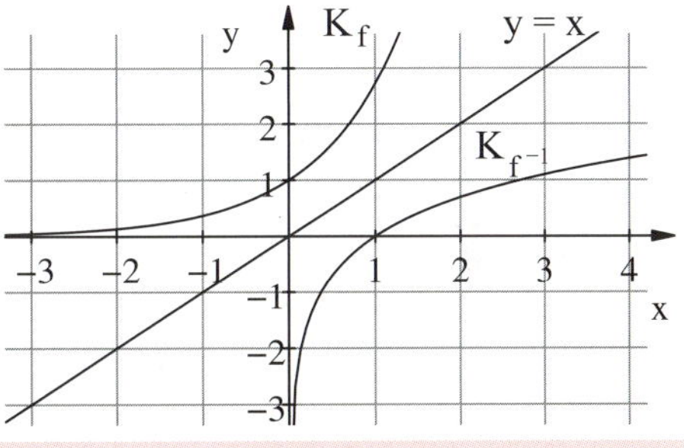

Bestimmung einer **Umkehrfunktion** in drei Schritten:	Beispiel:
1. Gleichung von f: $y = f(x)$	$y = 3x - 1$
2. Auflösen nach x: $x = f^{-1}(y)$	$x = \frac{1}{3}(y + 1)$
3. Vertauschen von x und y: $y = f^{-1}(x)$	$y = \frac{1}{3}(x + 1)$

Definitionsbereich und Wertebereich werden vertauscht: $D_{f^{-1}} = W_f;\ W_{f^{-1}} = D_f$

Aufgaben

Bestimmen Sie die Umkehrfunktion von f. Geben Sie einen geeigneten Definitionsbereich von f und f^{-1} an. a) $f(x) = \frac{1}{4}x + 2$ b) $f(x) = x^2 - 2$ c) $f(x) = 3e^{-2x}$

4.3 Ganzrationale Funktionen (Polynomfunktionen)

Definition: Eine Funktion f mit $f(x) = a_n x^n + a_{n-1} x^{n-1} + \ldots + a_0$; $x \in \mathbb{R}$, $n \in \mathbb{N}$, $a_n \neq 0$, heißt **Polynomfunktion n-ten Grades.**
Das Schaubild von f ist eine **Parabel n-ter Ordnung.**

Für n = 1: f mit $f(x) = a_1 x + a_0$; $x \in \mathbb{R}$, **lineare Funktion**.
Das Schaubild von f ist eine **Gerade.**
a_1 ist die **Steigung der Geraden;** a_0 heißt **y-Achsenabschnitt.**

Für n = 2: f mit $f(x) = a_2 x^2 + a_1 x + a_0$; $x \in \mathbb{R}$, $a_2 \neq 0$, **quadratische Funktion.**
Das Schaubild von f ist eine **Parabel 2. Ordnung.**

Verhalten für $|x| \rightarrow \infty$

$f(x) \approx a_n x^n$; a_n entscheidet über das Verhalten für große Werte von $|x|$.

n gerade: $a_n > 0$: f ist nach unten beschränkt, K_f verläuft von links oben nach rechts oben.
$a_n < 0$: f ist nach oben beschränkt, K_f verläuft von links unten nach rechts unten.

n ungerade: $a_n > 0$: K_f verläuft von links unten nach rechts oben.
$a_n < 0$: K_f verläuft von links oben nach rechts unten.

K_1: Gerade mit Steigung m = 1

K_3: Parabel 3. Ordnung
Symmetrie zum Ursprung: $f(x) = ax^3 + cx$
a > 0: Verlauf vom 3. in den 1. Quadranten
Drei einfache Nullstellen

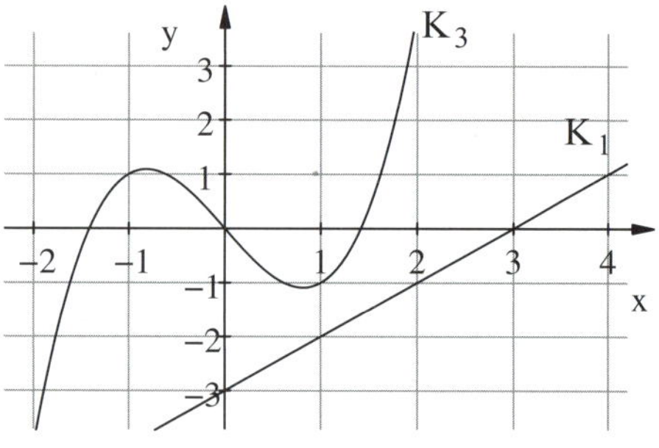

K_2: Parabel 2. Ordnung
Symmetrie zur y-Achse: $f(x) = ax^2 + c$
a > 0: Verlauf vom 2. in den 1. Quadranten
Zwei einfache Nullstellen

K_4: Parabel 4. Ordnung
Symmetrie zur y-Achse: $f(x) = ax^4 + cx^2 + e$
a > 0: Verlauf vom 2. in den 1. Quadranten
Zwei doppelte Nullstellen

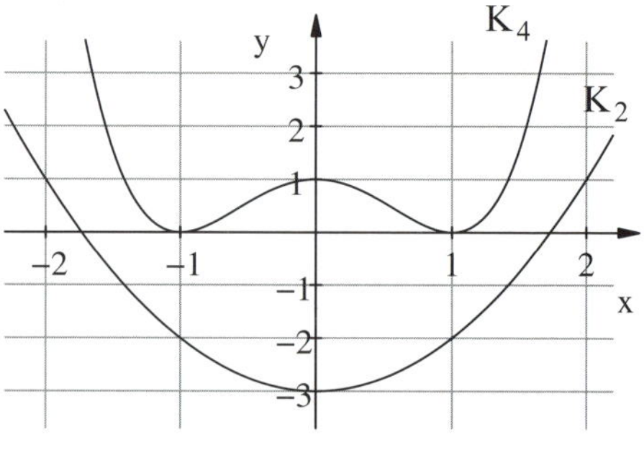

Beachten Sie: Eine **Polynomfunktion n-ten Grades hat höchstens n Nullstellen.**

Nullstellen ganzrationaler Funktionen

1. Die einfachste quadratische Funktion mit den Nullstellen $x_1 = -1$ und $x_2 = 2$ ist
   $f(x) = (x + 1)(x - 2)$ (Darstellung in **Linearfaktoren**)

Beachten Sie: Eine Polynomfunktion f mit $f(x) = a(x - x_1)(x - x_2) \dots (x - x_n)$
hat die n Nullstellen $x_1, x_2, \dots, x_n$ **(Linearfaktorzerlegung).**

2. Die Funktion $f(x) = x^3 - 3x + 2$ hat die Nullstelle $x_1 = 1$.
   Durch **Polynomdivision** lässt sich der **Linearfaktor** $(x - 1)$ abspalten:
   $(x^3 - 3x + 2) : (x - 1) = x^2 + x - 2$
   f hat weitere Nullstellen, wenn $x^2 + x - 2 = 0 \Leftrightarrow x_2 = 1; x_3 = -2$
   Linearfaktordarstellung $f(x) = (x - 1)^2(x + 2)$
   $x_1 = x_2 = 1$ ist eine **doppelte Nullstelle;** $x_3 = -2$ ist eine **einfache Nullstelle**

Beachten Sie: Eine Polynomfunktion f (vom Grad n) hat die
einfache Nullstelle x_1, wenn $f(x) = (x - x_1)\, p_{n-1}(x)$
doppelte Nullstelle x_1, wenn $f(x) = (x - x_1)^2\, p_{n-2}(x)$
dreifache Nullstelle x_1, wenn $f(x) = (x - x_1)^3\, p_{n-3}(x)$,
dabei ist z. B. $p_{n-1}(x)$ ein Polynom vom Grad $n - 1$.

Berechnung der Nullstellen ganzrationaler Funktionen durch f(x) = 0.

Lösungsverfahren	**Beispiel:**
Auflösen nach x	$4x + 3 = 0 \Leftrightarrow x = -\frac{3}{4}$
Lösungsformel für quadratische Gleichungen:	$x_{1\|2} = \frac{-b \pm \sqrt{b^2 - 4ac}}{2a}$
Wurzelziehen	$2x^2 - 5 = 0;\ x^4 - 1 = 0$
Ausklammern und Satz vom Nullprodukt	$4x^4 - 3x^2 = x^2(4x^2 - 3) = 0$
Polynomdivision	$x^3 - 3x + 2 = 0$
Substitution	$4x^4 - 3x^2 + 1 = 0$

Näherungsweise Berechnung (z. B. Newton-Verfahren): $x^7 + 4x^3 + 0{,}5x = 1$

Aufgaben

1. Berechnen Sie die Nullstellen der Funktion f.

a) $f(x) = -\frac{1}{3}x^3 + 2x$ b) $f(x) = -\frac{1}{8}x^4 + \frac{1}{2}x^3$ c) $f(x) = 0{,}4x(3 - x^2)$

d) $f(x) = \frac{1}{8}(x^3 - 6x^2)$ e) $f(x) = x^3 - \frac{4}{3}x^2 + \frac{1}{3}x$ f) $f(x) = \frac{1}{6}(x^3 - 4x + 3)$

g) $f(x) = \frac{1}{40}x^4 - \frac{3}{5}x^2 + 2$ h) $f(x) = (x^2 - 1)(x - 2)^2$ i) $f(x) = 2 + x - 3x^3$

2. Die folgenden Abbildungen zeigen Schaubilder von ganzrationalen Funktionen.
   Welches Schaubild gehört zu welcher Funktion? Erläutern Sie die Gründe für Ihre Wahl.
   Suchen Sie nach Merkmalen, die mindestens zwei Schaubilder gemeinsam haben.

   A: $f(x) = -0{,}5x^2 - x + 5$ B: $f(x) = -\frac{1}{4}x^4 + x^2 + 5$ C: $f(x) = \frac{1}{8}x^3 - \frac{3}{4}x^2 + 5$

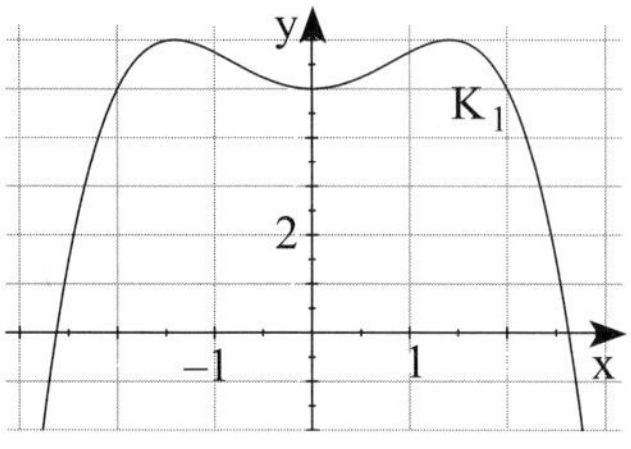

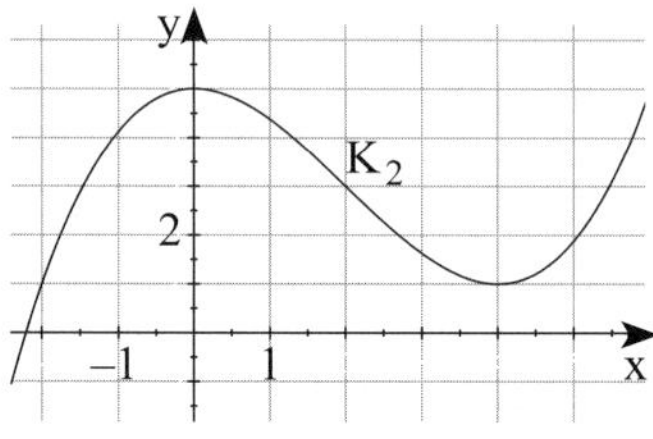

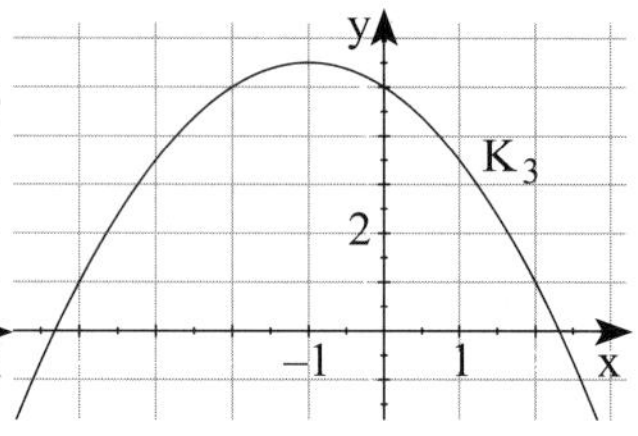

3. Die Funktion f mit $f(x) = -x^2 + 2x + 3$; $x \in \mathbb{R}$, hat das Schaubild K.
   a) Auf welchem Bereich verläuft K oberhalb der x-Achse?
   b) Die Gerade G geht durch die Punkte A(− 3 | − 2) und B(8 | 9).
   Auf welchem Bereich verläuft K oberhalb von G?
   c) Zeigen Sie, die Gerade mit der Gleichung $y = 2x + 3$ berührt K.

4. K ist der Graf der Funktion f mit $f(x) = x^3 - 2x^2 + 2$; $x \in \mathbb{R}$.
   Die Gerade G ist der Graf der Funktion g.
   Die Schnittpunktgleichung $f(x) = g(x)$ liefert $x = -1$ und $x = 0$.
   Bestimmen Sie alle Schnittpunkte von K und G.

5. K ist das Schaubild der Funktion f mit $f(x) = -\frac{1}{27}x^4 + \frac{2}{9}x^3$; $x \in \mathbb{R}$.
   a) Beschreiben Sie den Verlauf des Schaubildes K von f.
   b) Zeigen Sie, dass K die Normalparabel im Ursprung berührt und der Ursprung der einzige gemeinsame Punkt ist.

6. Machen Sie Aussagen über die Anzahl der Schnittstellen von K_f und K_g.
   Begründen Sie Ihre Antwort.

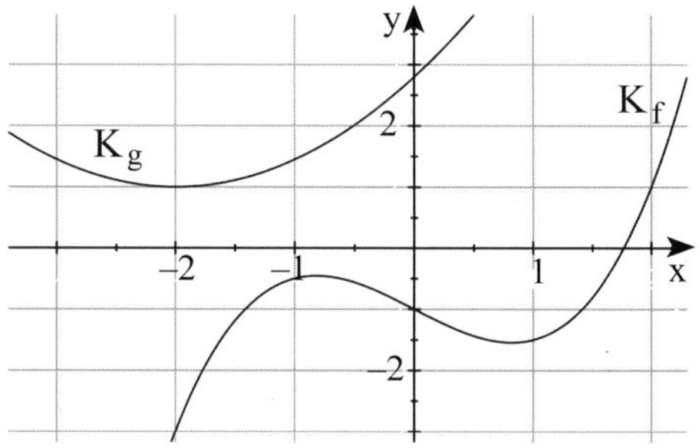

7. Für welche $x \in \mathbb{R}$ verläuft das Schaubild von f unterhalb der x-Achse?

   a) $f(x) = 3x - 4$ b) $f(x) = \frac{1}{8}x^3 - 3x$

8. Eine Parabel 2. Ordnung verläuft durch die Punkte A(− 1 | 4), B(1 | 1) und C(4 | 9).
   Bestimmen Sie die Kurvengleichung.

4.4 Gebrochenrationale Funktionen

Gebrochen-rationale Funktion f mit $f(x) = \frac{Z(x)}{N(x)} = \frac{\text{Zählerpolynom}}{\text{Nennerpolynom}}$; $D_{max} = \mathbb{R}\setminus\{x \mid N(x) = 0\}$

Nullstellen von f Bed.: $f(x) = 0 \iff Z(x) = 0$ mit $x \in D$

x_1 ist Definitionslücke, wenn $N(x_1) = 0$.

Beispiele: $f(x) = \frac{x+2}{x-1}$; $x \neq 1$ — $g(x) = \frac{(x-1)^2}{x(x-1)}$; $x \neq 1$; $x \neq 0$

$x_1 = 1$ ist **Polstelle** — $x_1 = 1$ ist **hebbare Lücke;** $x_2 = 0$ ist **Polstelle**

Senkrechte Asymptoten (für x → Polstelle)

Ist x_1 Nullstelle des Nenners (im gekürzten Term), dann ist x_1 Polstelle.

Die **senkrechte Asymptote** hat die Gleichung $x = x_1$.

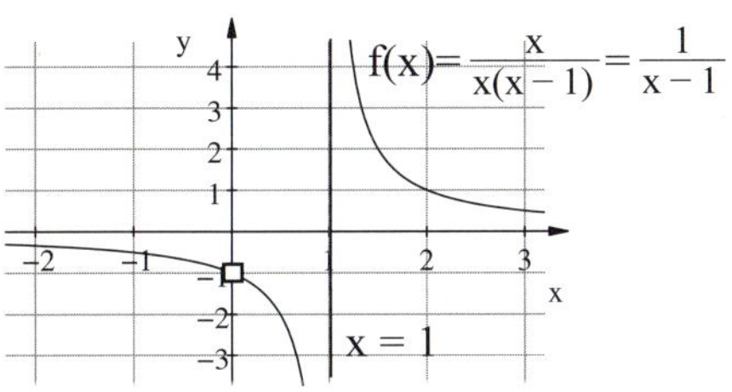

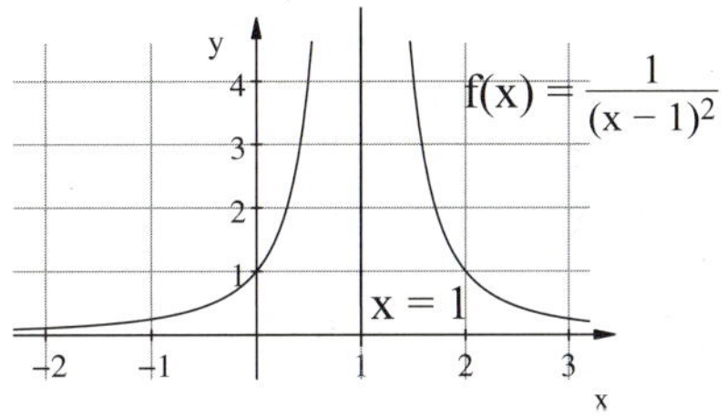

$x_0 = 0$ ist hebbare Lücke

$x_1 = 1$ **einfache** Nullstelle des Nenners — $x_1 = x_2 = 1$ **doppelte** Nullstelle des Nenners

$x_1 = 1$ **Polstelle mit VZW** — $x_{1|2} = 1$ **Polstelle ohne VZW**

Asymptoten für | x | → ∞

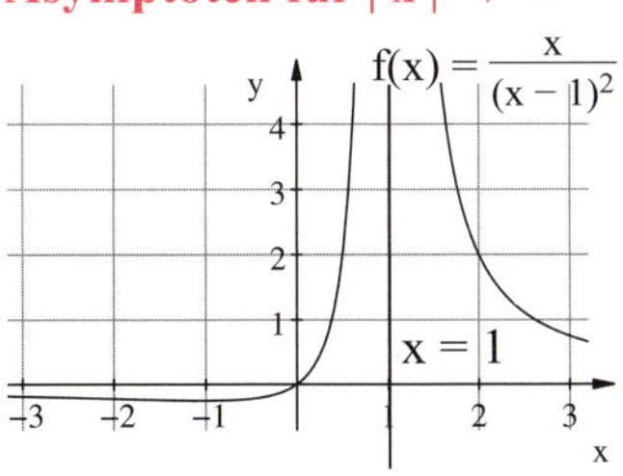

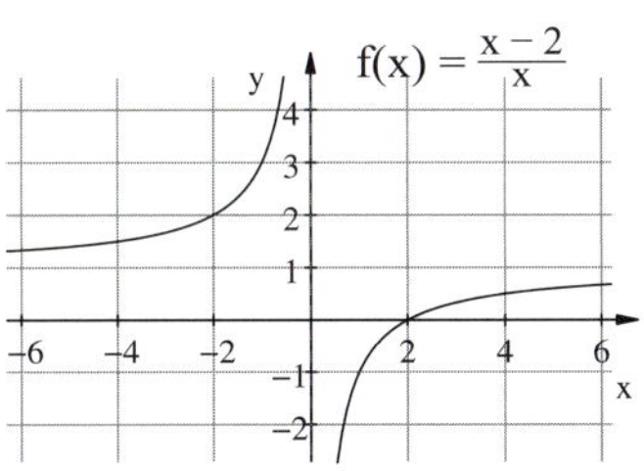

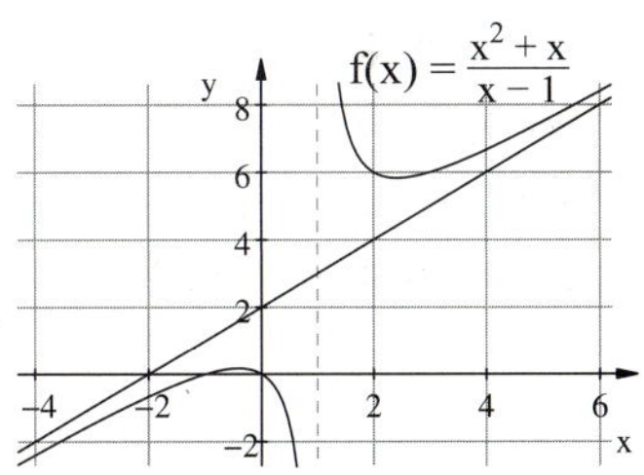

Zählergrad < Nennergrad
$n < m$
waagrechte Asymptote:
x-Achse

Zählergrad = Nennergrad
$n = m$
waagrechte Asymptote
(Parallele zur x-Achse.)

Zählergrad um 1 größer als Nennergrad: $n = m + 1$
schiefe Asymptote
Bestimmung durch Zerlegung oder Polynomdivision.

Bemerkung: Für $n > m + 1$ hat K_f eine **Näherungskurve.**

Beispiel

Gegeben ist die Funktion f mit $f(x) = \frac{x^2 + 3x}{2x - 2}$; $x \in \mathbb{R}\setminus\{1\}$.

Untersuchen Sie das Schaubild K von f auf Schnittpunkte mit der x-Achse.

Wo schneiden sich die Asymptoten?

Lösung

Schnittpunkte mit der x-Achse

Bedingung: $f(x) = 0$ $\qquad \frac{x^2 + 3x}{2x - 2} = 0 \quad | \cdot (2x - 2)$

$f(x) = 0 \Leftrightarrow Z(x) = 0$ $\qquad x^2 + 3x = 0 \Leftrightarrow x(x + 3) = 0$

Nullstellen von f: $\qquad x_1 = 0;\ x_2 = -3$

SP_x: $\qquad N_1(0 \mid 0);\ N_2(-3 \mid 0)$

Asymptoten

Senkrechte Asymptote

Die Definitionslücke $x_1 = 1$ ist einfache Nullstelle des Nenners, also Polstelle mit VZW.

Gleichung der senkrechten Asymptote: $\qquad$ **$x = 1$**

Asymptote für $|x| \to \infty$

Für $x \to \infty$: $f(x) \to \infty$ bzw. für $x \to -\infty$: $\quad f(x) \to -\infty$

Genaue Untersuchung mit **Polynomdivision:** $(x^2 + 3x) : (2x - 2) = \frac{x}{2} + 2 + \frac{2}{x - 1}$

Wegen $\frac{2}{x - 1} \to 0$ für $|x| \to \infty$ gilt:

Das Schaubild K nähert sich immer mehr der Geraden mit $y = \frac{x}{2} + 2$ an: $f(x) \approx \frac{x}{2} + 2$

Für „große" x-Werte, d. h., $x \to \pm\infty$, gilt

$$f(x) - (\tfrac{x}{2} + 2) = \frac{2}{x - 1} \to 0$$

$$\lim_{|x| \to \infty} |f(x) - (\tfrac{x}{2} + 2)| = \lim_{|x| \to \infty} |\frac{2}{x - 1}| = 0$$

Die Gerade g mit der Gleichung $y = \frac{x}{2} + 2$

ist **schiefe Asymptote.**

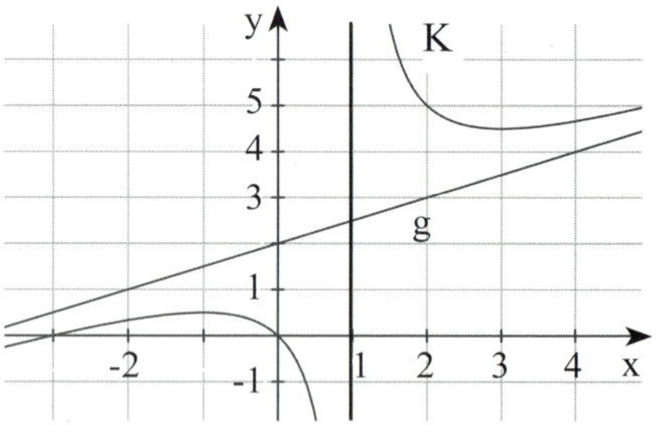

Den Schnittpunkt erhält man durch Einsetzen von $x = 1$: $S(1 \mid 2{,}5)$

Beachten Sie: Eine gebrochenrationale Funktion f mit Zählergrad > Nennergrad lässt sich **zerlegen** in eine ganzrationale und eine echt gebrochenrationale Funktion.

Aufgaben

1. Die folgenden Abbildungen zeigen Schaubilder von gebrochenrationalen Funktionen f, g, h und k mit $f(x) = \frac{x}{x-1}$; $g(x) = \frac{x^2}{x^2-1}$; $h(x) = -\frac{2x}{x^2+1}$ und $k(x) = x - 1 + \frac{1}{x-1}$.

   Ordnen Sie der jeweiligen Funktion ihr Schaubild zu. Begründen Sie Ihre Wahl.

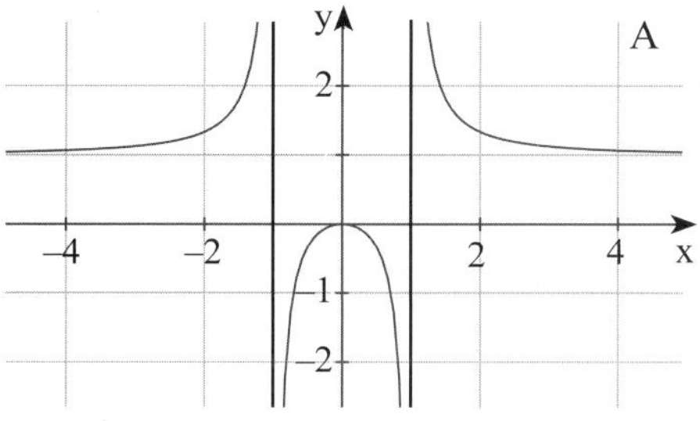

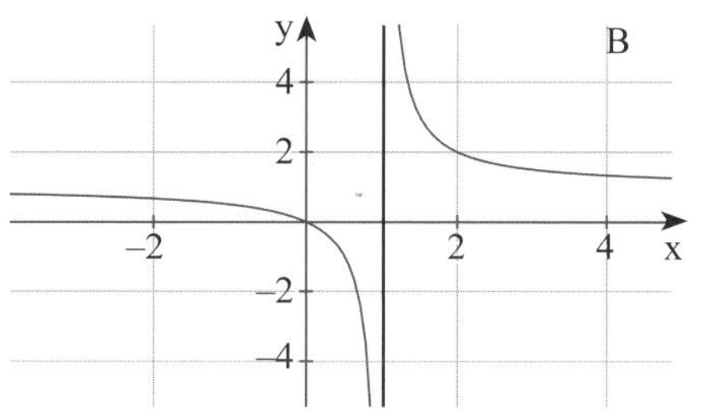

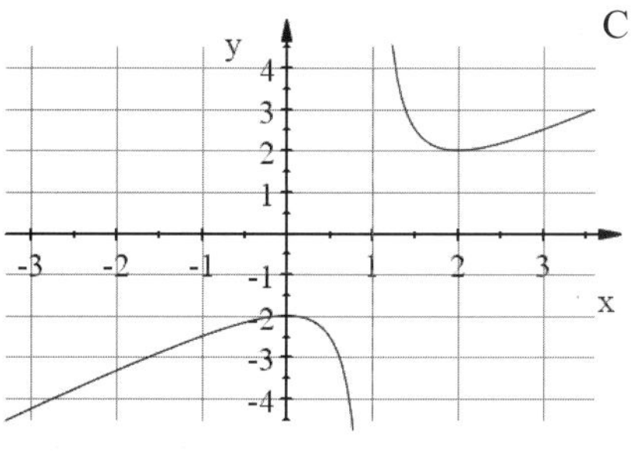

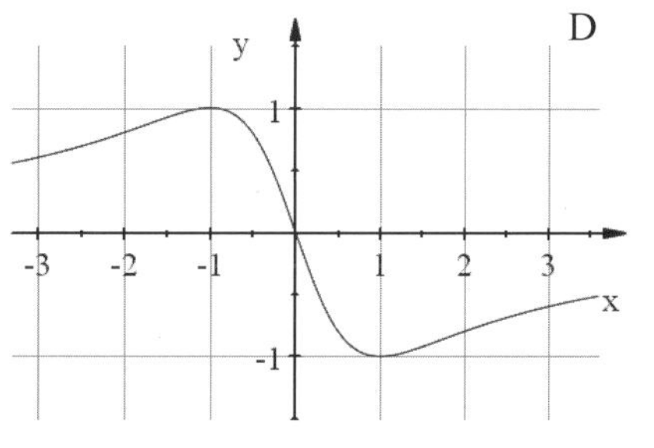

2. Bestimmen Sie den maximalen Definitionsbereich der gegebenen Funktion f. Untersuchen Sie ihr Schaubild K auf Achsenschnittpunkte und Asymptoten. Skizzieren Sie K in ein Achsenkreuz ein.

   a) $f(x) = \frac{4-2x}{x+1}$ b) $f(x) = 2 - \frac{4}{1+x}$ c) $f(x) = \frac{x}{(x-3)^2}$

   d) $f(x) = \frac{x^2+1}{2x}$ e) $f(x) = \frac{x^2-8}{x^2-5}$ f) $f(x) = \frac{1}{2}x + 2 + \frac{2}{x-2}$

3. Gegeben ist die Funktion f mit $f(x) = \frac{x^2}{x^2-3}$; $x \in D$.

   a) Bestimmen Sie die größtmögliche Definitionsmenge D.

   b) Die Gerade g schneidet die y-Achse in P(0 | 1) und ist parallel zur Geraden h mit $y = -\frac{3}{2}x$.

   Zeigen Sie: Die Gerade g berührt die Kurve K und schneidet K in einem weiteren Punkt. Bestimmen Sie die Koordinaten der gemeinsamen Punkte.

4.5 Exponential- und Logarithmusfunktionen

Exponential- und Logarithmusfunktionen zur Basis a > 0; a ≠ 1

Eine Funktion f mit $f(x) = a^x$; $a > 0$; $a \neq 1$; $x \in \mathbb{R}$, heißt **Exponentialfunktion zur Basis a.**

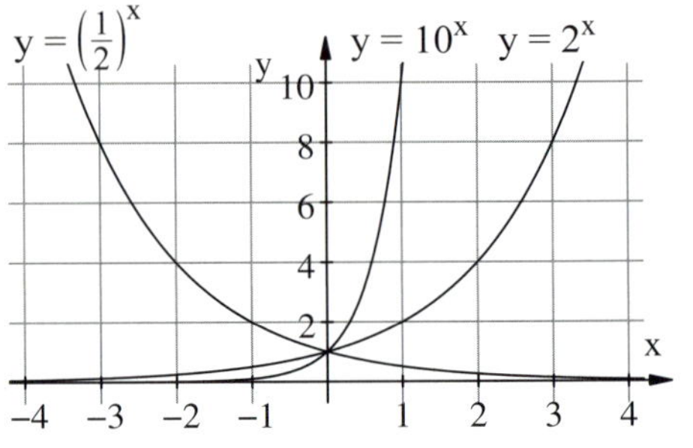

Beispiele:

K: $f(x) = 2^x$

G: $g(x) = \left(\frac{1}{2}\right)^x$

H: $h(x) = 10^x$

Eigenschaften:

- Definitionsbereich $D = \mathbb{R}$
  Wertebereich $W = \mathbb{R}_+^*$; ($a^x > 0$; also keine Nullstelle)
- streng monoton wachsend für $a > 1$; fallend für $0 < a < 1$
- Die x-Achse ist waagrechte Asymptote
- Kurvenpunkt $S(0 \mid 1)$, da $a^0 = 1$
  Der Graf von g mit $g(x) = a^{-x} = \left(\frac{1}{a}\right)^x$ entsteht aus dem Graf von f mit $f(x) = a^x$ durch **Spiegelung an der y-Achse.**

Die **Umkehrfunktion** der **Exponentialfunktion zur Basis a** heißt
Logarithmusfunktion zur Basis a: g mit $g(x) = \log_a(x)$; $a > 0$; $a \neq 1$; $x \in \mathbb{R}_+^*$

Eigenschaften von g mit $g(x) = \log_a(x)$ für $a > 1$:

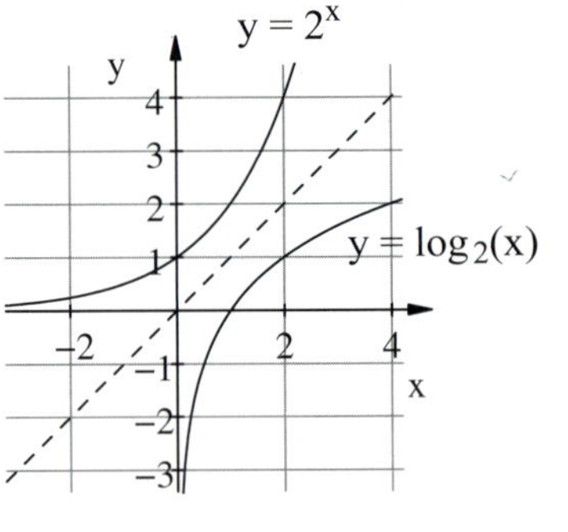

- Definitionsbereich $D = \mathbb{R}_+^*$;
  ($\log_a(x)$ nur definiert für $x > 0$)
  Wertebereich $W = \mathbb{R}$
- Kurvenpunkt $S(1 \mid 0)$:
  $\log_a(x) = 0 \Leftrightarrow x = 1$ wegen $a^0 = 1$
- streng monoton wachsend
  Für $x \to \infty$: $\log_a(x) \to \infty$
- Für $x \to 0$: $\log_a(x) \to -\infty$:
  Die y-Achse ist senkrechte Asymptote.

Exponential- und Logarithmusfunktionen zur Basis e

Eine Funktion f mit $f(x) = e^x$; $x \in \mathbb{R}$ heißt **Exponentialfunktion zur Basis e.**

Beispiele:

K: $f(x) = e^x$

G: $g(x) = e^{-x}$

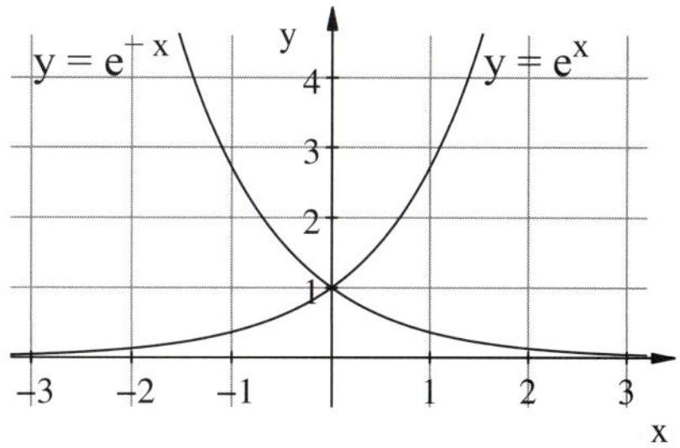

Eigenschaften:

- Definitionsbereich $D = \mathbb{R}$
  Wertebereich $W = \mathbb{R}_+^*$; ($e^x > 0$; also keine Nullstelle)
- Die x-Achse ist waagrechte Asymptote.
- Kurvenpunkt S(0 | 1), da $e^0 = 1$
  Der Graf von g mit $g(x) = e^{-x} = \left(\frac{1}{e}\right)^x = \frac{1}{e^x}$ entsteht aus dem Graf von f mit $f(x) = e^x$ durch **Spiegelung an der y-Achse.**

Die **Umkehrfunktion** der **Exponentialfunktion zur Basis e** heißt **Logarithmusfunktion zur Basis e:** g mit $g(x) = \ln(x)$; $x \in \mathbb{R}_+^*$

Eigenschaften von g mit $g(x) = \ln(x)$:

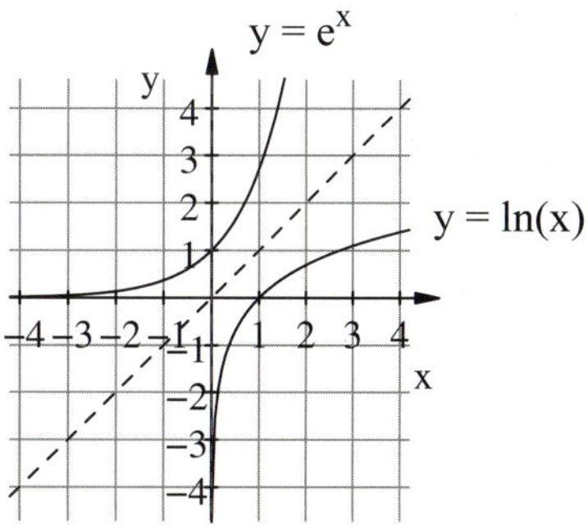

- Definitionsbereich $D = \mathbb{R}_+^*$
  ($\ln(x)$ nur definiert für $x > 0$)
  Wertebereich $W = \mathbb{R}$
- Kurvenpunkt S(1| 0)
  $\ln(x) = 0 \Leftrightarrow x = 1$ wegen $e^0 = 1$
- streng monoton wachsend
  Für $x \to \infty$: $\ln(x) \to \infty$
- Für $x \to 0$: $\ln(x) \to -\infty$:
  Die y-Achse ist senkrechte Asymptote

Rechenregeln: $y = e^x \Leftrightarrow x = \ln y$

$e^{\ln x} = x$ $\qquad \ln(e^x) = x$

Logarithmen-Gesetze: $\ln(x \cdot y) = \ln(x) + \ln(y)$ $\qquad \ln(\frac{x}{y}) = \ln(x) - \ln(y)$

$\ln(x^k) = k \cdot \ln(x)$ (vgl. Seite 23.)

Beispiele

Gegeben ist die Funktion f mit $f(x) = 1 - (\ln x)^2$; $x \in \mathbb{R}_+^*$.
Bestimmen Sie die Nullstellen von f und ermitteln Sie das Verhalten von f an den Rändern des Definitionsbereiches.

Lösung

Nullstellen: $f(x) = 0$ $\qquad 1 - (\ln x)^2 = 0 \Leftrightarrow (\ln x)^2 = 1$

Wurzelziehen: $\qquad \ln(x) = 1 \Rightarrow x_1 = e$

$\ln(x) = -1 \Rightarrow x_2 = e^{-1} = \frac{1}{e}$

Verhalten für $x \to 0$:

Für $x \to 0$: $\ln(x) \to -\infty$,

daraus folgt $(\ln x)^2 \to \infty$ und $f(x) \to -\infty$

Verhalten für $x \to \infty$:

Für $x \to \infty$: $\ln(x) \to \infty$;

daraus folgt $(\ln x)^2 \to \infty$ und $f(x) \to -\infty$

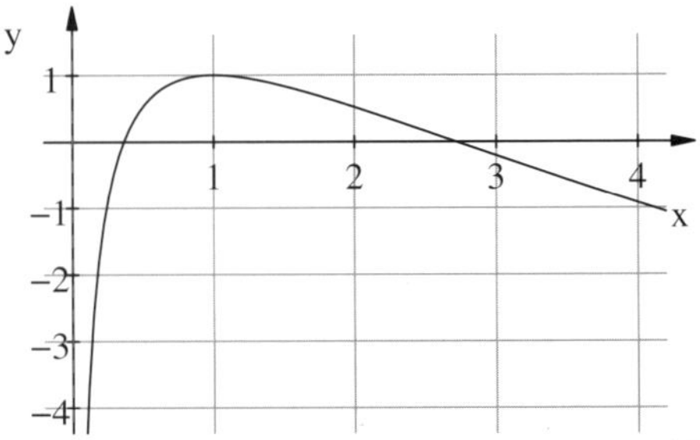

Gegeben ist die Funktion f mit $f(x) = 2\,\frac{e^x - 4}{e^x + 4}$; $x \in \mathbb{R}$.
Bestimmen Sie die Koordinaten des Schnittpunktes von G_f von f mit der y-Achse und bestimmen Sie das Verhalten von f für $x \to \infty$ und $x \to -\infty$.

Lösung

Schnittpunkt mit der y-Achse: $x = 0$ $\qquad f(0) = 2\,\frac{e^0 - 4}{e^0 + 4} = -\frac{6}{5}$ mit $e^0 = 1$

Verhalten von f für $x \to -\infty$

Wegen $e^x \to 0$ für $x \to -\infty$ gilt: $f(x) = 2\,\frac{e^x - 4}{e^x + 4} \to 2 \cdot \frac{0 - 4}{0 + 4} = -2$

Die Gerade mit $y = -2$ ist **waagrechte Asymptote.**

Verhalten von f für $x \to \infty$

$$f(x) = 2\,\frac{e^x - 4}{e^x + 4} = 2 \cdot \frac{e^x(1 - \frac{4}{e^x})}{e^x(1 + \frac{4}{e^x})} = 2 \cdot \frac{1 - \frac{4}{e^x}}{1 + \frac{4}{e^x}}$$

Für $x \to \infty$ gilt: $\pm \frac{4}{e^x} \to 0$

$$\lim_{x \to \infty} f(x) = \lim_{x \to \infty} 2 \cdot \frac{1 - \frac{4}{e^x}}{1 + \frac{4}{e^x}} = 2$$

Die Gerade mit $y = -2$ ist

waagrechte Asymptote.

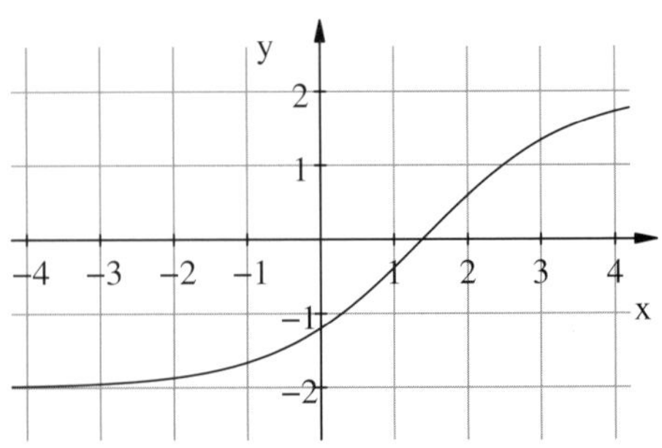

Aufgaben

1. K ist das Schaubild der Funktion f mit $f(x) = 4e^x - e^{2x}$; $x \in \mathbb{R}$.

   Zeichnen Sie K in ein geeignetes Koordinatensystem ein, sodass die wichtigsten Eigenschaften von K erkennbar sind. Wo schneidet K seine Asymptote?

   Bestimmen Sie den Abstand der beiden Achsenschnittpunkte.

2. K ist die Kurve von f mit $f(x) = (x - 1)e^{x - 1}$, G ist die Kurve von g mit $g(x) = x - 1$.

   Zeigen Sie: K und G haben genau einen Punkt gemeinsam. Interpretieren Sie.

3. K ist das Schaubild der Funktion f mit $f(x) = (e^{-x} - 2)^2$; $x \in \mathbb{R}$.
   Zeigen Sie, dass K die x-Achse berührt.

   K schneidet seine Asymptote in S. Bestimmen Sie die Koordinaten von S.

4. Bestimmen Sie die Umkehrfunktion f^{-1} von f mit $f(x) = e^x + 2$; $x \in \mathbb{R}$.

   Zeichnen Sie die Schaubilder von f und f^{-1} in ein Koordinatensystem.

5. Gegeben ist die Funktion f mit $f(x) = \ln(4 - x^2)$; $x \in D$.
   Bestimmen Sie den maximalen Definitionsbereich D.
   Untersuchen Sie das Schaubild K von f auf Symmetrie und Asymptoten.
   Berechnen Sie die Koordinaten der Schnittpunkte von K mit der x-Achse.
   Für welche Werte von x gilt: $f(x) \geq 1$?

6. Gegeben ist die Funktion f mit $f(x) = \ln(x + 1)$.
   Bestimmen Sie den maximalen Definitionsbereich, die Schnittpunkte mit den Koordinatenachsen und die Asymptoten.

   Bestimmen Sie die Umkehrfunktion f^{-1} von f.

   Zeichnen Sie die Schaubilder von f und f^{-1} in ein Koordinatensystem.

7. K ist das Schaubild der Funktion f mit $f(x) = 2(\ln(x) - 1)^2$; $x \in \mathbb{R}_+^*$.
   Bestimmen Sie die Asymptoten und die Schnittpunkte von K mit der x-Achse.
   Zeichnen Sie K.
   Die Punkte O, $A(e^{-1} \mid 0)$ und $B(e^{-1} \mid f(e^{-1}))$ sind die Eckpunkte eines Dreiecks.
   Berechnen Sie den Inhalt des Dreiecks.

8. Bestimmen Sie den größtmöglichen Definitionsbereich der Funktion f mit $f(x) = \ln \frac{x - 1}{x + 1}$.
   Untersuchen Sie das Schaubild von f auf Schnittpunkte mit den Koordinatenachsen.
   Wie verhalten sich die Funktionswerte für $|x| \to \infty$? Hat das Schaubild senkrechte Asymptoten? Begründen Sie Ihre Antwort.

5 Deusch, Ott - ISBN 978-3-8120-0604-0

4.6 Wurzelfunktionen

Die **Funktionen** f mit $f(x) = \sqrt[n]{x} = x^{\frac{1}{n}}$; $n \in \{2, 3, 4, ...\}$; $x \in \mathbb{R}_+$
heißen **Wurzelfunktionen.**

Bemerkung: Wurzelfunktionen sind **Umkehrfunktionen der Potenzfunktionen** g mit $g(x) = x^n$; $n \in \{2, 3, 4, ...\}$; $x \in \mathbb{R}_+$

Beispiele:

K: $f(x) = \sqrt{x}$; $x \geq 0$

Bemerkung: $y^2 = x \Leftrightarrow y = \pm\sqrt{x}$; $x \geq 0$

Der Graf von $y^2 = x$ ist eine Parabel symmetrisch zur x-Achse (Relation)

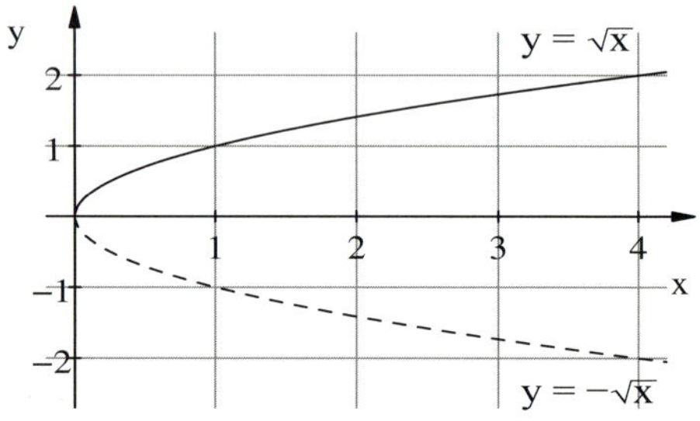

G: $g(x) = \sqrt[3]{x}$

Bemerkung: $y^3 = x \Leftrightarrow \begin{cases} y = \sqrt[3]{x}; \ x \geq 0 \\ y = -\sqrt[3]{|x|}; \ x \leq 0 \end{cases}$

Die Grafen mit $y = \sqrt[3]{x}$ bzw. $y = -\sqrt[3]{|x|}$ sind punktsymmetrisch zueinander bezüglich O.

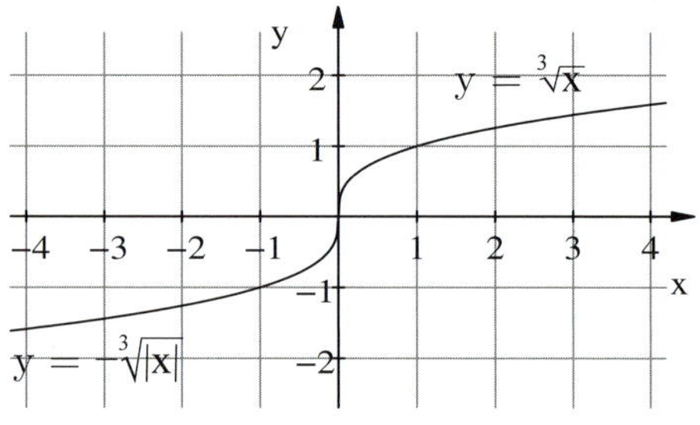

H: $h(x) = \sqrt{x-2} - 1$

D: $x - 2 \geq 0 \Leftrightarrow x \geq 2$

Nullstelle: $\sqrt{x-2} - 1 = 0 \Leftrightarrow \sqrt{x-2} = 1$

$\Rightarrow x - 2 = 1 \Leftrightarrow x = 3$

H entsteht aus K: $f(x) = \sqrt{x}$ durch Verschiebung um 2 nach rechts und durch Verschiebung um 1 nach unten.

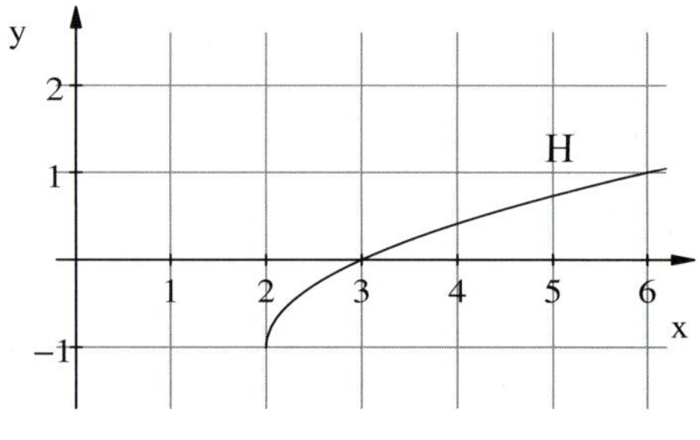

Aufgaben

Gegeben sind die Funktionen f mit $f(x) = \sqrt{x+2}$ und g mit $g(x) = \sqrt{3x-1}$.

Bestimmen Sie Definitions- und Wertebereich der beiden Funktionen.

Berechnen Sie die Koordinaten des Schnittpunktes S der beiden Grafen.

Wie entsteht das Schaubild von f aus dem Schaubild mit $y = \sqrt{x}$?

Bestimmen Sie die Umkehrfunktion f^{-1} von f.

Zeichnen Sie die Schaubilder von f und f^{-1} in ein Koordinatensystem.

4.7 Betragsfunktionen

Die **Funktion** f mit $f(x) = |x| = \begin{cases} x & \text{für } x \geq 0 \\ -x & \text{für } x < 0 \end{cases}$
heißt **Betragsfunktion.**

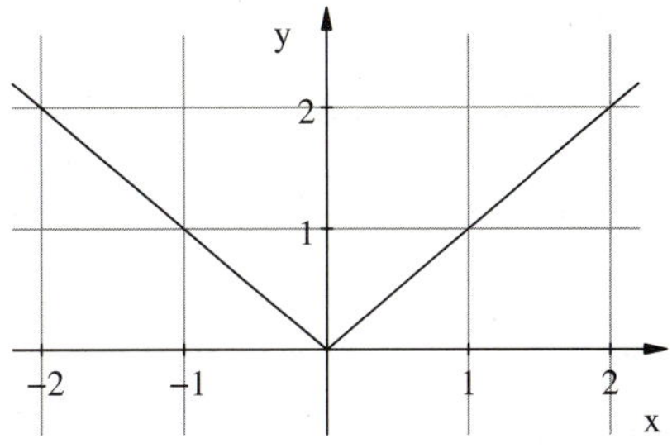

Beispiele

K: $f(x) = |2x - 1|$

Betragsfreie Darstellung:

$$f(x) = \begin{cases} 2x - 1 & \text{für } 2x - 1 \geq 0 \Leftrightarrow x \geq \frac{1}{2} \\ -(2x - 1) & \text{für } 2x - 1 < 0 \Leftrightarrow x < \frac{1}{2} \end{cases}$$

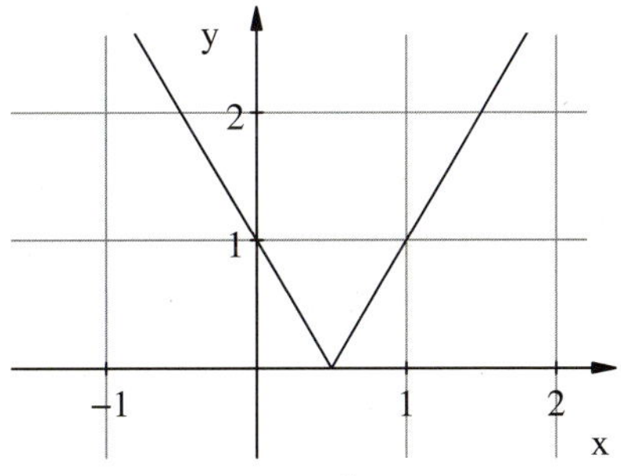

K: $y = |2(x - \frac{1}{2})|$ entsteht aus dem Graf mit $y = |x|$ durch Verschiebung um $\frac{1}{2}$ nach rechts und Streckung mit Faktor 2 in y-Richtung.

K: $f(x) = |x^2 - 4|$

Betragsfreie Darstellung:

$$f(x) = \begin{cases} x^2 - 4 & \text{für } x^2 - 4 \geq 0 \Leftrightarrow x \geq 2 \vee x \leq -2 \\ -(x^2 - 4) & \text{für } x^2 - 4 < 0 \Leftrightarrow -2 < x < 2 \end{cases}$$

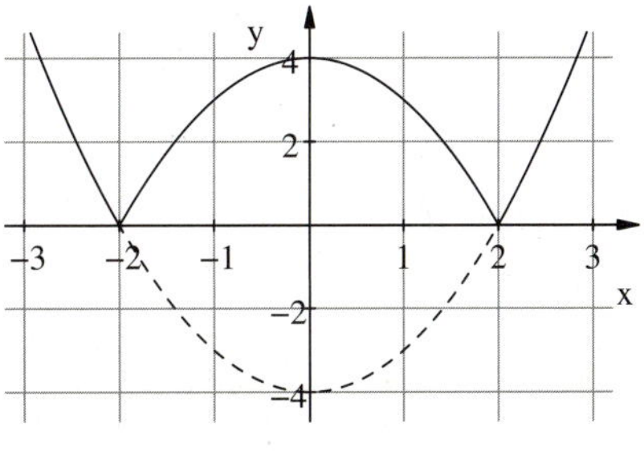

f hat die Nullstellen ± 2.

Aufgaben

1. K ist das Schaubild der Funktion f mit $f(x) = |3 - 2x|;\ x \in \mathbb{R}$.
   Zeichnen Sie K. Wo schneidet K die 1. Winkelhalbierende?
2. Gegeben ist die Funktion f. Wo schneidet das Schaubild von f die Koordinatenachsen?
   Stellen Sie f(x) betragsfrei dar.

   a) $f(x) = |4x + 1|$ b) $f(x) = |4 - x^2|$ c) $f(x) = |x^3|$

   d) $f(x) = \ln|e^x - 1|$ e) $f(x) = |e^x - 2|$ f) $f(x) = |\frac{1}{x} - 1|$

4.8 Winkelfunktionen

Winkelfunktionen am rechtwinkligen Dreieck

Definition der Winkelfunktionen:

$\sin(\alpha) = \frac{\text{Gegenkathete von } \alpha}{\text{Hypotenuse}}$

$\cos(\alpha) = \frac{\text{Ankathete von } \alpha}{\text{Hypotenuse}}$

$\tan(\alpha) = \frac{\text{Gegenkathete von } \alpha}{\text{Ankathete von } \alpha}$; $0° \leq \alpha \leq 90°$

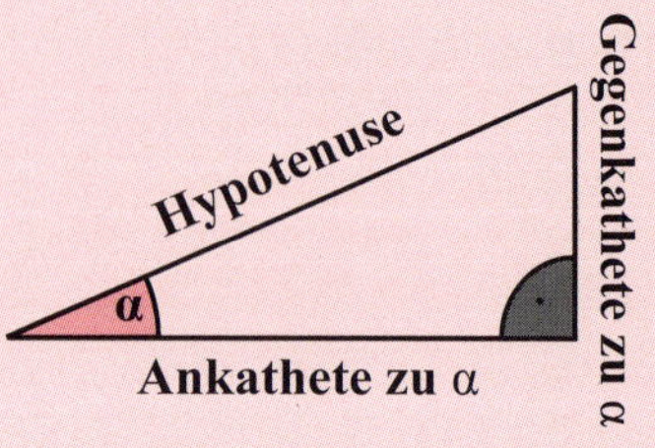

Beispiele

Eine Zahnradbahn steigt auf einer Strecke von 1250 m mit einen Neigungswinkel von 10,5° (gegen die Horizontale gemessen).
Wie viel m Höhendifferenz bewältigt sie?

Lösung

Für die Höhendifferenz h gilt: $\sin \alpha = \frac{h}{1250}$

Mit $\sin 10{,}5° \approx 0{,}182$ folgt

$h \approx 1250 \cdot 0{,}182 = 227{,}5$

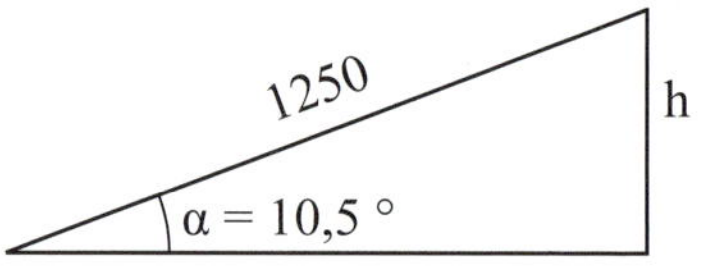

Die Zahnradbahn bewältigt eine Höhendifferenz von 227,5 m.

Aufgaben

1. Ein Viereck hat die Eckpunkte A(0 | − 2,5), B(6 | 0), C(3 | 4) und D(− 3 | 1,5).
   Berechnen Sie die Länge der Strecken AB und BC.
   Um was für ein Viereck handelt es sich? Begründen Sie.
   Berechnen Sie die Winkel im Dreieck BAC.
2. Ein Fadenpendel der Länge l = 1,5 m und einer Pendelmasse m wird um den Winkel $\alpha = 3°$ nach rechts aus der Ruhelage ausgelenkt und losgelassen.
   a) Bestimmen Sie die Schwingungsamplitude.
   b) Bestimmen Sie die Schwingungszeit $T = 2\pi \sqrt{\frac{l}{g}}$.
   Stellen Sie einen Term für die Auslenkung s in Abhängigkeit von der Zeit t auf.
   Dabei schwingt das Pendel in t = 0 durch die Ruhelage.

Erweiterung der Winkelfunktionen für beliebige Winkel

Winkelfunktionen am Einheitskreis

1. Quadrant: $0° \leq \alpha \leq 90°$

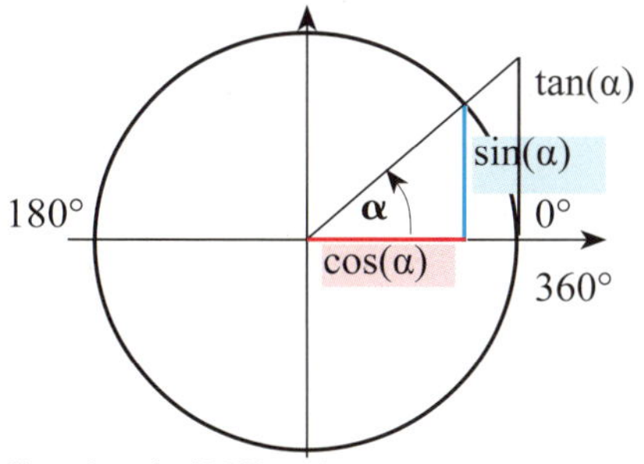

$\sin(0°) = 0;\ \sin(90°) = 1$

$\cos(0°) = 1;\ \cos(90°) = 0$

2. Quadrant: $90° \leq \alpha \leq 180°$

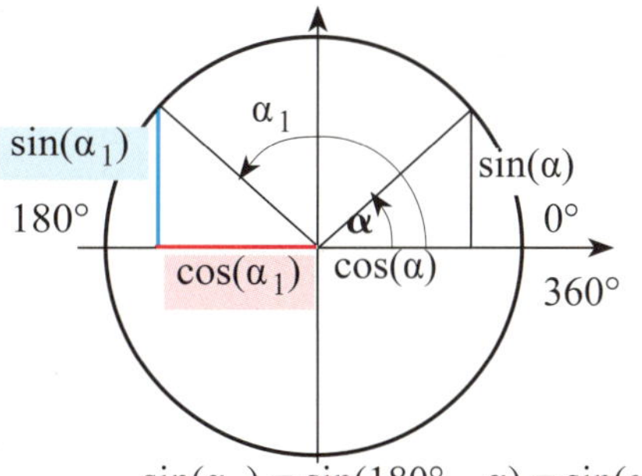

$\sin(\alpha_1) = \sin(180° - \alpha) = \sin(\alpha)$

$\cos(\alpha_1) = \cos(180° - \alpha) = -\cos(\alpha)$

3. Quadrant: $180° \leq \alpha \leq 270°$

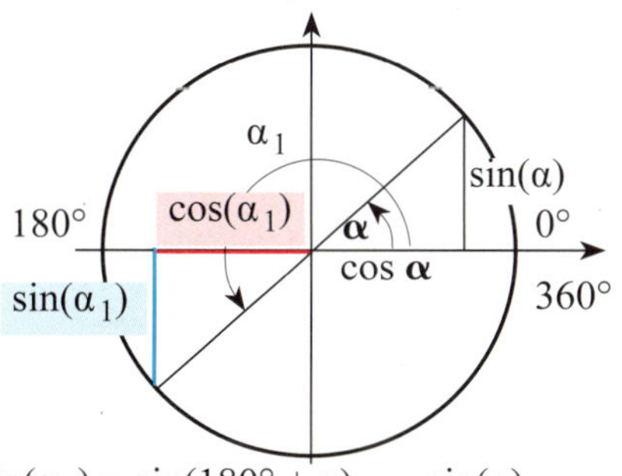

$\sin(\alpha_1) = \sin(180° + \alpha) = -\sin(\alpha)$

$\cos(\alpha_1) = \cos(180° + \alpha) = -\cos(\alpha)$

4. Quadrant: $270° \leq \alpha \leq 360°$

$-90° \leq \alpha \leq 0°$

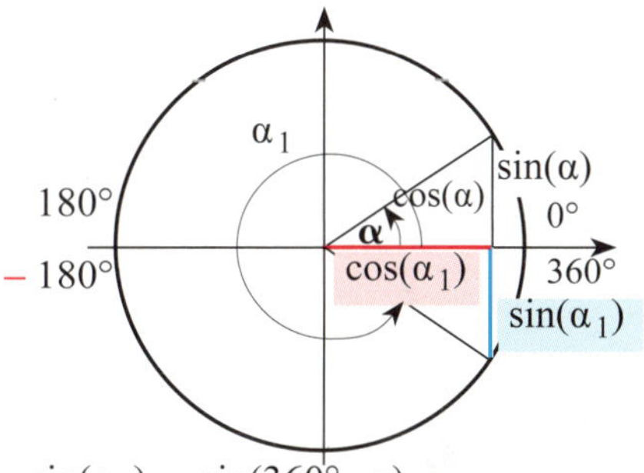

$\sin(\alpha_1) = \sin(360° - \alpha)$
$= \sin(-\alpha) = -\sin(\alpha)$

$\cos(\alpha_1) = \cos(360° - \alpha)$
$= \cos(-\alpha) = \cos(\alpha)$

Vorzeichentabelle

für die Sinuswerte

+	+
–	–

Kosinuswerte

–	+
–	+

Tangenswerte

–	+
+	–

1. Quadrant α	**2. Quadrant** **180° – α**
3. Quadrant **180° + α**	**4. Quadrant** **360° – α**

Aufgaben

Bestimmen Sie die zwischen – 360° und 360° liegenden Werte von α, wenn

a) $\sin(\alpha) = 0{,}707$ b) $\sin(\alpha) = -0{,}5$ c) $\cos(\alpha) = 0{,}909$ d) $\cos(\alpha) = -0{,}707$

Bogenmaß

Jedem Winkel α lässt sich eindeutig eine reelle Zahl x zuordnen (x im Bogenmaß).

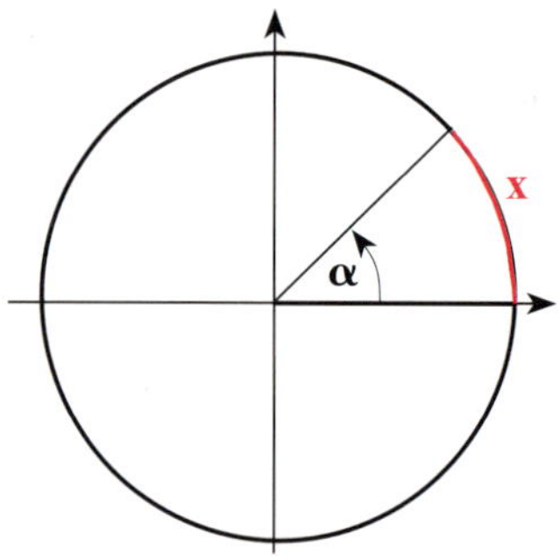

Umrechnungsformel:

$\frac{2\pi}{360°} = \frac{x}{\alpha}$ ergibt $x = \frac{\pi\alpha}{180°}$ oder $\alpha = \frac{x \cdot 180°}{\pi}$

Winkel α in Grad	180°	90°	60°	45°	30°
Maßzahl der Bogenlänge x (x ist eine reelle Zahl)	$\pi \approx 3{,}14$	$\frac{\pi}{2} \approx 1{,}57$	$\frac{\pi}{3} \approx 1{,}05$	$\frac{\pi}{4} \approx 0{,}79$	$\frac{\pi}{6} \approx 0{,}52$

Beachten Sie: Ist der Winkel im

– **Gradmaß (α)** gegeben, rechnet man im **Modus DEG**,

– **Bogenmaß (x)** gegeben, rechnet man im **Modus RAD.**

Aufgaben

1. Welcher Winkel α gehört zum Bogenmaß x oder umgekehrt?

   a) $x = 1{,}5$ b) $\alpha = 45°$ c) $x = 3$ d) $\alpha = 120°$ e) $x = -1$

2. Bestimmen Sie.

   a) sin(1,8) b) cos(0,9) c) sin(3,14) d) cos(1,57) e) sin(– 1,57)

3. Kennzeichnen Sie am Einheitskreis.

   a) x = 1 und sin(1) b) x = 4 und cos(4) c) x = – 0,5 und sin(– 0,5)

4. Schätzen Sie ab: sin(1,5°) und sin(1,5). Erklären Sie Ihr Ergebnis.

5. Gegeben ist ein Kreis durch die Gleichung $x^2 + y^2 = 25$.

   Welche der Punkte A(0 | – 4,5), B(6 | 0), C(3 | 4) und D(– 3 | 4,5) liegen auf, innerhalb bzw. außerhalb des Kreises?

6. Bestimmen Sie die zwischen $-\pi$ und 2π liegenden Werte von x, wenn

   a) $\sin(x) = 0{,}5$ b) $\sin(x) = -0{,}5\sqrt{2}$ c) $\cos(x) = 0{,}8$

   d) $\cos(x) = -0{,}5$ e) $\tan(x) = 1$ f) $\tan(x) = -4$

Schaubilder trigonometrischer Funktionen

Eigenschaften:

1) **Wertebereich:** W = [–1; 1]
2) **Periodizität:** **Periode p =2π**
3) **Nullstellen** von
   f mit f(x) = sin(x); x ∈ ℝ: $x_k = k\pi$; k ∈ ℤ
   g mit g(x) = cos(x); x ∈ ℝ: $x_k = \frac{2k+1}{2}\pi$
4) **Symmetrie:** f ungerade, g gerade Funktion

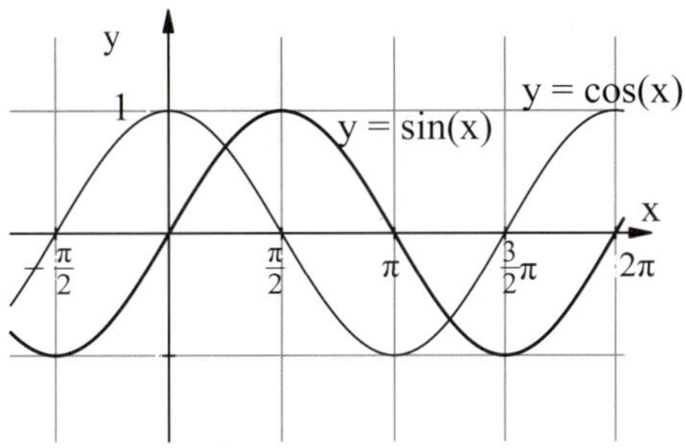

Eigenschaften

1) **Wertebereich:** ℝ
2) **Periodizität:** **p = π**
3) **Nullstellen:** $x_k = k\pi$; k ∈ ℤ
   (Nullstellen von f mit f(x) = sin(x))
4) **Asymptoten:** $x = \frac{2k+1}{2}\pi$
   (Nullstellen von g mit g(x) = cos(x))
5) **Symmetrie:** ungerade Funktion

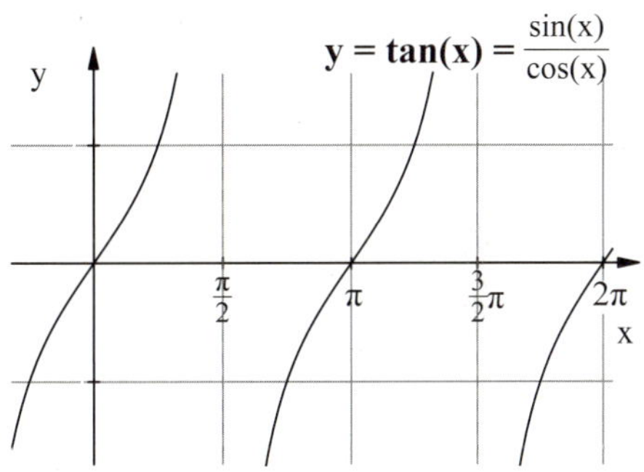

Aufgaben

1. Das Schaubild einer Funktion f mit f(x) = a sin(x) + b ist dargestellt.
   Bestimmen Sie den Funktionsterm aus der Abbildung.

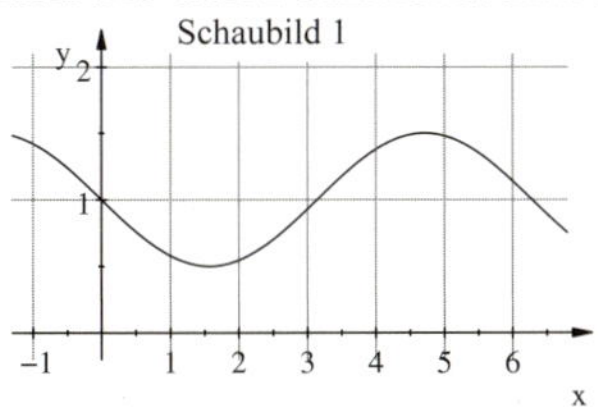

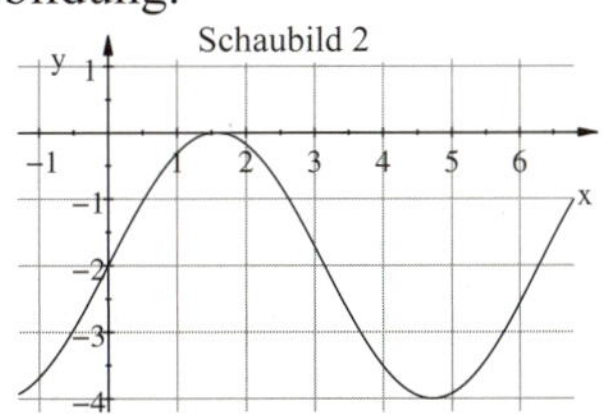

2. Das Schaubild einer Funktion f mit f(x) = – 2cos(x) entspricht keinem der dargestellten Schaubilder. Begründen Sie obige Aussage, indem Sie je eine Eigenschaft der Schaubilder nennen, die mit den Funktionseigenschaften von f nicht vereinbar ist.

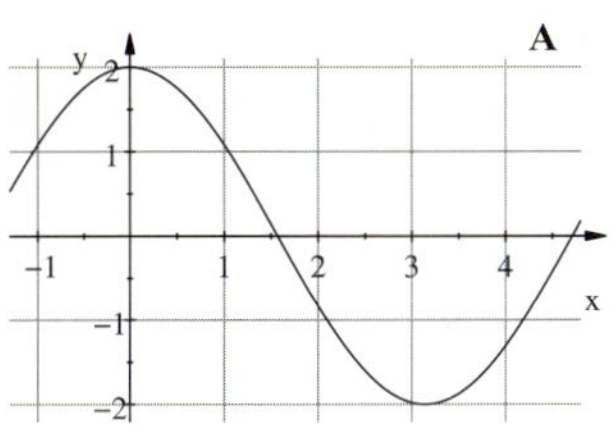

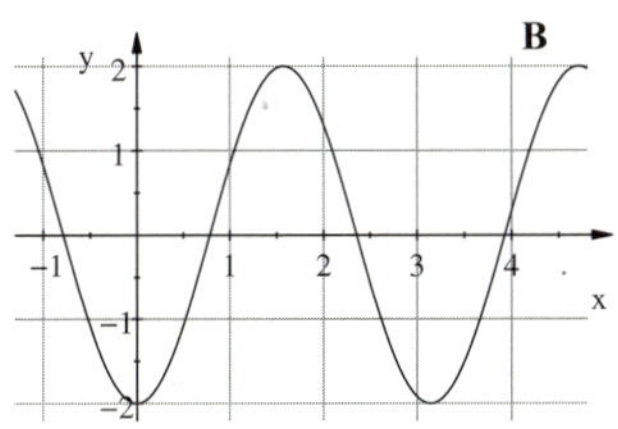

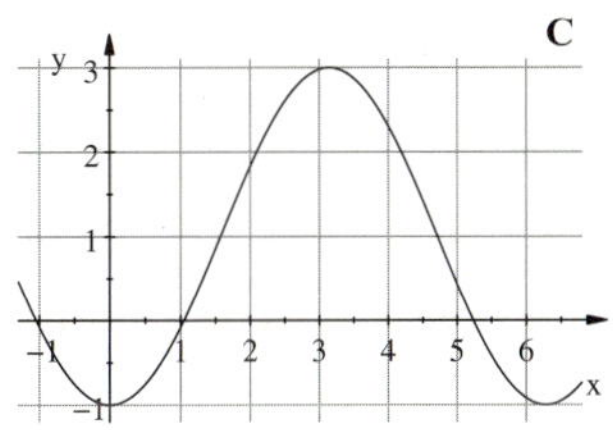

Trigonometrische Funktionen f mit $f(x) = a \cdot \sin(bx + c) + d$

Beispiele

K: $f(x) = \frac{1}{2}\sin(2x) + 1$

Amplitude $|a| = \frac{1}{2}$ Periode $p = \frac{2\pi}{2} = \pi$

Verschiebung von K*: $y = \frac{1}{2}\sin(2x)$

um 1 nach oben (Mittellinie: $y = 1$)

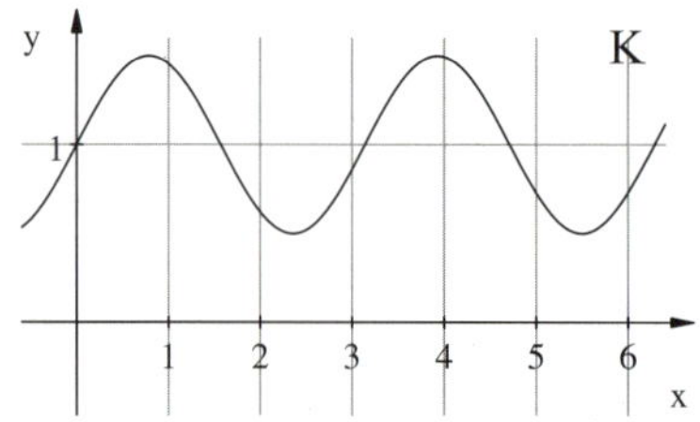

G: $f(x) = -2\cos(x - 1)$

Amplitude $|a| = 2$; Periode $p = 2\pi$

Verschiebung von G*: $y = -2\cos(x)$

um 1 nach rechts

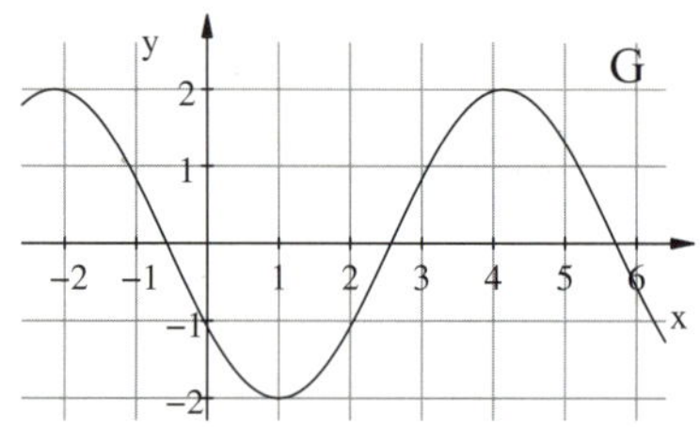

H: $f(x) = 3\sin(\pi(x + 1)) - 2$

Amplitude $|a| = 3$; Periode $p = \frac{2\pi}{\pi} = 2$

Verschiebung von H*: $y = 3\sin(\pi x)$

um 1 nach links und um 2 nach unten

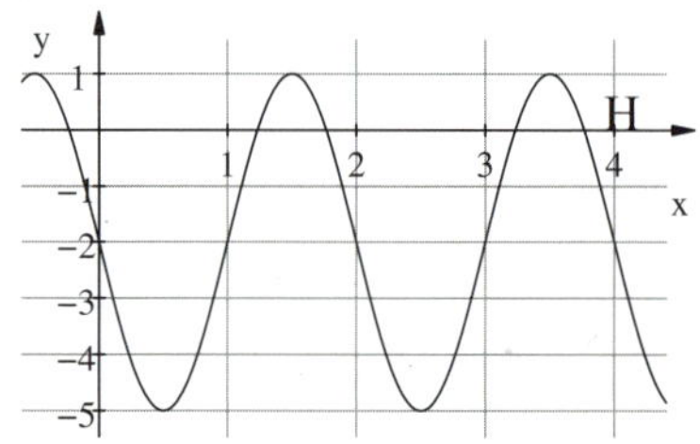

Beachten Sie: Das Schaubild einer Funktion f mit $\mathbf{f(x) = a \sin[b(x - c)] + d}$

bzw. $\mathbf{f(x) = a \cos[b(x - c)] + d}$

entsteht aus der Sinuskurve

bzw. der Kosinuskurve durch

1. **Streckung in y-Richtung mit Faktor $|a|$** (Amplitude)
   Für $a < 0$: Spiegelung an der x-Achse
2. **Streckung in x-Richtung mit Faktor $\frac{1}{b}$**; $b > 0$
   $\Rightarrow$ **Periode** $p = \frac{2\pi}{b}$
3. **Verschiebung in x-Richtung um c**
4. **Verschiebung in y-Richtung um d**

Spezielle Werte

x	0	$\frac{\pi}{6}$	$\frac{\pi}{4}$	$\frac{\pi}{3}$	$\frac{\pi}{2}$	$\frac{2}{3}\pi$	$\frac{3}{4}\pi$	$\frac{5}{6}\pi$	π	$\frac{3}{2}\pi$	2π
sin(x)	0	$\frac{1}{2}$	$\frac{1}{2}\sqrt{2}$	$\frac{1}{2}\sqrt{3}$	1	$\frac{1}{2}\sqrt{3}$	$\frac{1}{2}\sqrt{2}$	$\frac{1}{2}$	0	-1	0
cos(x)	1	$\frac{1}{2}\sqrt{3}$	$\frac{1}{2}\sqrt{2}$	$\frac{1}{2}$	0	$-\frac{1}{2}$	$-\frac{1}{2}\sqrt{2}$	$-\frac{1}{2}\sqrt{3}$	-1	0	1

Trigonometrische Gleichungen

Beispiele

1) $\sin(x) = 0{,}5$

Der TR liefert eine Lösung:	$x_1 = \arcsin(0{,}5) \approx 0{,}64$	(+ ganzzahlige
Weitere Lösungen	$x_2 = \pi - x_1 \approx 2{,}50$	Vielfache von 2π)

2) $\cos(x) = 0{,}25$

Der TR liefert eine Lösung:	$x_1 = \arccos(0{,}25) \approx 1{,}32$	(+ ganzzahlige
Weitere Lösungen	$x_2 = -x_1 \approx -1{,}32$	Vielfache von 2π)

3) $\sin(x) = 3\cos(x) \Leftrightarrow \tan(x) = 3$

Der TR liefert eine Lösung: $x_1 = \arctan(3) \approx 1{,}25$

Bemerkung: $\tan(x) = a$ hat für $a \in \mathbb{R}$ auf $]-\frac{\pi}{2}; \frac{\pi}{2}]$ genau eine Lösung.

Weitere Lösungen $x_k = 1{,}25 + k\pi$ (x_1 + ganzzahlige Vielfache von π)

Grundformeln

$\sin^2(x) + \cos^2(x) = 1$ $\quad \tan(x) = \frac{\sin(x)}{\cos(x)}$ $\quad \cot(x) = \frac{1}{\tan(x)}$

$\sin(2x) = 2\sin(x)\cos(x)$ $\quad \cos(2x) = 2\cos^2(x) - 1$

4) $\sin(x) + \cos(x) = 1$

Umformung:	$\cos(x) = 1 - \sin(x)$
Quadrieren:	$\cos^2(x) = (1 - \sin(x))^2 = 1 - 2\sin(x) + \sin^2(x)$
Mit $\cos^2(x) = 1 - \sin^2(x)$:	$1 - \sin^2(x) = 1 - 2\sin(x) + \sin^2(x) \Leftrightarrow$
	$2\sin^2(x) - 2\sin(x) = 0$
Lösung durch Ausklammern:	$2\sin(x)(\sin(x) - 1) = 0$
Satz vom Nullprodukt:	$2\sin(x) = 0 \Leftrightarrow x = k\pi$
oder	$\sin(x) - 1 = 0 \Leftrightarrow \sin(x) = 1 \Leftrightarrow x = \frac{\pi}{2} + 2k\pi$

Probe wegen Quadrieren ergibt: $x = k\pi$ ist Lösung nur für gerade k.

5) $\cos(2x) + \cos(x) = 0$

Mit $\cos(2x) = 2\cos^2(x) - 1$:	$2\cos^2(x) - 1 + \cos(x) = 0$
Substitution $u = \cos(x)$:	$2u^2 + u - 1 = 0$

Lösung der quadratischen Gleichung: $u_1 = -1$; $u_2 = \frac{1}{2}$

Rücksubstitution	$u_1 = -1 = \cos(x) \Rightarrow x_1 = \pi$	(+ ganzzahlige
	$u_2 = \frac{1}{2} = \cos(x) \Rightarrow x_{2\mid 3} = \pm\frac{\pi}{3}$	Vielfache von 2π)

Aufgaben

1. Die folgenden Abbildungen zeigen Schaubilder von Winkelfunktionen.
   Bestimmen Sie einen Funktionsterm.

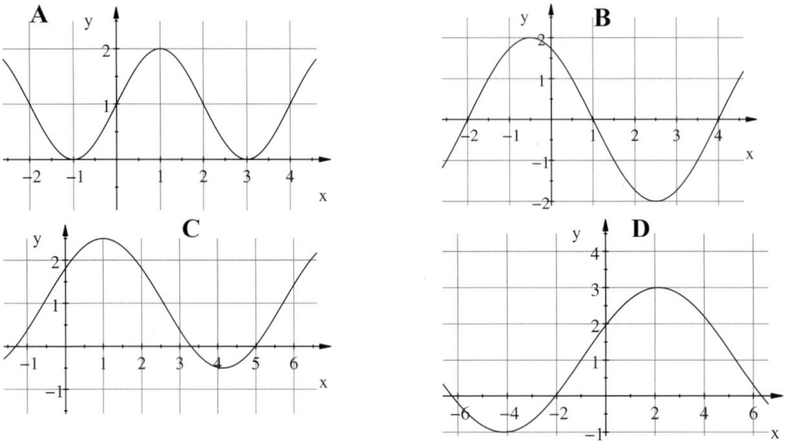

2. Welche Gleichung hat Lösungen? Begründen Sie Ihre Antwort.
   a) $\sin(2x) + 2 = 0$ b) $\sin(x) + \cos(x) = 4$ c) $2\cos(3x - 1) + 1 = 0$

3. Lösen Sie die folgenden Gleichungen.
   a) $\sin(x) = 0{,}2$ b) $\sin(x) = -0{,}75$ c) $\cos(x) = 0{,}95$
   d) $\tan(x) = 0{,}2$ e) $\sin(2x) = 0{,}5$ f) $\sin(x) + \tan(x) = 0$
   g) $\sin^2(x) + \sin(x) = 2$ h) $\sin(x) + \cos(x) = -1$ i) $\cos^2(x) = 0{,}25$

4. Bestimmen Sie Amplitude und Periode. Wie entsteht K von f aus der sin-Kurve.
   a) $f(x) = 3\sin(4x) - 1$ b) $f(x) = 3 - \sin(\frac{x}{2} - 1)$ c) $f(x) = -5\sin(\pi(x + 1))$

5. Gegeben ist die Funktion f mit $f(x) = 3\sin(\pi x - \pi)$; $x \in [-0{,}5; 2{,}5]$.
   Zeigen Sie: Zwei aufeinanderfolgende Nullstellen haben einen Abstand von 1.

6. Das Diagramm zeigt den zeitlichen Verlauf des Luftvolumens in der Lunge.
   Dabei ist x die Zeit in Sekunden, f(x) das Luftvolumen in Liter.
   a) Wie groß ist die minimale Luftmenge in der Lunge?
   b) Wie lange dauert ein vollständiger Atemzug?
   c) Bestimmen Sie einen Funktionsterm.
   d) Zu welchen Zeitpunkten enthält die Lunge jeweils die Hälfte des maximalen Luftvolumens?

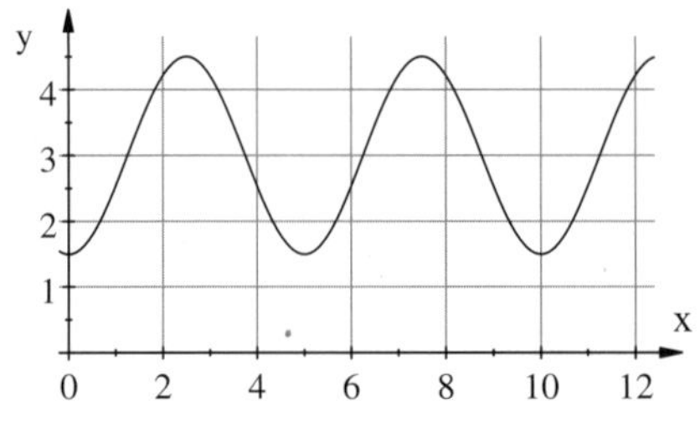

7. Die Abbildungen zeigen Grafen von Funktionen, die aus den Grafen von f mit $f(x) = \frac{1}{x}$, g mit $g(x) = e^x$, h mit $h(x) = x^2$ bzw. k mit $k(x) = \sin(x)$ entstanden sind.
Bestimmen Sie jeweils einen geeigneten Funktionsterm.

A

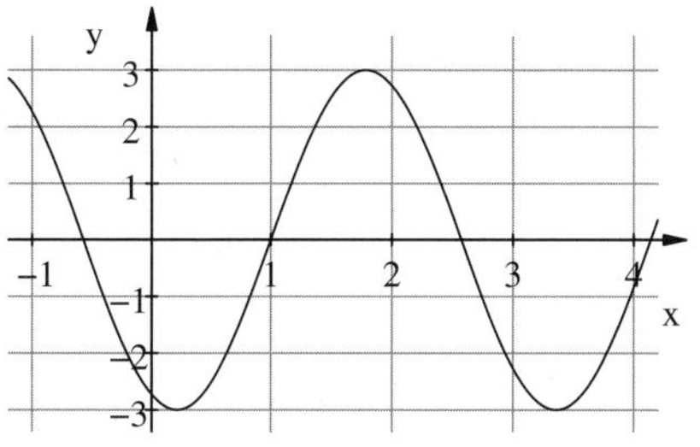

B

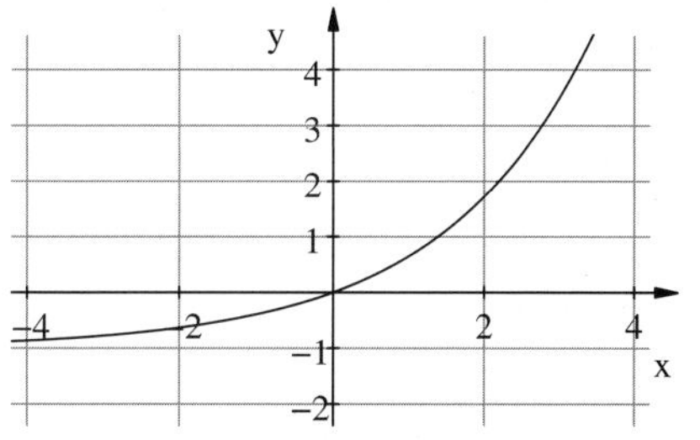

C

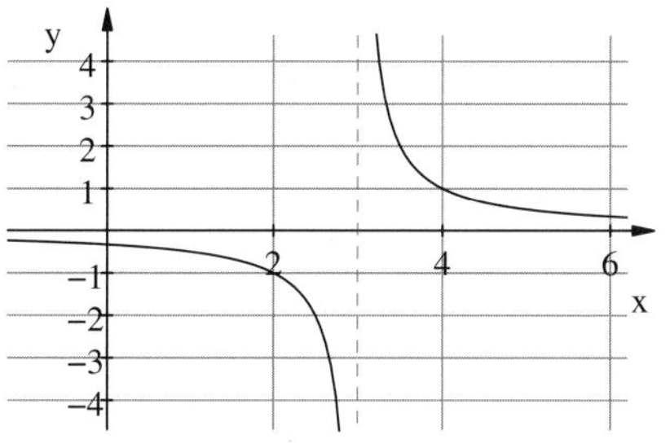

D

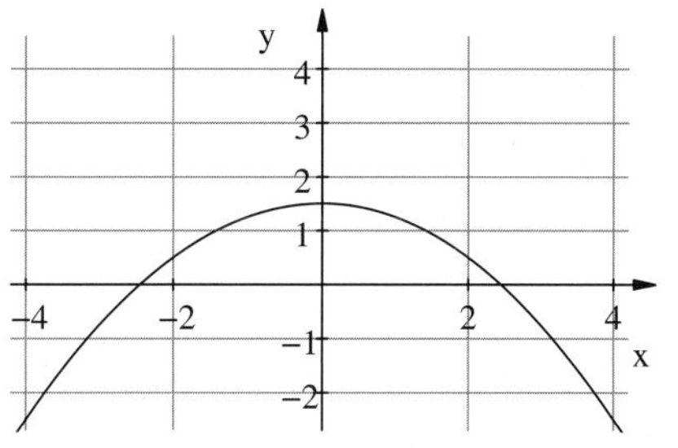

8. Die Abbildungen zeigen Ausschnitte von Scharkurven von f_t mit $f_t(x) = \frac{1}{t} - t\cos(x)$, $t \neq 0$, und von g_t mit $g_t(x) = \frac{(x-t)^2}{tx}$, $t \neq 0$.

Bestimmen Sie jeweils geeignete Parameterwerte.

A

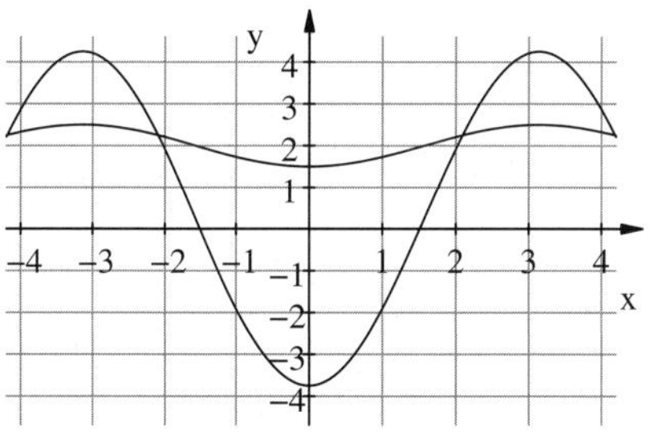

B

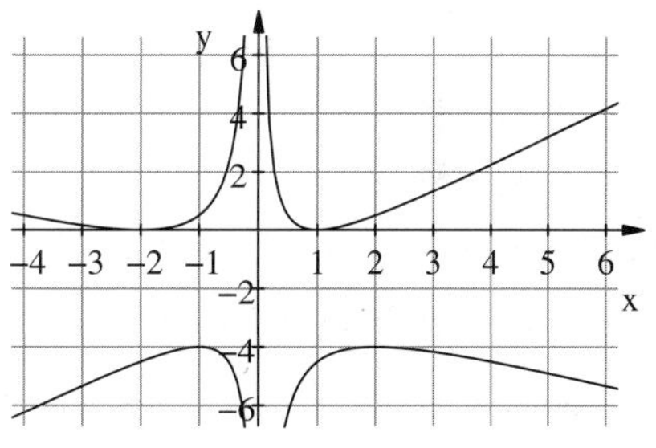

9. Bestimmen Sie einen geeigneten Funktionsterm.

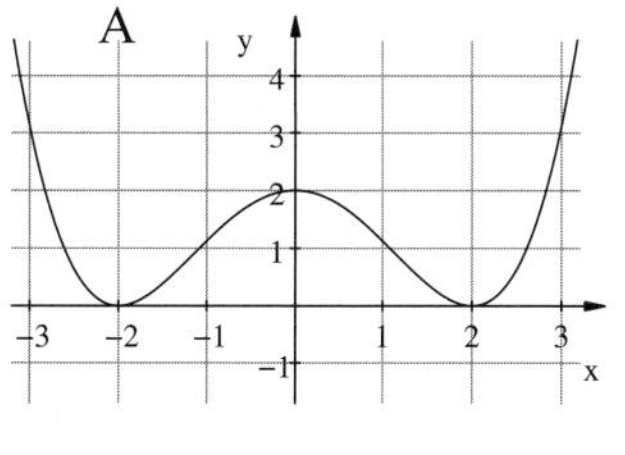

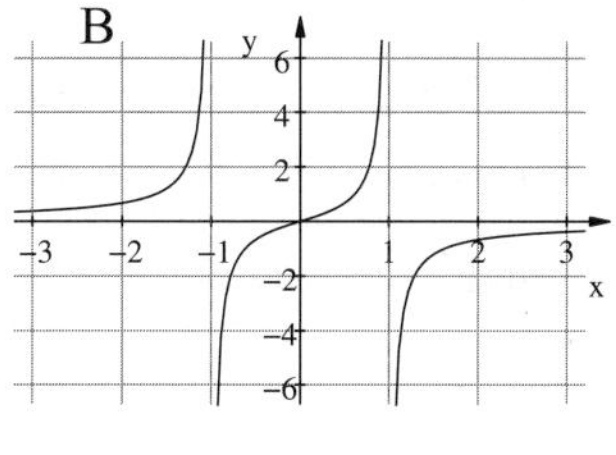

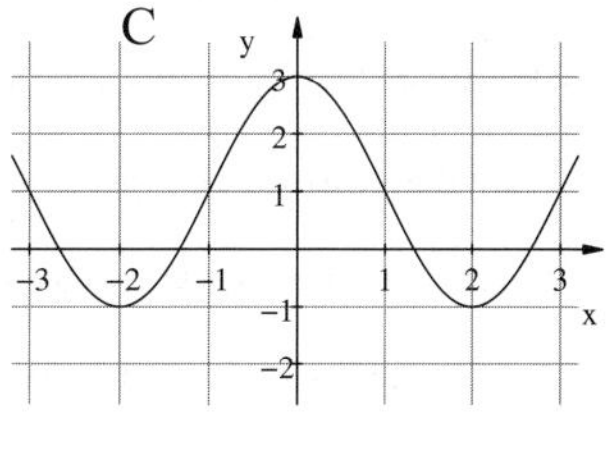

5 Folgen

5.1 Definition einer Folge

Im Unterschied zu den in Kapitel 4 behandelten Funktionen gibt es auch Funktionen, die auf $\mathbb{N}$ bzw. auf einer Teilmenge von $\mathbb{N}$ definiert sind.

Definition:

Eine **Funktion mit der Definitionsmenge** $\mathbb{N}$ oder einer Teilmenge von $\mathbb{N}$ heißt **Folge.**

Beachten Sie die Unterschiede in der Schreibweise:

Funktion f mit $f(x) = 2x^3$

Folge (a_n) mit $a_n = 2n^3$ — a_n heißt **allgemeines Glied** der Folge.

Beispiele

1) (a_n) mit $a_n = 4 + 5n;\ n \geq 1$

Die Folgenglieder können mit Hilfe der Bildungsvorschrift $4 + 5n$ gebildet werden

Die Folgenglieder lauten: $a_1 = 9;\ a_2 = 14;\ a_3 = 19;\ \ldots;\ a_n = 4 + 5n;\ a_{n+1} = 4 + 5(n + 1)$

Die **Differenz** $d = a_{n+1} - a_n$ zweier aufeinander folgender Glieder ist **konstant** 5, d. h., (a_n) ist eine **arithmetische Folge.**

2) (b_n) mit $b_n = 2 \cdot 3^n;\ n \geq 0$

Die Folgenglieder lauten: 2, 6, 18, 54, 162, 486, …; $b_n = 2 \cdot 3^n$; $b_{n+1} = 2 \cdot 3^{n+1}$

Der **Quotient** $q = \frac{b_{n+1}}{b_n}$ zweier aufeinander folgender Glieder ist **konstant** 3 , d. h., (b_n) ist eine **geometrische Folge.**

3) (c_n) mit $c_n = \frac{(-1)^n}{n};\ n \geq 1$

Die Folgenglieder lauten: $-1, \frac{1}{2}, -\frac{1}{3}, \frac{1}{4}, \ldots$

Die Folge (c_n) ist **alternierend,** da gilt: $c_n \cdot c_{n+1} < 0$.

4) $d_1 = 1;\ d_{n+1} = d_n + 3n + 1$

Die Folgenglieder können mit Hilfe ihrer Vorgänger gebildet werden.

Die Folgenglieder lauten: 1, 5, 12, 25, 41, …

(d_n) ist eine **rekursiv definierte Folge.**

Bemerkung: Die Folgen (a_n), (b_n) und (c_n) sind **explizit definierte** Folgen.

5.2 Eigenschaften von Folgen

Beachten Sie (vgl. Funktionen S. 47 ff):

Eine Zahlenfolge (a_n) heißt

1. **beschränkt,** wenn für alle Glieder der Folge gilt: $|a_n| \leq S$. S heißt **Schranke.**
2. **monoton** $\left\{\begin{array}{l}\textbf{wachsend}\\ \textbf{fallend}\end{array}\right\}$, wenn gilt $\left\{\begin{array}{l} a_{n+1} \geq a_n \\ a_{n+1} \leq a_n \end{array}\right\}$ für alle n.

   (Gilt sogar > bzw. < , so heißt die Folge **streng monoton.**)

Beispiele

1) Entscheiden Sie, ob die Folgen (streng) monoton wachsend, (streng) monoton fallend oder beschränkt sind.

$(a_n) = (5n)$; $n \in \mathbb{N}^*$

Folgenglieder: 5, 10, 15, ... (a_n) ist streng monoton wachsend, nicht beschränkt.

$(a_n) = (\frac{1}{n+1})$; $n \in \mathbb{N}^*$

Folgenglieder: $\frac{1}{2}, \frac{1}{3}, \frac{1}{4}, \dots$ (a_n) ist streng monoton fallend und beschränkt (untere Schranke $s_u = 0$; obere Schranke $S_o = \frac{1}{2}$).

$(a_n) = (1 + (-1)^n)$; $n \in \mathbb{N}^*$

Folgenglieder: 0, 2, 0, ... (a_n) ist nicht monoton, aber beschränkt ($S_u = 0$; $S_o = 2$).

$(a_n) = (-\frac{3}{2})^n$; $n \in \mathbb{N}$

Folgenglieder: $1, -\frac{3}{2}, \frac{9}{4}, -\frac{27}{8}, \dots$ (a_n) ist nicht monoton und nicht beschränkt.

2) Zeigen Sie: (a_n) mit $a_n = \frac{3n}{n+4}$ ist für $n \geq 1$ streng monoton wachsend und beschränkt.

Lösung

Folgenglieder: $\frac{3}{5}, 1, \frac{9}{7}, \dots, a_{100} = \frac{300}{104}$

Monotonie:

Die Ungleichung $a_{n+1} - a_n > 0 \Leftrightarrow \frac{3(n+1)}{(n+1)+4} - \frac{3n}{n+4} = \frac{12}{(n+5)(n+4)} > 0$

führt für alle $n \geq 1$ zu einer **wahren Aussage,**

d. h., die Folge (a_n) ist streng monoton wachsend.

Beschränktheit:

Gilt $|a_n| \leq 3$ (vermutete Schranke), so ist die Folge (a_n) beschränkt mit s = 3.

$|a_n| = \left|\frac{3n}{n+4}\right| \leq 3 \Leftrightarrow 3n \leq 3(n+4) \Leftrightarrow 0 \leq 12$ w. A. für alle $n \geq 1$.

Bemerkung: Wegen $\frac{3n}{n+4} > 0$ für $n \in \mathbb{N}^*$ gilt: $\left|\frac{3n}{n+4}\right| = \frac{3n}{n+4}$

3) Zeigen Sie: (a_n) mit $a_n = \frac{n}{2^n}$ ist für $n > 1$ streng monoton fallend und beschränkt.

Lösung

Folgenglieder: $\frac{1}{2}, \frac{1}{2}, \frac{3}{8}, \frac{1}{4}, \frac{5}{32}, \dots, a_{20} = \frac{20}{1048576}$

Monotonie:

Die Ungleichung $\frac{a_{n+1}}{a_n} < 1 \Leftrightarrow \frac{n+1}{2^{n+1}} : \frac{n}{2^n} = \frac{n+1}{2^{n+1}} \cdot \frac{2^n}{n} = \frac{1+n}{2n} < 1$

führt für alle $n > 1$ zu einer wahren Aussage,

d. h., die Folge (a_n) ist streng monoton fallend.

Beschränktheit:

Gilt $a_n \geq 0$ und $a_n \leq \frac{1}{2}$, so ist die Folge (a_n) beschränkt mit $S_u = 0$ und $S_o = \frac{1}{2}$.

Begründung: $a_1 = \frac{1}{2}$; $a_n > 0$ und (a_n) fallend ($a_n \to 0$ für $n \to \infty$)

Aufgaben

1. Bestimmen Sie das explizite Bildungsgesetz.

   a) $\frac{4}{3}, \frac{4}{9}, \frac{4}{27}, \frac{4}{81}, \dots$ b) 11, 6, 1, − 4, − 9, … c) 2, 8, 18, 32, 50, …

2. Bestimmen Sie die ersten fünf Glieder.

   a) $a_3 = \frac{1}{3}$; $a_{n+1} = \frac{2}{a_n} - 1$ b) $a_1 = 1$; $a_2 = 2$; $a_{n+2} = 2(a_n + a_{n+1})$

3. Von einer geometrischen Folge sind $a_1 = 2$ und $a_7 = 128$ bekannt.

   Geben Sie die ersten sieben Glieder der Folge an.

4. Zeigen Sie, dass die Folgen nicht monoton sind ($n \in \mathbb{N}^*$).

   a) $\left(\frac{1+(-1)^n}{n+5}\right)$ b) $\left(\frac{1+(-2)^n}{n^2}\right)$

5. Ermitteln Sie eine obere und eine untere Schranke ($n \in \mathbb{N}^*$).

   a) $\left(\frac{4}{3n^4}\right)$ b) $\left(\frac{10+7n}{3-4n}\right)$ c) $\left(\frac{(-1)^n(2n+3)}{5n}\right)$

6. Stellen Sie die Art der Monotonie fest und weisen Sie diese nach ($n \in \mathbb{N}^*$).

   a) $\left(\frac{6n+1}{4n-3}\right)$ b) $\left(\frac{2^n}{2+4n}\right)$

7. Nehmen Sie Stellung:

   a) Wenn eine Folge monoton fallend ist, dann ist sie nach oben beschränkt

   b) Ist eine Folge nach oben beschränkt, kann Sie nicht monoton wachsen.

5.3 Grenzwerte von Folgen

5.3.1 Grenzwertbegriff und Konvergenz

Lässt man n in der Folge $\left(\frac{1}{n}\right)$ immer größer werden, dann nähern sich die Folgenwerte immer mehr der Zahl 0. In jeder noch so kleinen Umgebung von 0 liegen unendlich viele Glieder der Folge, außerhalb nur endlich viele.

Grenzwert-Definition:

Eine Zahl $g \in \mathbb{R}$ heißt Grenzwert der Folge (a_n), wenn es zu jedem positiven $\varepsilon \in \mathbb{R}$ eine natürliche Zahl n_ε gibt, sodass $|a_n - g| < \varepsilon$ ist für alle $n > n_\varepsilon$.

Schreibweise: $\lim\limits_{n \to \infty} a_n = g$.

Veranschaulichung

im Koordinatensystem

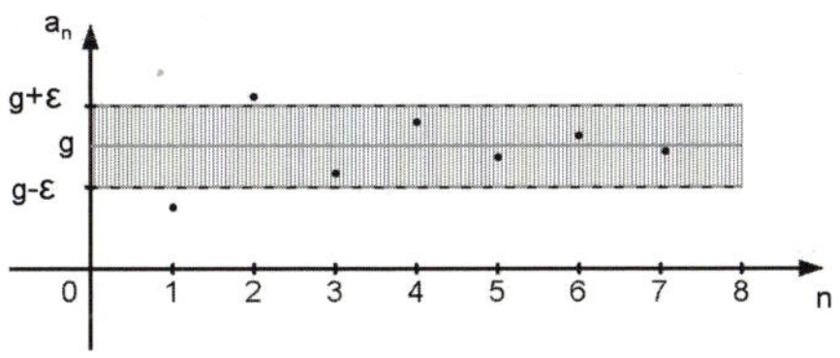

am Zahlenstrahl

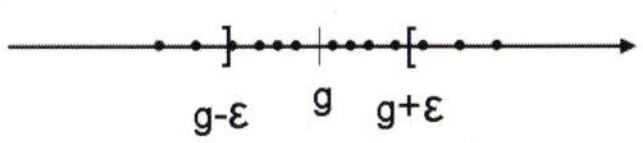

Beachten Sie:

Folgen, die **einen** (keinen) **Grenzwert** besitzen heißen **konvergent** (divergent).

Folgen mit dem Grenzwert Null heißen **Nullfolgen.**

Beispiele

1) Entscheiden Sie, ob die Folgen konvergent oder divergent sind.

$(a_n) = \left(\frac{5}{n^2}\right)$; $n \in \mathbb{N}^*$

Folgenglieder: $5, \frac{5}{4}, \frac{5}{9}, \ldots$ konvergiert gegen den Grenzwert 0 (Nullfolge).

$(a_n) = \left(\frac{n-1}{n+1}\right)$; $n \in \mathbb{N}^*$

Folgenglieder: $0, \frac{1}{3}, \frac{1}{2}, \ldots$ konvergiert gegen den Grenzwert 1.

$(a_n) = \left(\left(\frac{1}{5}\right)^n\right)$; $n \in \mathbb{N}$

Folgenglieder: $1, \frac{1}{5}, \frac{1}{25}, \frac{1}{125}, \ldots$ geometrische Folge mit $q < 1$, Nullfolge

$(a_n) = (3n)$; $n \geq 1$

Folgenglieder: 3, 6, 9, … a_n wird beliebig groß, die Folge ist divergent (bestimmt).

$(a_n) = (4(-1)^n)$; $n \in \mathbb{N}^*$

Folgenglieder: $-4, 4, -4, \ldots$ unbestimmt divergent.

2) Zeigen Sie: Die Folge $\left(\frac{3n-1}{n+1}\right)$, $n \geq 1$, hat den Grenzwert 3.

Lösung

Es ist zu zeigen: Zu jedem $\varepsilon > 0$ gibt es ein n_ε, so dass für alle $n > n_\varepsilon$ gilt: $\left|\frac{3n-1}{n+1} - 3\right| < \varepsilon$.

Durch Umformung ergibt sich:

$$\left|\frac{3n-1}{n+1} - 3\right| = \left|\frac{3n-1-3(n+1)}{n+1}\right| = \left|\frac{4}{n+1}\right| < \varepsilon \Leftrightarrow \frac{4}{n+1} < \varepsilon \Leftrightarrow n+1 > \frac{4}{\varepsilon} \Leftrightarrow n > \frac{4}{\varepsilon} - 1$$

Bemerkung: Für $n > 0$ gilt $\left|\frac{4}{n+1}\right| = \frac{4}{n+1}$

Wählt man n_ε so, dass $n_\varepsilon > \frac{4}{\varepsilon} - 1$ ist, so ist $\left|\frac{3n-1}{n+1} - 3\right| < \varepsilon$ für alle $n > n_\varepsilon$.

Zu $\varepsilon = \frac{1}{10}$ erhält man z.B. $n_\varepsilon = 40$.

Zusammenhang von Monotonie, Beschränktheit und Konvergenz

- Jede **konvergente Folge ist beschränkt.** Eine Folge, die nicht beschränkt ist, ist also nicht konvergent, d.h., sie ist divergent.
- Wenn eine Folge **monoton und beschränkt** ist, dann ist sie **konvergent.** Der Nachweis der Monotonie und Beschränktheit garantiert also die Konvergenz.

3) Untersuchen Sie die Folge $\left(\frac{2n^2+1}{n+1}\right)$, $n \in \mathbb{N}$, auf Konvergenz.

Lösung

$$\frac{2n^2+1}{n+1} \geq \frac{2n^2+1}{n+n} > \frac{2n^2}{2n} = n$$

Da n beliebig groß werden kann, ist die Folge nicht nach oben beschränkt, d. h., sie ist divergent.

4) Zeigen Sie mit Hilfe der Monotonie und Beschränktheit, dass die Folge $\left(1 - \frac{3}{n^2}\right)$, $n \geq 1$, konvergent ist.

Lösung

Folgenglieder: $-2, \frac{1}{4}, \frac{2}{3}, \ldots, a_{20} = \frac{397}{400}$

Monotonie: Zu zeigen: $a_{n+1} > a_n \Leftrightarrow a_{n+1} - a_n > 0$

$$a_{n+1} - a_n = \left(1 - \frac{3}{(n+1)^2}\right) - \left(1 - \frac{3}{n^2}\right) = \frac{3}{n^2} - \frac{3}{(n+1)^2} = \frac{6n+3}{n^2(n+1)^2} > 0$$

d.h., die Folge ist streng monoton wachsend.

Beschränktheit: Da $1 - \frac{3}{n^2} < 1$ gilt, ist die Folge nach oben beschränkt.

Eine untere Schranke ist z. B. $a_1 = -2$.

Die Folge ist also konvergent, da sie monoton und beschränkt ist.

5.3.2 Berechnung von Grenzwerten

Rechenregeln für Grenzwerte

1. Ist $\lim\limits_{n\to\infty} a_n = a$ und $\lim\limits_{n\to\infty} b_n = b$, dann gilt:

   $\lim\limits_{n\to\infty} (a_n \pm b_n) = a \pm b$; $\lim\limits_{n\to\infty} (a_n \cdot b_n) = a \cdot b$

   $\lim\limits_{n\to\infty} (\frac{a_n}{b_n}) = \frac{a}{b}$ für $b_n \neq 0$ und $b \neq 0$

   $\lim\limits_{n\to\infty} (a_n{}^{b_n}) = a^b$ für $a_n > 0$ und $a > 0$

   $\lim\limits_{n\to\infty} (a_n{}^c) = a^c$ für $a_n > 0$ und $a > 0$; $c \in \mathbb{R}$

2. Ist $\lim\limits_{n\to\infty} a_n = 0$ und $a_n > 0$ ($a_n < 0$) dann gilt: $\frac{1}{a_n} \to \infty$ ($\frac{1}{a_n} \to -\infty$).

3. Ist $\lim\limits_{n\to\infty} a_n = 0$ und $b_n \leq s$; $s \in \mathbb{R}$, dann gilt: $\lim\limits_{n\to\infty}(a_n \cdot b_n) = 0$.

Wichtige Grenzwerte

$\lim\limits_{n\to\infty} q^n = 0$ für $|q| < 1$ $\qquad \lim\limits_{n\to\infty} \sqrt[n]{n} = 1$ $\qquad \lim\limits_{n\to\infty} (1 + \frac{1}{n})^n = e$

Beispiele

1) $\lim\limits_{n\to\infty} \frac{2n^2 + 5n}{3n^2 - 4} = \lim\limits_{n\to\infty} \frac{2 + \frac{5}{n}}{3 - \frac{4}{n}} = \frac{2 + 0}{3 - 0} = \frac{2}{3}$

   Bei **gebrochenrationalen Termen** Zähler und Nenner durch die höchste gemeinsame Potenz dividieren.

2) $\lim\limits_{n\to\infty} \frac{2n + 3n^3}{9 + 6n^2} = \lim\limits_{n\to\infty} \left(n \cdot \frac{2 + 3n^2}{9 + 6n^2}\right) = \lim\limits_{n\to\infty} \left(n \cdot \frac{2}{9}\right)$ existiert nicht, da $a_n \to \infty$ für $n \to \infty$.

3) $\lim\limits_{n\to\infty} \frac{\sqrt{n^2 + n}}{4n + 1} = \lim\limits_{n\to\infty} \frac{n \cdot \sqrt{1 + \frac{1}{n}}}{n \cdot (4 + \frac{1}{n})} = \lim\limits_{n\to\infty} \frac{\sqrt{1 + \frac{1}{n}}}{4 + \frac{1}{n}} = \frac{1}{4}$

4) $\lim\limits_{n\to\infty} \left(\frac{4n - 1}{3n + 5}\right)^4 = \lim\limits_{n\to\infty} \left(\frac{4 - \frac{1}{n}}{3 + \frac{5}{n}}\right)^4 = \left(\frac{4}{3}\right)^4 = \frac{256}{81}$

5) $\lim\limits_{n\to\infty} \frac{\sin(0{,}5n)}{n^2} = 0$, da $(\sin(0{,}5n))$ beschränkt und $\left(\frac{1}{n^2}\right)$ eine Nullfolge ist.

6) $\lim\limits_{n\to\infty} (1 + \frac{1}{n})^{4n} = \lim\limits_{n\to\infty} \left((1 + \frac{1}{n})^n\right)^4 = e^4$ **Bekannte Grenzwerte** verwenden.

7) $\lim\limits_{n\to\infty} (\sqrt{n + 2} - \sqrt{n}) = \lim\limits_{n\to\infty} \left((\sqrt{n + 2} - \sqrt{n}) \frac{(\sqrt{n + 2} + \sqrt{n})}{(\sqrt{n + 2} + \sqrt{n})}\right) = \lim\limits_{n\to\infty} \frac{2}{\sqrt{n + 2} + \sqrt{n}} = 0$

   Wurzelterme von der Art $\sqrt{a_n} - \sqrt{b_n}$ mit dem Term $\sqrt{a_n} + \sqrt{b_n}$ erweitern.

6 Deusch, Ott - ISBN 978-3-8120-0604-0

Konvergenzuntersuchung von Folgen durch

- Erraten des Grenzwertes und anschließendes beweisen mit Hilfe der Grenzwertdefinition (vgl. S. 79).
- Nachweisen der Monotonie und Beschränktheit (vgl. S. 77).
- Anwendung der Rechenregeln für Grenzwerte (vgl. S. 81).

Aufgaben

1. Welche der Folgen sind konvergent ($n \in \mathbb{N}^*$)?

   a) $\left(\frac{2}{3^n}\right)$ b) $(4 - 7n)$ c) $((-4)^n)$ d) $(\cos(3\pi n))$ e) $\left(\frac{5n-2}{8n+3}\right)$

2. Besitzt die alternierende Folge $\left(\frac{(-1)^n}{n+2}\right)$, $n \in \mathbb{N}^*$, einen Grenzwert? Wenn ja, stellen Sie eine Vermutung auf und beweisen sie diese mit Hilfe der Grenzwertdefinition.

3. Zeigen Sie mit Hilfe der Grenzwertdefinition.

   a) $\lim\limits_{n\to\infty} \frac{3}{4n-2} = 0$ b) $\lim\limits_{n\to\infty} \frac{2n-6}{4n+2} = \frac{1}{2}$ c) $\lim\limits_{n\to\infty} \frac{\sqrt{3n}+3}{\sqrt{27n}-1} = \frac{1}{3}$

4. Widerlegen Sie durch ein Gegenbeispiel.

   a) Eine beschränkte Folge ist konvergent.

   b) Eine streng monoton fallende Folge ist divergent.

   c) Eine konvergente Folge ist monoton und beschränkt

5. Gegeben sind die Folgen (a_n) mit $a_n = \frac{6n-1}{2n+1}$, (b_n) mit $b_n = \frac{2n+4}{4n-3}$ und (c_n) mit $c_n = \frac{n-1}{n^2+1}$; $n \in \mathbb{N}^*$.

   Bestimmen Sie die Grenzwerte (falls existent) der Folgen:

   a) $(a_n + b_n)$ b) $(b_n - c_n)$ c) $(a_n \cdot b_n)$ d) $\left(\frac{a_n}{b_n}\right)$ e) $\left(\frac{b_n}{c_n}\right)$

6. Berechnen Sie die Grenzwerte.

   a) $\lim\limits_{n\to\infty} \frac{2-4n-6n^2}{4n^2+2n}$ b) $\lim\limits_{n\to\infty} \frac{3n^3-5n^2}{4n^5+n-2}$ c) $\lim\limits_{n\to\infty} \left(\sqrt{n^2+2n} - \sqrt{n}\right)$

   d) $\lim\limits_{n\to\infty} \frac{\sqrt{5n^2-7n+2}}{3n-1}$ e) $\lim\limits_{n\to\infty} \left(3 \cdot \left(\frac{2}{5}\right)^n\right)$ f) $\lim\limits_{n\to\infty} \left(\frac{3n-2}{2n+1}\right)^3$

   g) $\lim\limits_{n\to\infty} \frac{2+3\cdot 10^n}{7+5\cdot 10^n}$ h) $\lim\limits_{n\to\infty} \left(\frac{n}{n+1} + 2\sqrt[n]{n}\right)$ i) $\lim\limits_{n\to\infty} \frac{\cos(\pi n)}{n^4}$

5.4 Geometrische Reihe

Definition einer Reihe:

Ist (a_n) eine Folge, dann bezeichnet man $a_1 + a_2 + a_3 + \ldots = \sum_{n=1}^{\infty} a_n$ als **unendliche Reihe**.

Die Summe $s_n = \sum_{i=1}^{n} a_n = a_1 + a_2 + a_3 + \ldots + a_n$ heißt **n-te Teilsumme (Partialsumme).**

Bemerkung: Die Teilsummen bilden wieder eine Folge (s_n):

$s_1 = a_1,\ s_2 = a_1 + a_2,\ s_3 = a_1 + a_2 + a_3, \ldots$

Eine unendliche Reihe ist also die Folge ihrer Teilsummen.

Beachten Sie: Ist $(a_1 \cdot q^{n-1})$ eine **geometrische Folge,** so heißt die Folge (s_n) mit $s_n = a_1 + a_1q + a_1q^2 + \ldots + a_1q^{n-1}$ **geometrische Reihe.**

Beispiele: Berechnen Sie die Summen.

a) $\sum_{i=1}^{5} \frac{1}{i} = 1 + \frac{1}{2} + \frac{1}{3} + \frac{1}{4} + \frac{1}{5} = \frac{137}{60}$

b) $\sum_{m=1}^{4} \frac{(-1)^{m+1}}{m^2} = 1 - \frac{1}{4} + \frac{1}{9} - \frac{1}{16} = \frac{115}{144}$

c) $\sum_{k=1}^{6} (4k^2 - 1) = 3 + 15 + 35 + 63 + 99 + 143 = 358$

d) $\sum_{n=1}^{5} 5 \cdot 2^{n-1} = 5 + 10 + 20 + 40 + 80 = 155$

(5-te Partialsumme einer geometrischen Reihe mit $a_1 = 5$ und $q = 2$)

Bestimmung der **Summe der ersten n Glieder einer geometrischen Folge:**

Aus $s_n = a_1 + a_1q + a_1q^2 + \ldots + a_1q^{n-1}$

und $qs_n = a_1q + a_1q^2 + a_1q^3 + \ldots + a_1q^n$

ergibt sich durch Subtraktion: $s_n - qs_n = s_n(1 - q) = a_1(1 - q^n) \Rightarrow s_n = a_1\frac{(1 - q^n)}{(1 - q)};\ q \neq 1$

Beachten Sie: Für die n-te **Teilsumme s_n einer geometrischen Reihe** gilt:

$$s_n = a_1 + a_1q + a_1q^2 + \ldots + a_1q^{n-1} = \sum_{i=1}^{n} a_1q^{i-1} = a_1\frac{(1 - q^n)}{(1 - q)} = a_1\frac{(q^n - 1)}{(q - 1)};\ q \neq 1$$

Beispiele

1) $\sum_{n=1}^{10} (4 \cdot 3^{n-1}) = 4 + 12 + \ldots + 78732 = 4\frac{(1 - 3^{10})}{(1 - 3)} = 118096$

2) Jemand zahlt jeweils am Ende eines Jahres 1200 Euro auf ein Konto ein.
Das Guthaben wird mit 3,5% verzinst.
Auf welchen Betrag wächst das Guthaben in fünf Jahren an? **(nachschüssige Rente)**

Lösung

Summe $s_5 = 1200 + 100 \cdot 1{,}035 + 100 \cdot 1{,}035^2 + 100 \cdot 1{,}035^3 + 100 \cdot 1{,}035^4$

$$s_5 = 1200 \frac{1{,}035^5 - 1}{1{,}035 - 1} = 6434{,}96$$

Das Guthaben beträgt nach sechs Jahren ca. 6435 Euro.

Da $\lim\limits_{n \to \infty} q^n = 0$ für $|q| < 1$, gilt für den Wert s einer **unendlichen geometrischen Reihe**

$$s = a_1 \frac{1}{1-q}\,;\ |q| < 1$$

Die **geometrische Reihe** $\sum\limits_{i=1}^{\infty} a_1 \cdot q^{i-1}$ konvergiert genau dann, wenn $|q| < 1$ ist.

$$\sum_{i=1}^{\infty} a_1 \cdot q^{i-1} = a_1 \cdot \frac{1}{1-q} \quad \text{für } |q| < 1$$

Beispiele

1) $3 + 2 + \frac{4}{3} + \frac{8}{9} + \ldots = 3 \cdot \frac{1}{1 - \frac{2}{3}} = 9$ (geometrische Reihe mit $a_1 = 3$ und $q = \frac{2}{3}$)

2) $\sum\limits_{n=1}^{\infty} (-1)^{n-1} \cdot \frac{4}{3^n} = \sum\limits_{n=1}^{\infty} \frac{4}{3} \cdot \left(-\frac{1}{3}\right)^{n-1} = \frac{4}{3} \cdot \frac{1}{1 + \frac{1}{3}} = 1$

3) $\sum\limits_{i=1}^{\infty} \frac{5 \cdot 2^{i+1}}{3^i} = \sum\limits_{i=1}^{\infty} \frac{20}{3} \cdot \left(\frac{2}{3}\right)^{i-1} = \frac{20}{3} \cdot \frac{1}{1 - \frac{2}{3}} = 20$

4) $\sum\limits_{k=1}^{\infty} x^{k-1} = \frac{1}{1-x}$ für $|x| < 1$

Aufgaben

1. Berechnen Sie die Summen.

   a) $\sum\limits_{k=1}^{5} \frac{1}{k^3}$ b) $\sum\limits_{i=1}^{6} \frac{(-1)^i}{i+1}$ c) $\sum\limits_{n=1}^{4} (1 - 3n)^2$

2. Verwandeln Sie die periodische Dezimalzahl $4{,}3\overline{45}$ in einen Bruch.

3. In ein Quadrat mit der Seitenlänge 30 cm wird ein Kreis einbeschrieben (Inkreis).
   In diesen Kreis wird ein Quadrat einbeschrieben, in dieses wieder ein Kreis usw.
   Berechnen Sie die Summe der Flächeninhalte der ersten 15 Quadrate.

6 Differentialrechnung

6.1 Stetigkeit

Definition: Eine Funktion f heißt an einer Stelle x_0 stetig, wenn $\lim\limits_{x \to x_0} f(x) = f(x_0)$,
d. h. der Grenzwert von f an der Stelle x_0 **existiert** und der Grenzwert von f ist gleich dem **Funktionswert** an dieser Stelle.

Nützliche Beschreibung von stetig:

Das Schaubild einer stetigen Funktion kann man „ohne Absetzen“ durchzeichnen.

Beispiele

1) Gegeben sind die Funktionen f, g und h mit

$$f(x) = \frac{5}{18}x^2;\ x \in \mathbb{R}; \quad g(x) = \begin{cases} \frac{1}{2}x + 1 & \text{für } x \le 3 \\ -x + 2 & \text{für } x > 3 \end{cases} \quad \text{und } h(x) = \begin{cases} \frac{1}{2}x + 1 & \text{für } x \ne 3 \\ 1 & \text{für } x = 3 \end{cases}.$$

Die zugehörigen Schaubilder sind K, G und H.

Zeichnen Sie K, G und H. Wie verhalten sich die Schaubilder an der Stelle $x_0 = 3$?

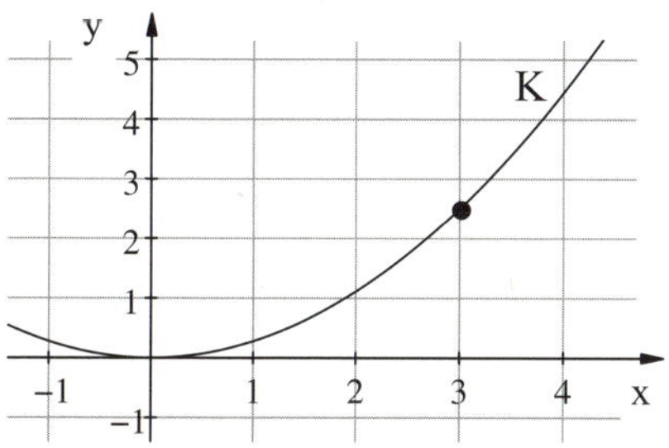

Die Funktion **f ist an der Stelle $x_0 = 3$ stetig.**

$\lim\limits_{h \to 0} f(3 + h) = \lim\limits_{h \to 0} \left(\frac{5}{18}(3 + h)^2\right)$

$= \lim\limits_{h \to 0} \left(\frac{5}{18}(9 + 6h + h^2)\right) = \frac{5}{18} \cdot 9 = \frac{5}{2}$

Es gilt also: $f(3) = \lim\limits_{h \to 0} f(3 + h) = \frac{5}{2}$

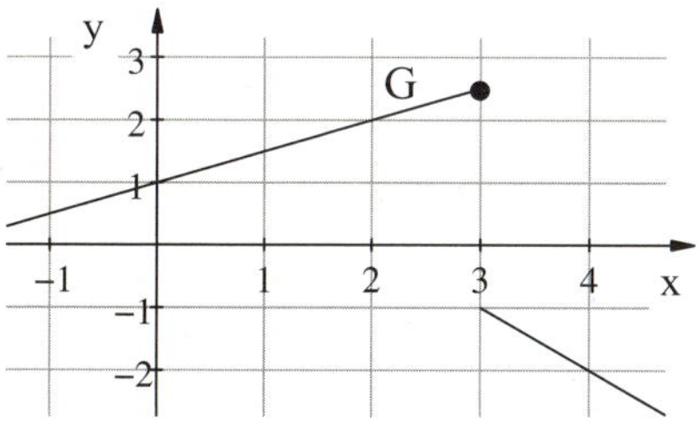

Die Funktion g ist an der Stelle $x_0 = 3$

nicht stetig, d. h. unstetig.

$\lim\limits_{h \to 0} f(3 + h)$ existiert nicht

$\lim\limits_{h \to 0^-} \left(\frac{1}{2}(3 + h) + 1\right) = \frac{5}{2} \ne \lim\limits_{h \to 0^+} (-(3 + h) + 2) = -1$

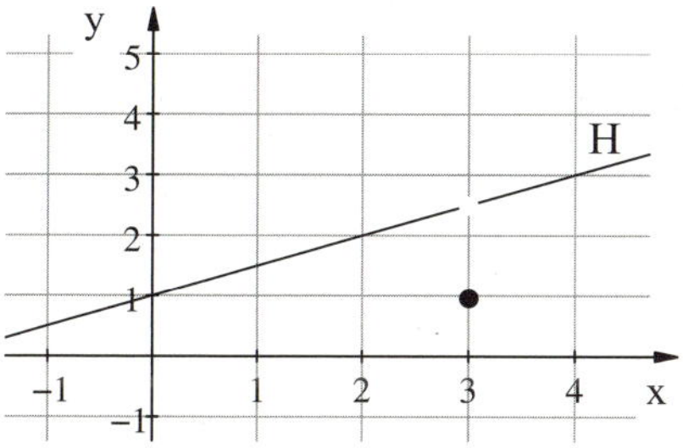

Die Funktion h ist an der Stelle $x_0 = 3$ **nicht stetig.**

$\lim\limits_{h \to 0} f(3 + h) = \frac{5}{2} \ne f(3) = 1$

Nur das Schaubild K lässt sich „ohne Absetzen“ zeichnen.

2) Gegeben ist die Funktion f mit $f(x) = \begin{cases} \sqrt{x} & \text{für } 0 \le x \le 4 \\ \frac{1}{4}x + 2 & \text{für } x > 4 \end{cases}$

Untersuchen Sie, ob die Funktion f an der Stelle $x_0 = 4$ stetig ist.

Lösung

Berechnung des **linksseitigen Grenzwertes:**

$$\lim_{x \to 4^-} f(x) = \lim_{x \to 4^-} (\sqrt{x}) = 2$$

Berechnung des **rechtsseitigen Grenzwertes:**

$$\lim_{x \to 4^+} f(x) = \lim_{x \to 4^+} (\tfrac{1}{4}x + 2) = 3$$

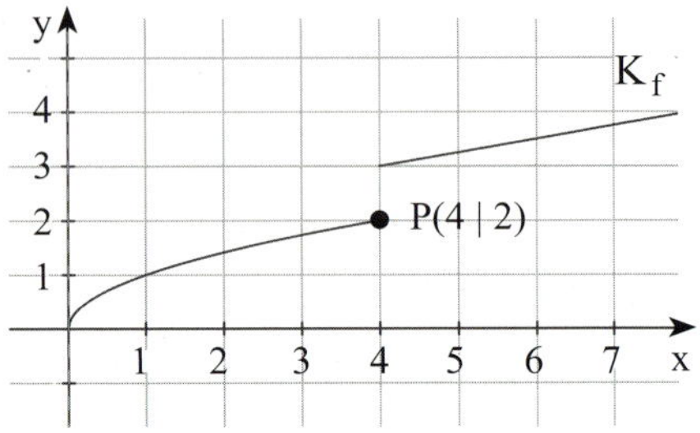

Linksseitiger und rechtsseitiger Grenzwert von f an der Stelle $x_0 = 4$ **stimmen nicht überein,** somit besitzt f an der Stelle $x_0 = 4$ keinen Grenzwert.

Ergebnis: Die Funktion f ist an der Stelle $x_0 = 4$ **nicht stetig, d. h. unstetig.**

Beachten Sie: Sind f und g in x_0 stetige Funktionen, so gilt:

$f + g$, $f - g$ bzw. $f \cdot g$ ist eine in x_0 stetige Funktion.

Für $g(x_0) \neq 0$ ist $\frac{f}{g}$ eine in x_0 stetige Funktion.

Aufgaben

1. Zeichnen Sie das Schaubild K von f. Stellen Sie mit Hilfe der Zeichnung fest, ob die Funktion f stetig ist.

   a) $f(x) = \begin{cases} \frac{1}{2}x^2 + 2 & \text{für } x \le -1 \\ e^{-x} & \text{für } x > -1 \end{cases}$ b) $f(x) = \begin{cases} \sqrt{x} + 1 & \text{für } 0 \le x \le 4 \\ -0{,}5x + 5 & \text{für } x > 4 \end{cases}$

2. Ergänzen Sie f(x) so, dass f mit $f(x) = \frac{x^2 + x - 6}{x^2 - 2x}$ in $x = 2$ stetig ist.

3. Bestimmen Sie den Wert $a \in \mathbb{R}$ so, dass f (auf D) stetig ist.

   a) $f(x) = \begin{cases} x^2 + a & \text{für } x \ge 1 \\ 2x + 1 & \text{für } x < 1 \end{cases}$ b) $f(x) = \begin{cases} \sqrt{2x + 1} & \text{für } 0 \le x \le 4 \\ \frac{3}{2}x + a & \text{für } x > 4 \end{cases}$

4. Untersuchen Sie f mit $f(x) = \begin{cases} \frac{\sin(x)}{x} & \text{für } x \neq 0 \\ 2 & \text{für } x = 0 \end{cases}$ auf Stetigkeit in $x = 0$.

6.2 Differenzierbarkeit

Definition: Der Quotient $\frac{f(x_0 + h) - f(x_0)}{h}$ heißt **Differenzenquotient.**

Eine (stetige) Funktion f heißt an einer Stelle x_0 **differenzierbar,** wenn

$\lim\limits_{h \to 0} \frac{f(x_0 + h) - f(x_0)}{h}$ existiert.

Der Grenzwert des Differenzenquotienten heißt **Differentialquotient** oder **1. Ableitung** und wird mit $f'(x_0)$ bezeichnet.

Bemerkung:

Der **Differenzenquotient** beschreibt die **Steigung der Sekante.**

Der **Differentialquotient** beschreibt die **Steigung der Tangente.**

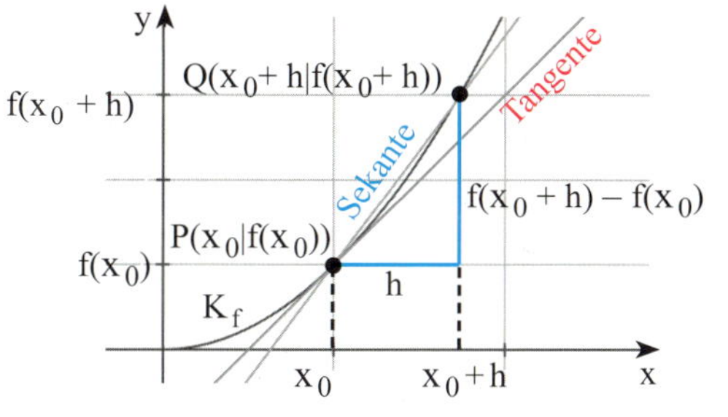

Gegeben ist die Funktion f mit $f(x) = -\frac{1}{2}x^2 + 3x$; $x \in \mathbb{R}$.

Berechnen Sie mithilfe des Differentialquotienten die 1. Ableitung.

Lösung

Differenzenquotient:
$$\frac{f(x_0 + h) - f(x_0)}{h} = \frac{-0{,}5(x_0 + h)^2 + 3(x_0 + h) - (-\frac{1}{2}x_0^2 + 3x_0)}{h}$$
$$= \frac{-x_0h - 0{,}5h^2 + 3h}{h} = -x_0 - 0{,}5h + 3$$

Grenzwert: $\lim\limits_{h \to 0} \frac{f(x_0 + h) - f(x_0)}{h} = \lim\limits_{h \to 0} (-x_0 - 0{,}5h + 3) = -x_0 + 3$

Für f mit $f(x) = -\frac{1}{2}x^2 + 3x$ gilt für $x \in \mathbb{R}$: $f'(x) = -x + 3$

Grafische Interpretation:

Die **Tangente** an der Stelle x_0 hat die Steigung $f'(x_0) = -x_0 + 3$.

Aufgaben

1. Berechnen Sie mithilfe des Differentialquotienten die 1. Ableitung.

   a) $f(x) = 4x + c$ b) $f(x) = x^2 - 2x$ c) $f(x) = \sqrt{x}$

2. Zeigen Sie: f mit $f(x) = |x - 2|$ ist in $x = 2$ stetig, aber nicht differenzierbar.

6.3 Ableitungsregeln

Ableitungen der Grundfunktionen

Ableitungen der Grundfunktionen

f(x)	f ′(x)
$f(x) = a$	$f'(x) = 0$
$f(x) = mx$	$f'(x) = m$
$f(x) = x^n$	$f'(x) = n\,x^{n-1}$
$f(x) = \frac{1}{x}$	$f'(x) = -\frac{1}{x^2}$
$f(x) = \frac{1}{x^2}$	$f'(x) = -\frac{2}{x^3}$
$f(x) = \sqrt{x}$	$f'(x) = \frac{1}{2\sqrt{x}}$
$f(x) = e^x$	$f'(x) = e^x$
$f(x) = a^x$	$f'(x) = \ln(a) \cdot a^x$
$f(x) = \ln(x)$	$f'(x) = \frac{1}{x}$
$f(x) = \sin(x)$	$f'(x) = \cos(x)$
$f(x) = \cos(x)$	$f'(x) = -\sin(x)$

Ableitungsregeln

Faktorregel:	$f(x) = k \cdot g(x)$	$f'(x) = k \cdot g'(x)$
Summenregel:	$f(x) = g(x) \pm h(x)$	$f'(x) = g'(x) \pm h'(x)$
Potenzregel:	$f(x) = ax^n$	$f'(x) = n \cdot a \cdot x^{n-1}$
Kettenregel:	$f(x) = e^{u(x)}$	$f'(x) = u'(x)e^{u(x)}$
	$f(x) = \sin(kx + c)$	$f'(x) = k \cdot \cos(kx + c)$
	$f(x) = \cos(kx + c)$	$f'(x) = -k\sin(kx + c)$
Kettenregel:	$f(x) = g(u(x))$	$f'(x) = g'(u(x)) \cdot u'(x)$
Produktregel:	$f(x) = u(x) \cdot v(x)$	$f'(x) = u'(x) \cdot v(x) + u(x) \cdot v'(x)$
Quotientenregel:	$f(x) = \frac{u(x)}{v(x)}$	$f'(x) = \frac{u'(x) \cdot v(x) - u(x) \cdot v'(x)}{v(x)^2}$

Beispiele für die Anwendung der Ableitungsregeln:

$f(x) = e^{2x} - e^{tx+1}$ Kettenregel und Summenregel: $f'(x) = 2e^{2x} - te^{tx+1}$

$f(x) = 2x \cdot \sin(x)$ Produktregel: $f'(x) = 2\sin(x) + 2x\cos(x)$

$f(x) = \frac{2x}{x+3}$ Quotientenregel: $f'(x) = \frac{2(x+3) - 2x \cdot 1}{(x+3)^2} = \frac{6}{(x+3)^2}$

$f(x) = (x^2 - 1)\,e^{2x}$ Kettenregel + Produktregel: $f'(x) = 2(x^2 - 1)\,e^{2x} + 2x\,e^{2x}$

$f'(x) = e^{2x}\,(2x^2 + 2x - 2)$

Beispiele

$f(x) = x^x$ — Ableitung nach Umformung: $f(x) = \left(e^{\ln x}\right)^x = e^{x\ln x}$

mit Kettenregel und Produktregel ($(x \ln x)' = \ln x + 1$)

$f'(x) = e^{x\ln x} \cdot (\ln x + x \cdot \frac{1}{x}) = e^{x\ln x} \cdot (\ln(x) + 1) = (\ln(x) + 1)x^x$

$f(x) = 5^x$ — Ableitung nach Umformung: $f(x) = \left(e^{\ln 5}\right)^x = e^{x\ln 5}$

mit Kettenregel: $f'(x) = e^{x\ln 5} \cdot \ln 5 = \ln 5 \cdot 5^x$

$f(x) = \sin^2(x)$ — Ableitung nach Umformung: $f(x) = (\sin(x))^2$

Mit Kettenregel: $f'(x) = 2\sin(x) \cdot \cos(x)$

Mit Produktregel: $f'(x) = \sin(x) \cdot \cos(x) + \sin(x) \cdot \cos(x) = 2\sin(x) \cdot \cos(x)$

2. Ableitung mit Produktregel:

$f''(x) = 2\cos(x) \cdot \cos(x) - 2\sin(x) \cdot \sin(x) = 2(\cos^2(x) - \sin^2(x))$

$f(x) = \sqrt{\frac{x+1}{x-1}}$ — Ableitung mit Quotientenregel und Kettenregel:

$$f'(x) = \frac{1}{2\sqrt{\frac{x+1}{x-1}}} \cdot \left(\frac{x+1}{x-1}\right)'$$

Mit $\left(\frac{x+1}{x-1}\right)' = \frac{x-1-(x+1)}{(x-1)^2} = \frac{-2}{(x-1)^2}$ erhält man:

$$f'(x) = \frac{1}{2\sqrt{\frac{x+1}{x-1}}} \cdot \frac{-2}{(x-1)^2} = \frac{-1}{\sqrt{\frac{x+1}{x-1}} \cdot (x-1)^2}$$

Aufgaben

1. Berechnen Sie die 1. Ableitung.

a) $f(x) = \frac{1}{8}x^4 + \frac{5}{4}x^3 + 2x^2 - 4x + 1$ b) $f(x) = \frac{3x+4}{x+2}$ c) $f(x) = \frac{1}{3}x^2 - \frac{17}{3} + \frac{16}{3x^2}$

d) $f_t(x) = \frac{x+2+\ln(x+t)}{x+t}$ e) $f_t(x) = (2t + x)e^{-0,5x}$ f) $f(x) = \frac{x^3}{2(x+1)^2}$

g) $f(x) = \ln(x)(1 - \ln(x))$ h) $f(x) = \frac{1}{4}(x^2 - 4)^3$ i) $f_t(x) = \frac{1}{t}e^{-tx^2}$

j) $f_t(x) = \frac{1}{2}(2t - e^x)^2$ k) $f(x) = x^{0,5x}$ l) $f(x) = \sqrt{\frac{x^2}{x+1}}$

m) $f(x) = 4x\sin^2(x)$ n) $f(x) = \frac{\ln(x^2+2)}{x^2}$ o) $f(x) = 4x\sqrt{2x+1}$

2. Leiten Sie zweimal ab.

a) $f(x) = \frac{4e^x}{4+e^x}$ b) $f(x) = e^{2x}\cos(2x)$

3. Gegeben ist die Funktion f mit $f(x) = x\sqrt{4 - x^2}$; $x \in D$.
Bestimmen Sie die maximale Definitionsmenge D und die 1. Ableitung.

4. Bestimmen Sie die Gleichung der Tangente an das Schaubild von f an der Stelle x_0.

a) $f(x) = \frac{4-x}{(x-1)^2}$; $x_0 = 4$ b) $f(x) = \frac{1}{2}e^{4-3x}$; $x_0 = \frac{4}{3}$

Stetigkeit und Differenzierbarkeit

Gegeben ist die Funktion f mit $f(x) = \begin{cases} f_1(x) = (x+3)e^{-\frac{4}{3}x};\ x < 0 \\ f_2(x) = \frac{3}{x+1};\ x \geq 0 \end{cases}$

Zeigen Sie, dass f an der Stelle $x_0 = 0$ stetig und differenzierbar ist.

Berechnen Sie die Gleichung der Tangente an den Graf von f in $x_0 = 0$.

Lösung

f ist **stetig** in $x_0 = 0$, wenn $\lim\limits_{x \to 0^-} f_1(x) = \lim\limits_{x \to 0^+} f_2(x) = f(0)$

$\lim\limits_{x \to 0^-} (x+3)e^{-\frac{4}{3}x} = 3$; $\lim\limits_{x \to 0^+} \frac{3}{x+1} = 3$; $f(0) = 3$ ergibt: **f ist an der Stelle $x_0 = 0$ stetig.**

f ist **differenzierbar** in $x_0 = 0$, wenn $\lim\limits_{x \to 0^-} f'_1(x) = \lim\limits_{x \to 0^+} f'_2(x)$

Mit der Produktregel: $f'_1(x) = e^{-\frac{4}{3}x} - \frac{4}{3}(x+3)e^{-\frac{4}{3}x} = (-\frac{4}{3}x - 3)e^{-\frac{4}{3}x}$

Term der **Ableitungsfunktion** für $x \neq 0$: $f'(x) = \begin{cases} (-\frac{4}{3}x - 3)e^{-\frac{4}{3}x};\ x < 0 \\ \frac{-3}{(x+1)^2};\ x > 0 \end{cases}$

Mit $\lim\limits_{x \to 0^-} (-\frac{4}{3}x - 3)e^{-\frac{4}{3}x} = -3$

und $\lim\limits_{x \to 0^+} \frac{-3}{(x+1)^2} = -3$ folgt:

f ist an der Stelle $x_0 = 0$ differenzierbar.

Man legt fest: $f'(0) = -3$

Tangente in $x_0 = 0$: $y = f'(0)(x - 0) + f(0) = -3x + 3$

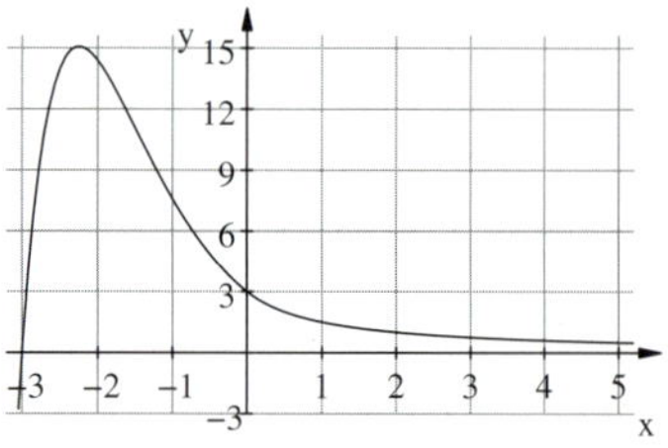

Beachten Sie: Eine Funktion f ist in x_0 **differenzierbar,** wenn sie in x_0 **stetig** ist und $\lim\limits_{x \to x_0^-} f'(x) = \lim\limits_{x \to x_0^+} f'(x)$. Dann gilt: $\lim\limits_{x \to x_0} f'(x) = f'(x_0)$.

Aufgaben

1. Zeigen Sie, dass f mit $f(x) = \begin{cases} f_1(x) = \frac{4}{x-2};\ x < 4 \\ f_2(x) = \frac{1}{8}x^2e^{4-x};\ x \geq 4 \end{cases}$ an der Stelle $x_0 = 4$ stetig und differenzierbar ist.

   Berechnen Sie die Gleichung der Tangente an den Graf von f in $x_0 = 0$.

2. Gegeben ist die Funktion f mit $f(x) = \begin{cases} xe^{a(x-1)};\ x \leq 1 \\ -\frac{1}{2}x^2 + \frac{3}{2}x;\ x > 1 \end{cases}$

   Für welche Werte von a ist f stetig? Für welches a ist die Funktion f auch differenzierbar?

6.4 Kurvenuntersuchung mithilfe der Differentialrechnung

Monotonie:

f ist monoton $\begin{cases} \textbf{wachsend} \\ \textbf{fallend} \end{cases}$ **auf [a; b]**, wenn $\begin{cases} f'(x) \geq 0 \\ f'(x) \leq 0 \end{cases}$ für $x \in [a; b]$ gilt.

Krümmung:

Das Schaubild K_f der Funktion f ist $\begin{cases} \textbf{rechtsgekrümmt} \\ \textbf{linksgekrümmt} \end{cases}$ **auf [a; b]**,

wenn $\begin{cases} f''(x) < 0 \\ f''(x) > 0 \end{cases}$ für $x \in [a; b]$ gilt.

K_f ist das Schaubild einer differenzierbaren Funktion. K_f hat einen	
Hochpunkt $H(x_1 \mid f(x_1))$	$f'(x_1) = 0 \wedge f''(x_1) < 0$
oder	$f'(x_1) = 0 \wedge f'(x)$ hat an der Stelle x_1 einen Vorzeichenwechsel von + nach –.
Tiefpunkt $T(x_1 \mid f(x_1))$	$f'(x_1) = 0 \wedge f''(x_1) > 0$
oder	$f'(x_1) = 0 \wedge f'(x)$ hat an der Stelle x_1 einen Vorzeichenwechsel von – nach +.
Wendepunkt $W(x_1 \mid f(x_1))$	$f''(x_1) = 0 \wedge f'''(x_1) \neq 0$
oder	$f''(x_1) = 0 \wedge f''(x)$ hat an der Stelle x_1 einen Vorzeichenwechsel.

Tangente an K_f in x_0: $y = f'(x_0)(x - x_0) + f(x_0)$

Die Tangente an K_f in x_0 **berührt** K_f im Punkt $B(x_0 \mid f(x_0))$.

Normale an K_f in x_0: $y = \frac{-1}{f'(x_0)}(x - x_0) + f(x_0)$

Die Normale steht **senkrecht auf der Tangente** im Berührpunkt mit der Kurve K_f.

Beispiele

1) Gegeben ist die Funktion f mit $f(x) = \frac{x^2}{x-3}$; $x \in \mathbb{R} \setminus \{3\}$.
Untersuchen Sie das Schaubild K von f auf Asymptoten, Schnittpunkte mit den Koordinatenachsen, Hoch-, Tief- und Wendepunkte. Zeichnen Sie K.

Lösung

Asymptoten: $f(x) = \frac{x^2}{x-3}$; $x \neq 3$ (Definitionslücke $x = 3$)

Die Gerade mit der Gleichung $x = 3$ ist **senkrechte Asymptote.**

$x_1 = 3$ ist **Polstelle mit Vorzeichenwechsel** (**einfache Nullstelle** des Nennerterms)

Polynomdivision ergibt: $x^2:(x-3) = x + 3 + \frac{9}{x-3}$

Die Gerade mit der Gleichung $y = x + 3$ ist **schiefe Asymptote.**

Schnittpunkt mit der x-Achse: $f(x) = 0 \Leftrightarrow \quad x^2 = 0 \Leftrightarrow \quad x_{1|2} = 0$ **doppelte** Nullstelle

K berührt die x-Achse im Ursprung.

Schaubild:

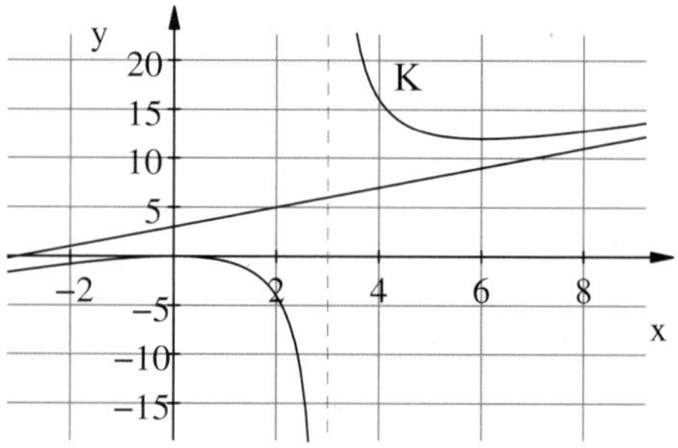

Ableitungen mit der Quotientenregel:

$f'(x) = \frac{x^2 - 6x}{(x-3)^2}$; $f''(x) = \frac{18}{(x-3)^3}$

Hoch- und Tiefpunkte

Notwendige Bedingung: $f'(x) = 0 \Leftrightarrow \quad x^2 - 6x = 0$

Lösung durch Ausklammern: $x_1 = 0$; $x_2 = 6$

$f''(0) < 0 \Rightarrow$ Relatives Maximum in $x = 0$; $f(0) = 0$ ergibt $H(0 \mid 0)$

$f''(6) > 0 \Rightarrow$ Relatives Minimum in $x = 6$; $f(6) = 12$ ergibt $T(6 \mid 12)$.

Wendepunkte

Notwendige Bedingung: $f''(x) = 0 \Leftrightarrow \quad 18 = 0$ falsche Aussage

K besitzt **keine Wendepunkte.**

K ist **rechtsgekrümmt (Rechtskurve) für $x < 3$ und linksgekrümmt (Linkskurve) für $x > 3$.**

2) Gegeben ist die Funktion f_t mit $f_t(x) = \frac{t + \ln(x)}{x}$; $x, t \in \mathbb{R}_+^*$.
Untersuchen Sie das Schaubild K_t von f_t auf Asymptoten, Schnittpunkte mit der x-Achse, Hoch-, Tief- und Wendepunkte. Zeichnen Sie K_1.

Lösung

Asymptoten: $f_t(x) = \frac{t + \ln(x)}{x}$; Definitionslücke $x = 0$

Für $x \to 0$: $f_t(x) \to -\infty$

Die Gerade mit der Gleichung $x = 0$ ist **senkrechte Asymptote.**

Für $x \to \infty$: $f_t(x) \to 0$

Die Gerade mit der Gleichung $y = 0$ ist **waagrechte Asymptote.**

Schnittpunkt mit der x-Achse

Bedingung: $f_t(x) = 0 \quad \Leftrightarrow \quad t + \ln(x) = 0 \Leftrightarrow \ln(x) = -t \Leftrightarrow x = e^{-t}$

$x = e^{-t}$ ist **einfache** Nullstelle; $\quad SP_x(e^{-t} \mid 0)$

Schaubild:

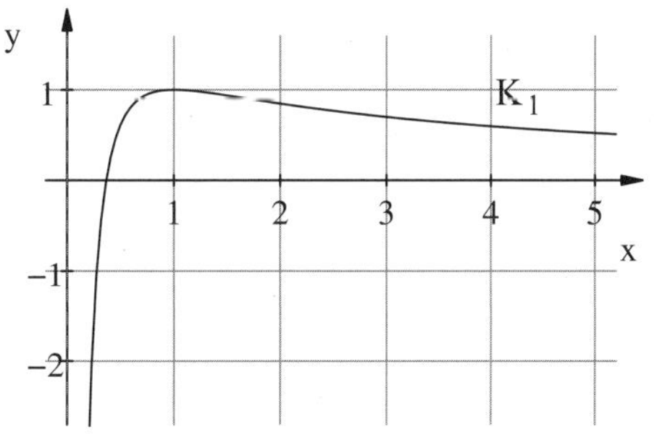

Ableitungen mit der Quotientenregel:

$f_t'(x) = \frac{1 - t - \ln(x)}{x^2}$

$f_t''(x) = \frac{-3 + 2t + 2\ln(x)}{x^3}$

Hoch- und Tiefpunkte

Notwendige Bedingung: $f_t'(x) = 0 \quad \Leftrightarrow \quad 1 - t - \ln(x) = 0 \Leftrightarrow \ln(x) = 1 - t$

einfache Lösung: $\quad x = e^{1-t}$

$f_t''(e^{1-t}) = -\frac{1}{(e^{1-t})^3} < 0 \Rightarrow$ Relatives Maximum in $x = e^{1-t}$

Mit $f_t(e^{1-t}) = e^{t-1}$ ergibt sich der **Hochpunkt** $H_t(e^{1-t} \mid e^{t-1})$.

Für alle t existiert kein Tiefpunkt.

Wendepunkte

Notwendige Bedingung: $f_t''(x) = 0 \quad \Leftrightarrow \quad 0 = -3 + 2t + 2\ln(x) \Leftrightarrow \ln(x) = \frac{1}{2}(3 - 2t)$

einfache Lösung, also VZW von $f_t''(x)$: $\quad x = e^{\frac{1}{2}(3-2t)}$

Mit $f_t(e^{\frac{1}{2}(3-2t)}) = \frac{3}{2}e^{\frac{1}{2}(2t-3)}$ ergibt sich der **Wendepunkt** $W_t(e^{\frac{1}{2}(3-2t)} \mid \frac{3}{2}e^{\frac{1}{2}(2t-3)})$

Aufgaben

1. Untersuchen Sie das Schaubild K der Funktion f auf Asymptoten, Schnittpunkte mit den Koordinatenachsen, Hoch-, Tief- und Wendepunkte. Zeichnen Sie K.
   a) $f(x) = \frac{1 + \ln(x)}{x^2}$ b) $f(x) = 2(x+2)e^{-\frac{1}{2}x}$ c) $f(x) = \frac{20x}{x^2 + 4}$ d) $f(x) = \frac{3}{2}x + \frac{2x}{x^2 - 4}$
2. Untersuchen Sie das Schaubild K_t von f_t auf Asymptoten, Schnittpunkte mit der x-Achse, Hoch-, Tief- und Wendepunkte. Zeichnen Sie K_t für $t = 1$.
   a) $f_t(x) = (\ln x - t)^2$ b) $f_t(x) = xe^{-\frac{1}{2}tx^2}$ c) $f_t(x) = 4 - \frac{t^2}{x^2}$ d) $f_t(x) = \frac{2tx}{x^2 - 1}$
3. K_t ist für jedes $t \in \mathbb{N}^*$ der Graf der Funktion f_t mit $f_t(x) = \frac{2}{t}\sin(tx)$; $x \in \mathbb{R}$.
   Untersuchen Sie das Schaubild K_t von f_t auf gemeinsame Punkte mit der x-Achse, auf Hoch- und Tiefpunkte. Zeigen Sie, dass sich alle Schaubilder K_t im Ursprung berühren. Zeichnen Sie K_1 und K_2 im Bereich $0 \leq x \leq \pi$ in ein Koordinatensystem.
4. Gegeben ist die Funktion f durch $f(x) = \frac{1}{x^2}e^{\frac{1}{x}}$ mit $x \in \mathbb{R}^*$ mit Schaubild K.
   Untersuchen Sie K von f auf Hoch-, Tief- und Wendepunkte. (Es genügt, die Koordinaten der Wendepunkte auf zwei Dezimalen gerundet anzugeben.)
   Bestimmen Sie das Verhalten von f(x), wenn x von beiden Seiten gegen Null strebt.
   Berechnen Sie $\lim\limits_{|x| \to \infty} f(x)$. Zeichnen Sie K in ein geeignetes Koordinatensystem.
5. Für jedes $t \in \mathbb{R}^*$ ist K_t der Graf der Funktion f_t mit $f_t(x) = \frac{t \cdot x^2}{x^2 - t}$; $x \in D_t$.
   Bestimmen Sie die größtmögliche Definitionsmenge D_t von f_t in Abhängigkeit von t.
   Zeigen Sie: $f_t''(x) = 2t^2 \frac{3x^2 + t}{(x^2 - t)^3}$. Untersuchen Sie K_t auf Symmetrie, gemeinsame Punkte mit der x-Achse, auf Hoch-, Tief- und Wendepunkte sowie auf Asymptoten.
   Zeichnen Sie K_2 für $-5 \leq x \leq 5$.
6. Gegeben ist die Funktion f mit $f(x) = \sqrt{3} + 2\cos(2x + \frac{\pi}{2})$; $x \in \mathbb{R}$.
   Bestimmen Sie die Periode und die Amplitude. Berechnen Sie die kleinste positive Nullstelle von f. Geben Sie alle Extrempunkte des Grafen an.
   Skizzieren Sie den Graf über einer Periode.
7. Der Gewinn eines Unternehmens lässt sich abhängig von der produzierten Menge x beschreiben durch $G(x) = -\frac{1}{3}x^3 + 65x^2 - 100000$.
   Bestimmen Sie den Grenzgewinn für $x = 100$ bzw. für $x = 80$.
   Interpretieren Sie Ihre Ergebnisse.

6.5 Extremwertaufgaben

Beispiel

Der Dieselverbrauch eines Schiffes in Tonnen pro Stunde ist gegeben durch f mit $f(x) = 0{,}25 + 0{,}003x^3$, dabei ist x die Geschwindigkeit in Knoten.
Welche Geschwindigkeit wählt der Kapitän, wenn er für eine Reise von 1000 sm die geringste Treibstoffmenge verbrauchen will?

Lösung

Für die Treibstoffmenge gilt: G = Dieselverbrauch pro h · (Fahrtzeit t in h)
Bemerkung: 1 Knoten = 1 sm/h

Die **Nebenbedingung** ergibt sich aus der Fahrtzeit t für 1000 sm: $t = \frac{1000}{x}$

Für die verbrauchte Treibstoffmenge für 1000 sm in Abhängigkeit von der Geschwindigkeit x gilt also: $G(x) = \frac{1000}{x} \cdot (0{,}25 + 0{,}003x^3) = \frac{250}{x} + 3x^2;\ x > 0$

Untersuchung von G auf Minimum

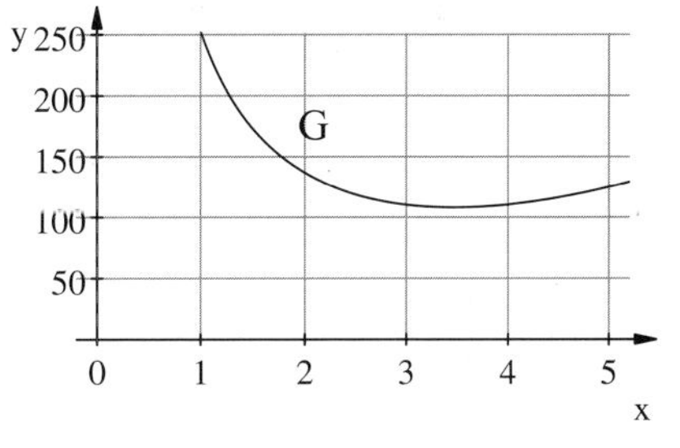

$G'(x) = -\frac{250}{x^2} + 6x;\ G''(x) = \frac{500}{x^3} + 6$

Notwendige Bedingung: $G'(x) = 0$

$-\frac{250}{x^2} + 6x = 0 \Leftrightarrow x^3 = \frac{125}{3} \Leftrightarrow x \approx 3{,}47$

Randwerte: Für $x \to 0$: $G(x) \to \infty$
Für $x \to \infty$: $G(x) \to \infty$

G hat für $x \approx 3{,}47$ **das absolute Minimum.**
Ergebnis: Er wählt eine Geschwindigkeit von etwa 3,5 Knoten.

Bemerkung: Der minimale Verbrauch beträgt dann G(3,47) = 108,2 (Tonnen).

Aufgaben

1. Eine Blechdose in Form eines senkrechten Kreiszylinders fasst 5 dm^3.
   Wie müssen Radius und Höhe gewählt werden, damit zur Herstellung möglichst wenig Blech gebraucht wird? Die Wandstärke bleibt unberücksichtigt.

2. Eine Lebensmittelkette unterhält in den vier Städten A, B, C und D jeweils einen Einkaufsmarkt. Nun soll ein Auslieferungslager gebaut werden.
   Die Entfernungen zwischen den einzelnen Standorten können Sie der nicht maßstabsgetreuen Skizze entnehmen.

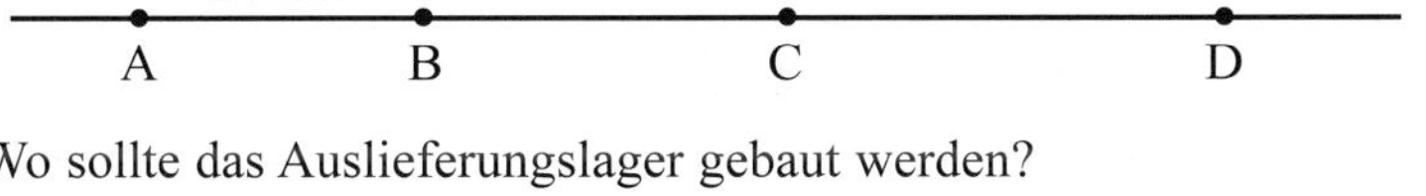

   Wo sollte das Auslieferungslager gebaut werden?

3. Die Autobahn von A nach B führt in 50 km Enfernung an der Kleinstadt C vorbei. Nun soll C mit B durch eine Bundesstraße, die zur Autobahn führt, verbunden werden. Da viele Menschen von C in der Stadt B arbeiten, soll die Streckenführung so gewählt werden, dass die Fahrzeit (unter Einhaltung der Straßenverkehrsordnung) möglichst kurz ist. Auf der Bundesstraße rechnen die Planer mit einer Geschwindigkeit von 90 km/h, auf der Autobahn 130 km/h (Skizze nicht maßstabsgetreu).
Wie weit von B mündet die Bundesstrasse dann in die Autobahn?
Wie verändert sich der Einmündungspunkt F, wenn C weiter von A entfernt ist?

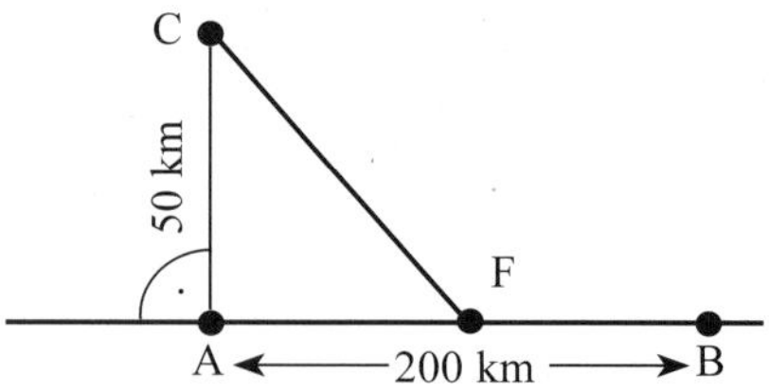

4. Ein Zelt hat die Form eines senkrechten Kreiskegels mit Radius 6 m und Höhe 10 m. Unter das Zelt soll ein Fass in Form eines senkrechten Kreiszylinders gestellt werden. Stellen Sie das Volumen des Zylinders in Abhängigkeit von der Zylinderhöhe h dar und geben Sie die Definitionsmenge der Funktion V: $h \rightarrow V(h)$ an.
Weisen Sie nach, dass die Volumenmaßzahl V(h) für $h = \frac{10}{3}$ ihren absolut größten Wert annimmt.
Zeigen Sie außerdem, dass in diesem Fall die Längenmaßzahlen von Radius und Höhe des Zylinders im Verhältnis 6:5 stehen.

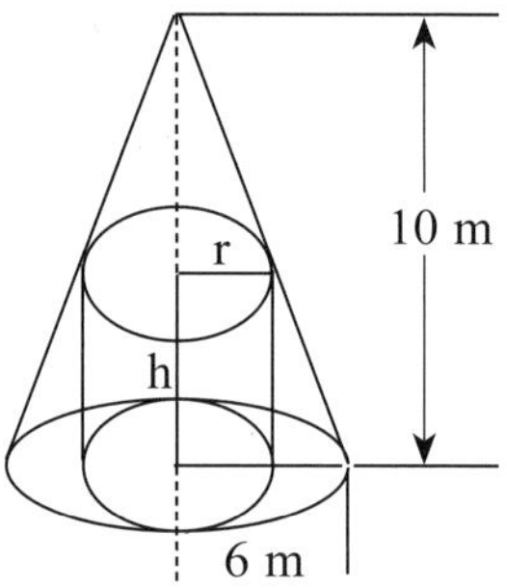

5. Einer Halbkugel mit Radius R = 1 soll ein Zylinder mit größtmöglichem Volumen einbeschrieben werden. Ermitteln Sie das Zylindervolumen in verschiedenen Abhängigkeiten. Welche Formel wäre zum Weiterrechnen ideal?

6. Von einer rechteckigen Marmorplatte (6 m breit und 8 m lang) ist eine Ecke abgebrochen. Das abgebrochene Stück hat die Form eines rechtwinkligen Dreiecks mit den Katheten a und b.
Diese Katheten sind 2 m und 3 m lang.
Aus der verbleibenden Platte ist ein rechteckiges Stück mit größtmöglicher Flächenmaßzahl auszuschneiden. Bestimmen Sie Länge und Breite.

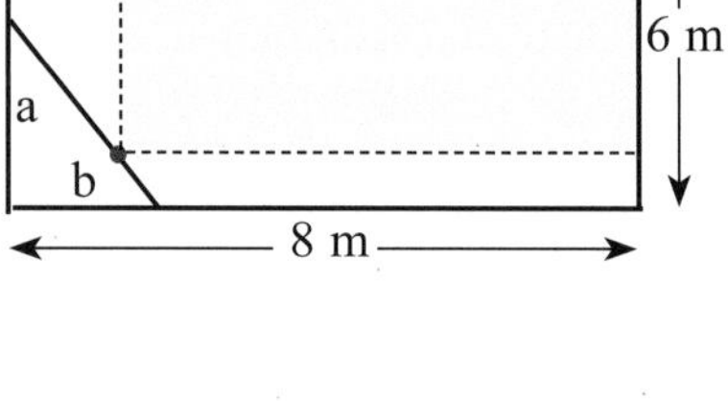

6.6 Newton'sches Näherungsverfahren

Beispiel

Bestimmen Sie die Nullstelle der Funktion h mit $h(x) = x^3 - 3x + 3$ mit dem Newton-Verfahren.

Lösung

Probieren ergibt: $h(-3) = -15 < 0$; $h(-2) = 1 > 0$

Zwischen den ganzzahligen x-Werten – 3 und – 2 **wechselt** h(x) das **Vorzeichen.**

Die **Nullstelle der Funktion h liegt in** [– 3; – 2]: $x_N \approx -2{,}5$

Dieser Wert ist **ungenau** und man ist daher bestrebt,

durch ein Rechenverfahren den **Näherungswert** $x_0 = -2{,}5$

so zu verbessern, dass er der gesuchten Lösung x_N beliebig nahe kommt.

Darstellung des Verfahrens:

Die Kurve K von h lässt sich in einem kleinen Bereich um $x_0 = -2{,}5$ durch die **Tangente im Kurvenpunkt** $P_0\,(-2{,}5 \mid h(-2{,}5))$ annähern.

Diese Tangente schneidet die x-Achse in der Nähe der Nullstelle von h.

Die Schnittstelle x_1 von Tangente und x-Achse lässt sich berechnen.

Die Tangente im Kurvenpunkt $P_1(x_1 \mid h(x_1))$ schneidet die x-Achse in x_2, dieser Wert x_2 liegt wiederum näher an der gesuchten Nullstelle als x_1.

Rechnerische Bestimmung der Näherungslösung

Startwert: $x_0 = -2{,}5$

Tangente: $y = h'(x_0)(x - x_0) + h(x_0)$

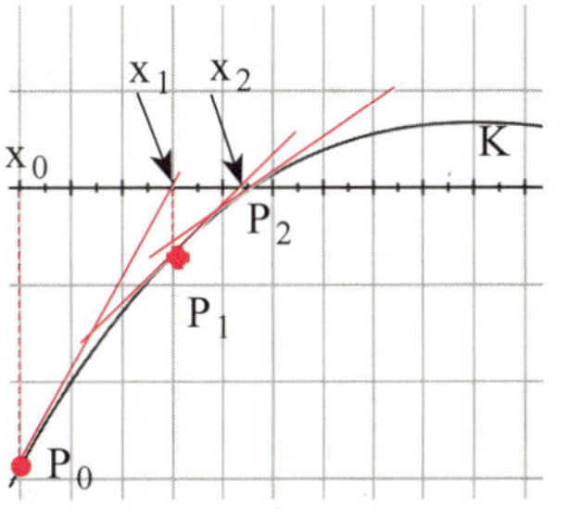

Schnittstelle von Tangente und x-Achse

Bedingung: $y = 0 \Rightarrow x - x_0 = -\dfrac{h(x_0)}{h'(x_0)} \Rightarrow x = x_0 - \dfrac{h(x_0)}{h'(x_0)}$

Mit $x_0 = -2{,}5$ und $h'(x) = 3x^2 - 3$ erhält man

$$x = x_1 = -2{,}5 - \frac{h(-2{,}5)}{h'(-2{,}5)} = -2{,}5 - \frac{-5{,}125}{15{,}75} = -2{,}1746$$

Die Tangente in $x_1 = -2{,}1746$ schneidet die x-Achse in x_2.

x_2-Wert: $x_2 = x_1 - \dfrac{h(x_1)}{h'(x_1)} = -2{,}1746 - \dfrac{-0{,}75963}{11{,}186} = -2{,}1067$

x_3-Wert: $x_3 = x_2 - \dfrac{h(x_2)}{h'(x_2)} = -2{,}1067 - \dfrac{-0{,}02982}{10{,}314} = -2{,}1038$

x_4-Wert: $x_4 = -2{,}1038$

Nullstelle von h auf zwei Stellen gerundet: $x_N = -2{,}10$

7 Deusch, Ott - ISBN 978-3-8120-0604-0

Näherungsweise Lösung von Gleichungen mit dem Newton-Verfahren:

Gleichung in Nullform bringen: $\boxed{} = 0$

Aufstellen der Funktion h: $h(x) = \boxed{}$

Rekursionsformel: $x_{n+1} = x_n - \frac{h(x_n)}{h'(x_n)}$; $n = 0, 1, 2, 3, \ldots$; $h'(x_n) \neq 0$

Anwendung der **Rekursionsformel**, bis die verlangte Genauigkeit erreicht ist.

Bemerkung: h muss auf [a; b] ($x_n \in [a; b]$) stetig und differenzierbar sein.
Der Startwert sollte nahe bei der vermuteten Nullstelle von h liegen.

Aufgaben

1. Bestimmen Sie die Nullstelle von f mit $f(x) = x^3 - 5x - 5$ mit einem Näherungsverfahren.
2. Gegeben sind die Funktionen f und g mit $f(x) = x^2 - 2x$ und $g(x) = e^x$; $x \in \mathbf{R}$.
   Berechnen Sie die Schnittstelle von K_f und K_g mit dem Newton-Verfahren.
3. Durch $f(t) = 20t\, e^{-0,5t}$ wird die Konzentration eines Medikaments im Blut eines Patienten beschrieben. Dabei wird t in Stunden seit der Einnahme und f(t) in $\frac{mg}{l}$ gemessen.
   Nach etwa 4 Stunden beträgt die Konzentration $10\,\frac{mg}{l}$.
   Berechnen Sie einen Zeitpunkt auf zwei Dezimalen genau mithilfe eines Näherungsverfahrens.
4. Die Gesamtkosten eines Industriebetriebes in GE lassen sich beschreiben durch $K(x) = 0,5x^2 + e^{0,1x} + 4$; $0 \leq x \leq 16$.
   Ab welcher Stückzahl x liegen die Gesamtkosten über 100 GE?
5. Die Gesamtkostenfunktion K und die Erlösfunktion E sind für $0 \leq x \leq 6$ gegeben durch $K(x) = x^3 - 6x^2 + 14x + 18$ und $E(x) = 16x$.
   a) Zeichnen Sie die Schaubilder von K und E in ein geeignetes Koordinatensystem.
   b) Ermitteln Sie aus dem Schaubild die Nutzenschwelle und überprüfen Sie ihr Ergebnis durch näherungsweise Berechnung (auf eine Dezimale gerundet).
   Zeigen Sie, dass die Nutzengrenze kleiner als x = 6 ist.
   c) Bestimmen Sie näherungsweise eine Produktionsmenge, bei der ein Gewinn von 10 GE erzielt wird.

6.7 Grenzwertberechnung mit de l'Hospital

Beispiel

Es gilt: $\lim\limits_{x \to 0} (\cos(x) - 1) = 0$ und $\lim\limits_{x \to 0} (x) = 0$. Damit ist $\lim\limits_{x \to 0} \frac{\cos(x) - 1}{x} = \frac{0}{0}$ nicht definiert.

Berechnung von $\lim\limits_{x \to 0} \frac{\cos(x) - 1}{x}$ mit Hilfe der Ableitungen

$(\cos(x) - 1)' = -\sin(x)$ und $(x)' = 1$: $\lim\limits_{x \to 0} \frac{\cos(x) - 1}{x} = \lim\limits_{x \to 0} \frac{-\sin(x)}{1} = 0$

Regel von de l'Hospital

f und g sind auf]a, b[stetig differenzierbar, $x_0 \in$]a, b[mit $f(x_0) = g(x_0) = 0$ und es gelte $g(x) \neq 0$ für $x \neq x_0$. Dann gilt $\lim\limits_{x \to x_0} \frac{f(x)}{g(x)} = \lim\limits_{x \to x_0} \frac{f'(x)}{g'(x)}$.

f und g sind auf $\mathbb{R}$ stetig differenzierbar mit $g(x) \neq 0$ für alle $x \in \mathbb{R}$.

Dann gilt $\lim\limits_{x \to \infty} \frac{f(x)}{g(x)} = \lim\limits_{x \to \infty} \frac{f'(x)}{g'(x)}$ bzw. $\lim\limits_{x \to -\infty} \frac{f(x)}{g(x)} = \lim\limits_{x \to -\infty} \frac{f'(x)}{g'(x)}$.

Beispiele

$\lim\limits_{x \to 0} \frac{e^x - 1}{2x} = \lim\limits_{x \to 0} \frac{e^x}{2} = \frac{1}{2}$ (Anwendung von de l'Hospital bei $(\frac{0}{0})$)

$\lim\limits_{x \to \infty} \frac{e^x}{x^2} = \lim\limits_{x \to \infty} \frac{e^x}{2x} = \lim\limits_{x \to \infty} \frac{e^x}{2} = \infty$ (Anwendung von de l'Hospital zweimal bei $(\frac{\infty}{\infty})$)

Bemerkung: Diese Regel darf bei der Berechnung von Grenzwerten angewendet werden, wenn man einen **unbestimmten Ausdruck** $(\frac{0}{0})$ bzw. $(\frac{\infty}{\infty})$ erhält.

Führt de l'Hospital auf einen Ausdruck $\frac{a}{b}$, ergibt sich der Grenzwert $\frac{a}{b}$.

Führt de l'Hospital auf einen Ausdruck $\frac{0}{b}, \frac{0}{\infty}, \frac{a}{\infty}$, ergibt sich der Grenzwert 0.

Für einen Ausdruck $\frac{a}{0}, \frac{\infty}{0}, \frac{\infty}{a}$ erhält man den uneigentlichen „Grenzwert" ∞.

Bei der Anwendung der Regel sind der Zähler und der Nenner getrennt abzuleiten.

Aufgaben

1. Berechnen Sie die folgenden Grenzwerte.

   a) $\lim\limits_{x \to 0} \frac{\cos(x) - 1}{\sin(x)}$ b) $\lim\limits_{x \to -1} \frac{x^3 + 3x^2 + 3x + 1}{(x+1)^2}$ c) $\lim\limits_{x \to \infty} x \sin(\frac{2}{x})$

   d) $\lim\limits_{x \to 0} \frac{2e^x - 2}{x}$ e) $\lim\limits_{x \to \infty} \frac{e^x}{x^3}$ f) $\lim\limits_{x \to 0} x^3 \cdot \ln(x)$

2. Gegeben ist die Funktion f mit $f(x) = \frac{\sin(x) + 1}{(x + \pi)^2}$.

   Berechnen Sie die folgenden Grenzwerte: $\lim\limits_{x \to 0} f(x)$, $\lim\limits_{x \to 0{,}5\pi} f(x)$ und $\lim\limits_{x \to \infty} f(x)$.

7 Integralrechnung

7.1 Das unbestimmte Integral

Eine auf [a; b] differenzierbare Funktion F heißt **Stammfunktion der Funktion f,** wenn für alle $x \in\ ]a; b[$ gilt: $F'(x) = f(x)$

Bemerkung: Ist F Stammfunktion von f, so ist auch F^* mit $F^*(x) = F(x) + c$ für jedes $c \in \mathbb{R}$ eine Stammfunktion von f.

Beachten Sie: Die Menge aller Stammfunktionen von f heißt **unbestimmtes Integral von f.**

Neue Schreibweise: $F(x) + c = \int f(x)\,dx$ (gelesen: Integral über f von x dx)

Die **Integration** (Aufleitung) ist die **Umkehrung der Differentiation** (Ableitung)

Integrieren (Aufleiten)

$F'(x) = f(x)$ ⇄ $F(x) + c = \int f(x)dx$

Differenzieren (Ableiten)

Grundintegrale: $(c \in \mathbb{R})$

$$\int ax^n\,dx = \frac{a}{n+1}x^{n+1} + c$$

$$\int \sqrt{x}\,dx = \int x^{\frac{1}{2}}dx = \frac{2}{3}x^{\frac{3}{2}} = \frac{2}{3}\sqrt{x^3} + c$$

$$\int \frac{a}{x^2}\,dx = -\frac{a}{x} + c$$

$$\int ae^x\,dx = ae^x + c$$

$$\int \frac{a}{x}\,dx = a \cdot \ln|x| + c$$

$$\int a\sin(x)dx = -a \cdot \cos(x) + c$$

$$\int a\cos(x)dx = a \cdot \sin(x) + c$$

7.2 Das bestimmte Integral

Beachten Sie: Die Funktion I_a mit $I_a(x) = \int_a^x f(t)dt$ heißt **Integralfunktion von f.**
Sie ordnet jeder Zahl x genau die Zahl $\int_a^x f(t)dt$ zu.

1. Hauptsatz der Differential- und Integralrechnung

Jede Integralfunktion I_a einer Funktion f ist eine Stammfunktion von f.

$$I_a(x) = \int_a^x f(t)dt \quad \Rightarrow I_a'(x) = f(x)$$

2. Hauptsatz der Differential- und Integralrechnung

Ist F eine beliebige Stammfunktion einer Funktion f, so gilt: $\int_a^b f(x)dx = F(b) - F(a)$

Bemerkung: Die **Fläche** zwischen der Parabel P von f mit $f(x) = x^2$ **und der x-Achse** wird durch **n Rechtecke mit Breite** $\Delta x = \frac{2}{n}$ **angenähert:**

Untersumme $U_n = \frac{4}{3} \cdot (2 - \frac{3}{n} + \frac{1}{n^2})$

Obersumme $O_n = \frac{4}{3} \cdot (2 + \frac{3}{n} + \frac{1}{n^2})$

Für $n \to \infty$ streben U_n bzw. O_n gegen den Wert $\frac{8}{3}$, die **Fläche** hat den Inhalt $\frac{8}{3}$.

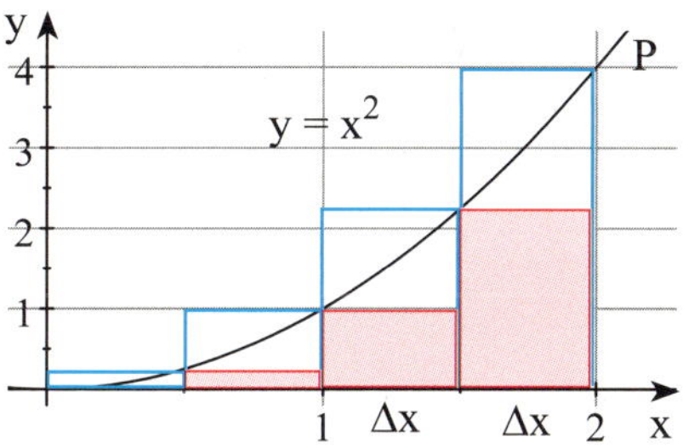

Beachten Sie: $A = \lim_{n \to \infty} \sum_{i=1}^{n} f(x_i)\, \Delta x_i = \int_0^2 f(x)dx = \frac{8}{3}$

Diesen Grenzwert nennt man bestimmtes Integral von f mit $f(x) = x^2$ von 0 bis 2.

Definition: Konvergiert die **Riemann-Summe** $\sum_{i=1}^{n} f(x_i)\, \Delta x_i$, so nennt man diesen Grenzwert das bestimmte Integral der Funktion f zwischen a und b: $\int_a^b f(x)dx = \lim_{n \to \infty} \sum_{i=1}^{n} f(x_i)\, \Delta x_i$

Berechnung des Integrals $\int_a^b f(x)\,dx$ in folgenden Schritten:

1) Eine **Stammfunktion F von f** bilden (ohne die Konstante c).

2) Obere Grenze x = b in F(x) einsetzen, untere Grenze x = a in F(x) einsetzen.

3) Differenz bilden: F(b) – F(a).

Schreibweise: $\int_a^b f(x)dx = [F(x)]_a^b = F(b) - F(a)$ **Integral von a bis b über f von x dx.**

Bemerkungen: Die **Bestimmung der Stammfunktion** heißt **Integration.**
In $\int f(x)dx$ heißt **x Integrationsvariable** und **f(x) Integrand.**

Rechenregeln

Faktorregel: $\int_a^b c \cdot f(x)\,dx = c \cdot \int_a^b f(x)\,dx$

Konstante Faktoren können vor das Integral gezogen werden.

Summenregel: $\int_a^b f(x)\,dx \pm \int_a^b g(x)\,dx = \int_a^b (f(x) \pm g(x))\,dx$

Intervalladditivität: $\int_a^b f(x)\,dx + \int_b^c f(x)\,dx = \int_a^c f(x)\,dx$

Vertauschen der Intervallgrenzen: $\int_a^b f(x)\,dx = -\int_b^a f(x)\,dx$

Beispiele

a) $\int_1^3 \frac{2x^2+5}{x^2}\,dx = \int_1^3 (2 + \frac{5}{x^2})dx = F(3) - F(1) = \left[2x - \frac{5}{x}\right]_1^3 = (6 - \frac{5}{3}) - (2 - 5) = \frac{22}{3}$

b) $\int_1^x (t^2 + 1)dt = \left[\frac{1}{3}t^3 + t\right]_1^x = \frac{1}{3}x^3 + x - \frac{4}{3}$ Stammfunktion mit $F(1) = 0$

Aufgaben

1. Bestimmen Sie $\int f(x)\,dx$.

a) $f(x) = \frac{3}{5}e^x + \frac{\sqrt{x}}{3}$ b) $f(x) = \frac{1}{2}x^4 - 4\sin(x)$ c) $f(x) = 2x^2 - tx + \cos(x)$

d) $f(x) = \frac{a+x}{x^2}$ e) $f(x) = \frac{x^5}{4} - \frac{2}{x^2}$ f) $f(x) = 4 - \frac{4}{3}x^2 - \frac{t+3}{x}$

2. Geben Sie eine Stammfunktion F mit $F(0) = 4$ an.

a) $f(x) = 3e^x + x$ b) $f(x) = x^3 - x^4 + 2$ c) $f(x) = x^2 - 3\sin(x)$

3. Berechnen Sie die folgenden Integrale.

a) $\int_{-2}^2 (0{,}5x^3 - 2x^2)dx$ b) $\int_1^3 \frac{x^2-2}{x^2}dx$ c) $\int_0^1 (t + \sqrt{t})\,dt$

4. Gegeben ist die Funktion f durch $f(t) = (t-1)(t+2)$.

Bestimmen Sie die Integralfunktion I mit $I(x) = \int_1^x f(t)dt$.

Zeichnen Sie die Schaubilder von I und f in ein gemeinsames Koordinatensystem ein.

Markieren Sie Nullstellen, Extrem- und Wendestellen beider Funktionen.

Welche Zusammenhänge lassen sich formulieren?

Begründen Sie.

7.3 Integrationsmethoden

Integration durch Substitution

Beispiele

1) Bestimmen Sie $\int e^{3x}dx$.

Lösung

Die „Aufleitung“ der Funktion f mit $f(x) = e^{3x}$; $x \in \mathbb{R}$, ist zunächst nicht bekannt.

Wir können diese Funktion jedoch mit der Kettenregel ableiten: $(e^{3x})' = 3e^{3x}$.

Somit gilt für die **Aufleitung:** $\int e^{3x}\,dx = \frac{1}{3}e^{3x} + c$

Probe durch Ableiten: $(\frac{1}{3}e^{3x} + c)' = \frac{1}{3} \cdot 3 \cdot e^{3x} = e^{3x}$

Bestimmung einer Stammfunktion durch **lineare Substitution:**

Mit $z(x) = 3x$ erhält man: $z'(x) = \frac{dz}{dx} = 3 \Rightarrow dx = \frac{dz}{3}$

Substitution: $\int e^{3x}\,dx = \int e^{z}\frac{dz}{3} = \frac{1}{3}e^{z}$

Rücksubstitution ergibt eine **Stammfunktion in x:** $\int e^{3x}dx = \frac{1}{3}e^{3x} + c$

Beachten Sie: $\int e^{ax+b}\,dx = \frac{1}{a}e^{ax+b} + c;\ a \neq 0$

$$\int (ax+b)^n\,dx = \frac{1}{a} \cdot \frac{1}{n+1}(ax+b)^{n+1} + c;\ a \neq 0;\ n \neq -1$$

Beachten Sie: $\int \frac{1}{x+a}\,dx = \ln|x+a| + c$

Mit dem konstanten Faktor b: $\int \frac{b}{x+a}\,dx = b \cdot \ln|x+a| + c$

2) Bestimmen Sie $\int \frac{1}{2x+4}\,dx$.

Lösung

Mit $z(x) = 2x + 4$ folgt: $z'(x) = \frac{dz}{dx} = 2 \Rightarrow dx = \frac{dz}{2}$

Substitution: $\int \frac{1}{2x+4}\,dx = \int \frac{1}{z}\frac{dz}{2} = \ln|z| \cdot \frac{1}{2}$

Rücksubstitution: $\int \frac{1}{2x+4}\,dx = \frac{1}{2}\ln|2x+4| + c$

Beachten Sie: $\int \frac{z'(x)}{z(x)}\,dx = \ln|z(x)| + c$

3) Bestimmen Sie $\int \frac{x+2}{x^2+4x+3}\,dx$.

Lösung

Mit $z(x) = x^2 + 4x + 3$ erhält man: $z'(x) = \frac{dz}{dx} = 2x + 4 \Rightarrow dx = \frac{dz}{2x+4} = \frac{dz}{2(x+2)}$

Substitution: $\int \frac{x+2}{x^2+4x+3}\,dx = \int \frac{x+2}{z} \cdot \frac{dz}{2(x+2)} = \int \frac{1}{z}\frac{dz}{2} = \frac{1}{2}\ln|z| + c$

Rücksubstitution: $\int \frac{x+2}{x^2+4x+3}\,dx = \frac{1}{2}\ln|x^2 + 4x + 3| + c$

4) Bestimmen Sie: a) $\int \frac{x+5}{x+3}\,dx$ b) $\int \frac{x^2-3}{2x+5}\,dx$

Lösung

a) Zerlegung des Integranden $\frac{x+5}{x+3}$ durch Polynomdivision: $(x + 5) : (x + 3) = 1 + \frac{2}{x+3}$

Integration: $\int (1 + \frac{2}{x+3})\,dx = x + 2\ln|x + 3| + c$

b) Zerlegung des Integranden $\frac{x^2-3}{2x+5}$ durch Polynomdivision: $\frac{x^2-3}{2x+5} = \frac{1}{2}x - \frac{5}{4} + \frac{13}{4(2x+5)}$

Integration: $\int \frac{x^2-3}{2x+5}\,dx = \int (\frac{1}{2}x - \frac{5}{4} + \frac{13}{4(2x+5)})dx$

$= \frac{x^2}{4} - \frac{5}{4}x + \frac{13}{8}\ln|2x + 5| + c$

5) Bestimmen Sie $\int 5xe^{-x^2}\,dx$.

Lösung

Mit $z(x) = -x^2$ erhält man: $z'(x) = \frac{dz}{dx} = -2x \Rightarrow dx = -\frac{1}{2x}\,dz$

Substitution: $\int 5xe^{-x^2}dx = \int 5xe^z(-\frac{1}{2x})dz = -\frac{5}{2}\int e^z\,dz = -\frac{5}{2}e^z$

Rücksubstitution: $\int 5xe^{-x^2}\,dx = -\frac{5}{2}e^{-x^2} + c$

Aufgaben

Bestimmen Sie $\int f(x)dx$.

a) $f(x) = \frac{1}{5}e^{5x-1}$

b) $f(x) = ce^{ax+b}$

c) $f(x) = \frac{3}{4}e^{\frac{1}{2}x+2} - \frac{1}{x}$

d) $f(x) = \frac{e}{4-2x}$

e) $f(x) = (\frac{1}{2}x + 5)^5$

f) $f(x) = (4 - x)^n$

g) $f(x) = \frac{2x}{5-x}$

h) $f(x) = \frac{4x-2}{x^2-x+4}$

i) $f(x) = \frac{1}{2x+3}$

j) $f(x) = \frac{x-2}{x+2}$

k) $f(x) = \frac{3x+1}{x+1}$

l) $f(x) = \frac{x}{4x+3}$

Produktintegration (partielle Integration)

Partielle Integration: $\int u'(x) \cdot v(x)dx = u(x) \cdot v(x) - \int u(x) \cdot v'(x)dx$

Berechnen Sie $\int (3x + 5)e^{2x}dx$.

Lösung

Faktor $u'(x) = e^{2x}$ mit Aufleitung $u(x) = \frac{1}{2} e^{2x}$

Faktor $v(x) = 3x + 5$ mit Ableitung $v'(x) = 3$

$$\int (3x + 5)e^{2x}dx = \tfrac{1}{2}e^{2x} (3x + 5) - \int \tfrac{1}{2} e^{2x} \cdot 3dx = \tfrac{1}{2} e^{2x} (3x + 5) - \tfrac{3}{4} e^{2x} = \tfrac{1}{4} e^{2x} (6x + 7)$$

$$\int (3x + 5)e^{2x}dx = \tfrac{1}{4} e^{2x}(6x + 7) + c$$

Bemerkung: Wird ein Produkt $u'(x) \cdot v(x)$ integriert, so wählt man die Faktoren $u'(x)$ und $v(x)$ so, dass das Produkt $u(x) \cdot v'(x)$ möglichst einfach wird.

Berechnen Sie $\int \ln(x)dx$.

Lösung

$\int \ln(x)dx = \int (1 \cdot \ln(x))dx$

Faktoren: $u'(x) = 1 \Rightarrow u(x) = x;$

$v(x) = \ln(x) \Rightarrow v'(x) = \frac{1}{x}$

$\int (1 \cdot \ln(x))dx = x \cdot \ln(x) + \int x \cdot \frac{1}{x} dx = x \cdot \ln(x) + x + c$

Berechnen Sie $\int \sin(x)\cos(x)dx$.

Lösung

Faktor $u'(x) = \sin(x)$ mit Aufleitung $u(x) = -\cos(x)$

Faktor $v(x) = \cos(x)$ mit Ableitung $v'(x) = -\sin(x)$

$$\int \sin(x)\cos(x)dx = -\cos(x) \cdot \cos(x) - \int \sin(x)\cos(x)dx$$
$$= -\cos(x) \cdot \cos(x) - \int \sin(x)\cos(x)dx$$

Ausgangsintegral = Restintegral

$$2 \int \sin(x)\cos(x)dx = -\cos(x) \cdot \cos(x) = -\cos^2(x)$$

Gesuchtes Integral: $\int \sin(x)\cos(x)dx = -\frac{1}{2} \cos^2(x) + c$

Integration durch Partialbruchzerlegung

1) Berechnen Sie $\int \frac{x}{x^2-1}\,dx$.

Lösung

Der Term $\frac{x}{x^2-1}$ wird zerlegt: $\frac{x}{x^2-1} = \frac{A}{x-1} + \frac{B}{x+1}$

Beachten Sie: Der **Nennerterm** wird mithilfe des Nullstellensatzes in lineare Faktoren zerlegt. **Bruchterme der Form** $(\frac{A}{x-c})$ lassen sich **integrieren:** $\int \frac{A}{x-c}\,dx = A\ln|x-c|$

Bedingungen für A und B durch Multiplikation mit dem Nennerterm.

$x = A(x+1) + B(x-1) \Leftrightarrow 1\cdot x + 0 = (A+B)x + A - B$

Koeffizientenvergleich: $A + B = 1 \wedge A - B = 0 \Leftrightarrow A = \frac{1}{2} \wedge B = \frac{1}{2}$

Zerlegung: $\frac{x}{x^2-1} = \frac{1}{2(x-1)} + \frac{1}{2(x+1)}$

Integration: $\int \frac{x}{x^2-1}\,dx = \int \left(\frac{1}{2(x-1)} + \frac{1}{2(x+1)}\right) dx = \frac{1}{2}\ln|x-1| + \frac{1}{2}\ln|x+1|$

2) Berechnen Sie $\int \frac{x+1}{x^2-1}\,dx$.

Lösung

Zerlegung: $\frac{x+1}{x^2-1} = \frac{A}{x+1} + \frac{Bx}{x^2-1}$

Bedingungen für A und B durch Multiplikation mit dem Nennerterm.

$x + 1 = A(x-1) + Bx \Leftrightarrow 1\cdot x + 1 = (A+B)x - A$

Koeffizientenvergleich: $A + B = 1 \wedge -A = 1 \Leftrightarrow A = -1 \wedge B = 2$

Zerlegung: $\frac{x+1}{x^2-1} = \frac{-1}{x+1} + \frac{2x}{x^2-1}$

Integration: $\int \frac{x+1}{x^2-1}\,dx = \int \frac{-1}{x+1}\,dx + \int \frac{2x}{x^2-1}\,dx = -\ln|x+1| + \ln|x^2-1|$

Beachten Sie: $\int \frac{Bx}{x^2-c}\,dx = \frac{B}{2}\ln|x^2-c|$

3) Berechnen Sie $\int \frac{5x^2+2x+1}{x^3-x}\,dx$.

Lösung

Zerlegung: $\frac{5x^2+2x+1}{x^3-x} = \frac{5x^2+2x+1}{x(x-1)(x+1)} = \frac{A}{x} + \frac{B}{x-1} + \frac{C}{x+1}$

Bedingungen für A und B durch Multiplikation mit dem Nennerterm.

$5x^2 + 2x + 1 = A(x-1)(x+1) + Bx(x+1) + Cx(x-1)$

$\Leftrightarrow \quad 5x^2 + 2x + 1 = (A + B + C)x^2 + (B - C)x - A$

Koeffizientenvergleich: $A + B + C = 5 \wedge B - C = 2 \wedge -A = 1$

Lösung des LGS für A, B,C: $A = -1$; $B = 4$; $C = 2$

Zerlegung: $\frac{5x^2 + 2x + 1}{x^3 - x} = \frac{-1}{x} + \frac{4}{x-1} + \frac{2}{x+1}$

Integration: $\int \frac{5x^2 + 2x + 1}{x^3 - x} dx = \int \left(\frac{-1}{x} + \frac{4}{x-1} + \frac{2}{x+1}\right)dx = -\ln|x| + 4\ln|x-1| + 2\ln|x+1|$

Aufgaben

1. Bestimmen Sie $\int f(x)\,dx$.

a) $f(x) = (x+3)\ln(x)$ b) $f(x) = 5x\sin(x)$ c) $f(x) = (3-2x)e^{-0,5x}$

d) $f(x) = \sin(x)\cos(x)$ e) $f(x) = e^x \sin(x)$ f) $f(x) = x^2e^x + 2x^2$

g) $f(x) = \frac{3}{4x+5}$ h) $f(x) = \frac{x}{x^2+3}$ i) $f(x) = \frac{x+27}{x^2-9}$

j) $f(x) = \frac{x-1}{(x+2)^2}$ k) $f(x) = \frac{4x-1}{(x+2)(x-1)^2}$ l) $f(x) = \frac{6x^2 - x + 1}{x^3 - x}$

2. Zeigen Sie: $\int (t-x)e^{2t-x}\,dx = e^{2t-x}(-t + x + 1) + c$

3. Geben Sie eine Stammfunktion von f mit $f(x) = -(2x-2)^4$ an.

4. Zeigen Sie: F mit $F(x) = -\frac{x}{e^x}$ ist eine Stammfunktion von f mit $f(x) = (x-1)e^{-x}$

5. Bestimmen Sie eine Stammfunktion von f_t.

a) $f_t(x) = t(x-2)e^{tx}$ b) $f_t(x) = \frac{2tx}{x-t}$ c) $f_t(x) = \frac{x}{x^2+t}$

6. Berechnen Sie die folgenden Integrale.

a) $\int_{-1}^{2} (\frac{1}{2}x^2 + 6x - 1)dx$ b) $\int_0^1 xe^x dx$ c) $\int_0^1 0,5xe^{x^2} dx$

d) $\int_0^{-1} \frac{5}{2x-1} dx$ e) $\int_1^4 \frac{x}{x+2}\,dx$ f) $\int_2^3 \frac{x}{2x^2+2} dx$

7.4 Anwendungen des Integrals

7.4.1 Flächenberechnung

Beispiel

Gegeben ist die Funktion f mit $f(x) = \frac{x^2 - 4}{x^2}$; $x \neq 0$. K ist das Schaubild von f.
K, die x-Achse und die Geraden mit x = 1 und x = 3 umschließen zwei Flächenstücke.
Berechnen Sie den Inhalt der Gesamtfläche.

Lösung

Berechnung der Nullstellen von f

Bedingung: $f(x) = \frac{Z(x)}{N(x)} = 0$ $\qquad \frac{x^2 - 4}{x^2} = 0$

Nennerterm $N(x) = 0$ $\qquad x^2 - 4 = 0$

Nullstellen von f: $\qquad x_1 = -2;\ x_2 = 2$

Flächenberechnung: Die Funktion f hat **eine** Nullstelle auf [1; 3].

Die Inhalte der Teilflächen müssen einzeln berechnet werden.

Integration von x = 1 bis zur Nullstelle x = 2: $\quad \int_1^2 \frac{x^2 - 4}{x^2}\,dx = \left[x + \frac{4}{x}\right]_1^2 = -1$

Flächeninhalt: $A_1 = 1$

Integration von der Nullstelle x = 2 bis x = 3

$\int_2^3 \frac{x^2 - 4}{x^2}\,dx = \left[x + \frac{4}{x}\right]_2^3 = 3 + \frac{4}{3} - (2 + 2) = \frac{1}{3}$

Flächeninhalt: $\qquad A_2 = \frac{1}{3}$

Gesamtinhalt A: $A_{ges} = A_1 + A_2 = 1 + \frac{1}{3} = \frac{4}{3}$

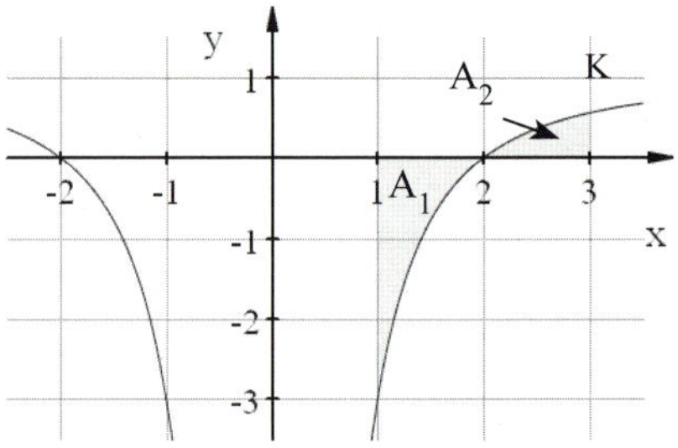

Beachten Sie: Verläuft K von f für alle x ∈ [a; b] **oberhalb der x-Achse,** so liefert das Integral $\int_a^b f(x)dx$ den **Inhalt der Fläche zwischen K, der x-Achse und den Geraden mit den Gleichungen x = a und x = b:** $A = \int_a^b f(x)dx$.

Verläuft K von f für alle x ∈ [a; b] **unterhalb der x-Achse,** so liefert das Integral **eine negative Zahl:** $A = -\int_a^b f(x)dx$.

Der **Inhalt der Fläche zwischen Kurve, x-Achse und den Geraden mit den Gleichungen x = a und x = b** lässt sich **stets berechnen** mit $A = \int_a^b |f(x)|dx$.

Beispiel

Gegeben sind die Funktionen f und g mit $f(x) = \frac{5}{x-2}$; $x \neq 2$ und $g(x) = \frac{5}{x}$; $x \neq 0$.

K ist das Schaubild von f, G ist das Schaubild von g.

a) K, G und die Geraden mit x = 3 und x = z (z > 3) begrenzen eine Fläche mit dem Inhalt A(z). Berechnen Sie $\lim\limits_{z \to \infty} A(z)$.

b) G und die Gerade mit x = 0,5 begrenzen mit den Koordinatenachsen eine nach oben offene Fläche. Untersuchen Sie, ob diese Fläche einen endlichen Flächeninhalt hat.

Lösung

a) **Berechnung der Schnittstellen von f und g**

Bedingung: f(x) = g(x) $\quad \frac{5}{x-2} = \frac{5}{x}$ hat keine Lösung

K und G schneiden sich nicht.

Integration von der linken Grenze x = 3 bis zur rechten Grenze x = z:

$$\int_3^z (f(x) - g(x))\,dx = [5\ln(x-2) - 5\ln(x)]_3^z = 5\ln(z-2) - 5\ln(z) - (5\ln(1) - 5\ln(3))$$

$= 5\ln(\frac{z-2}{z}) + 5\ln(3)$

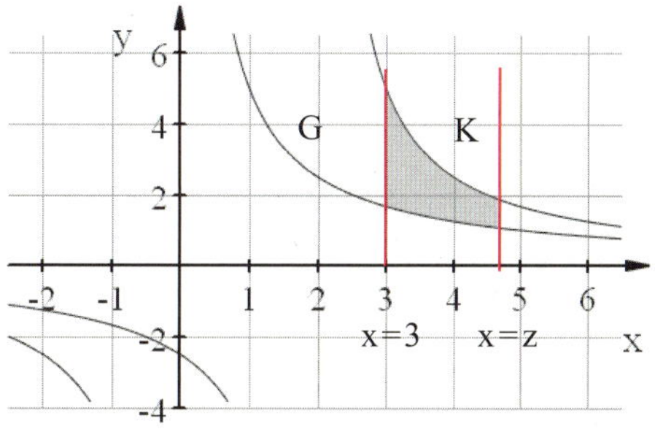

$\mathbf{A(z) = 5\ln(\frac{z-2}{z}) + 5\ln(3)}$

Für $z \to \infty$ gilt:

$\frac{z-2}{z} \to 1$ und damit $\ln(\frac{z-2}{z}) \to 0$

$\mathbf{\lim\limits_{z \to \infty} A(z) = 5\ln(3)}$

b) G und die Gerade mit x = 0,5

begrenzen mit der y-Achse eine Fläche: $\int_u^{0,5} g(x)\,dx = [5\ln(x)]_u^{0,5}$

Einsetzen ergibt: $A(u) = 5\ln(0,5) - 5\ln(u)$

Der Grenzwert $\lim\limits_{u \to 0} A(u)$ existiert wegen $\ln(x) \to -\infty$ für $u \to 0$ **nicht.**

Die Fläche hat **keinen endlichen Inhalt.**

Das **uneigentliche Integral** $\int_0^{0,5} f(x)dx$ existiert nicht.

Beachten Sie: $\int_3^{\infty} (\frac{5}{x-2})\,dx = \lim\limits_{z \to \infty} \int_3^z (\frac{5}{x-2})\,dx$ und $\int_0^{0,5} \frac{5}{x}\,dx = \lim\limits_{u \to 0} \int_u^{0,5} \frac{5}{x}\,dx$

heißen **uneigentliche Integrale.**

Beachten Sie:

Für $f(x) \geq g(x)$ auf $[a; b]$ gilt:

Der Inhalt der Fläche zwischen K_f und K_g im Intervall $[a; b]$ ist $A = \int_a^b (f(x) - g(x))\,dx$,

unabhängig von der Lage der Kurven K_f und K_g im Koordinatensystem.

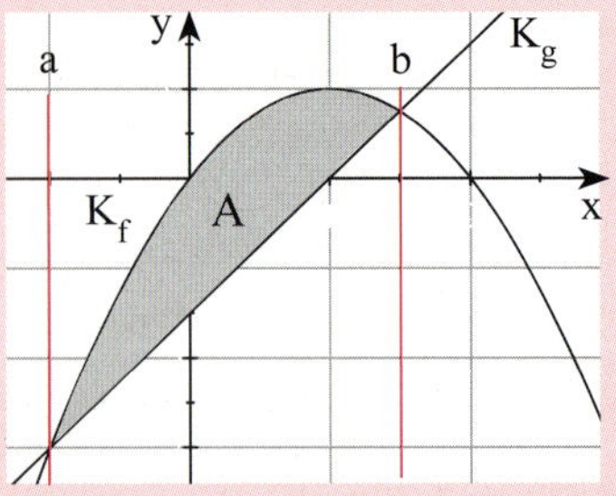

Für $f(x) \leq g(x)$ auf $[a; b]$ gilt: $A = -\int_a^b (f(x) - g(x))\,dx$.

Bemerkungen: Die Nullstellen von f und g sind ohne Belang.

Wechselt $f(x) - g(x)$ das Vorzeichen auf $[a; b]$, so ist die eingeschlossene Fläche **getrennt oder** mit $\int_a^b |f(x) - g(x)|\,dx$ zu bestimmen.

Aufgaben

1. Der Graf der Funktion f mit $f(x) = x^2$ wird um t Einheiten $(t > 0)$ nach rechts verschoben. Bestimmen Sie den Inhalt der Fläche A(t), die der Graf der verschobenen Parabel mit den beiden Koordinatenachsen einschließt.

   Für welchen Wert von t gilt $A(t) = 9$.

2. Für jedes $t \in \mathbb{R}_+^*$ ist die Funktion f_t gegeben durch $f_t(x) = \frac{x}{x^2 + t}$.

   Das Schaubild K_t von f_t, die x-Achse und die Gerade mit der Gleichung $x = \sqrt{3t}$ schließen im 1. Feld eine Fläche ein.

   Zeigen Sie, dass der Inhalt dieser Fläche von t unabhängig ist.

3. Gegeben sind die Funktionen f mit $f(x) = -2e^{-x} + 4$ und g mit $g(x) = e^x - 0{,}5$; $x \in R$.

   K ist das Schaubild von f, G ist das Schaubild von g.

   Berechnen Sie den Inhalt der Fläche, die von K und G eingeschlossen wird.

4. K_t ist das Schaubild von f_t mit $f_t(x) = (2t - x)e^{0{,}25x}$; $x \in \mathbb{R}$; $t > 0$.

   a) K_t begrenzt mit den Koordinatenachsen eine Fläche vollständig.
   Berechnen Sie den Inhalt A(t) dieser Fläche. Ist $A(3) > 30$?

   b) K_t, K_1, die y-Achse und die Gerade mit $x = -4$ umschließen für $t > 1$ eine Fläche mit Inhalt B(t).

   Bestimmen Sie t so, dass gilt: $B(t) = 8(e - 1)$.

7.4.2 Mittelwert

Beachten Sie: Für den **Mittelwert $\overline{m}$ der Funktionswerte** von f auf [a; b] gilt:

$$\overline{m} = \frac{1}{b-a} \int_a^b f(x)\,dx$$

(Vergleichen Sie mit dem Mittelwertsatz der Integralrechnung.)

Ein Temperaturverlauf lässt sich durch die Kurve in der nebenstehenden Abbildung näherungsweise veranschaulichen.

Bestimmen Sie die mittlere Temperatur.

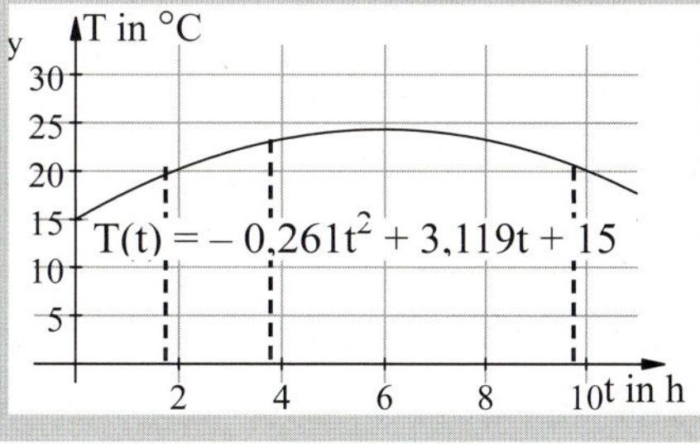

Lösung

Der **Mittelwert** entspricht der Maßzahl der Fläche unter der Kurve K von T mit

$T(t) = -0{,}261t^2 + 3{,}119t + 15;\ 0 \le t \le 10$ geteilt durch die Intervallbreite 10.

Bestimmung des Inhalts der **Fläche zwischen K und der t-Achse:**

$$\int_0^{10} (-0{,}261t^2 + 3{,}119t + 15)\,dt = 218{,}95$$

Mittelwert (mittlere Temperatur):

$$\overline{m} = \frac{218{,}95}{10}\left(\frac{°C \cdot h}{h}\right) = 21{,}895\ (°C)$$

Bemerkung: $\frac{1}{b-a} \lim\limits_{n \to \infty} (\Delta t \cdot (T(t_1) + T(t_2) + \ldots + T(t_n)) = \frac{1}{b-a} \int_a^b T(t)\,dt$

Beachten Sie auch die Einheiten: b – a in h, T in °C, t in h.

Aufgaben

1. Nach Einnahme eines Medikamentes kann man dessen Konzentration im Blut eines Patienten messen. Für die ersten 6 Stunden beschreibt die Funktion f mit der Gleichung $f(t) = 10t \cdot e^{-0{,}5t}$ die im Blut vorhandene Menge des Medikamentes in Milligramm pro Liter in Abhängigkeit von der Zeit t. Berechnen Sie die mittlere Konzentration des Medikamentes über die ersten 6 Stunden.
2. Die Funktion V mit $V(t) = -0{,}02t^3 + 0{,}06t^2 + 0{,}264t + 0{,}5$; (t in s, V(t) in *l*), gibt das Volumen der Atemluft in den Lungen während eines Atmungszyklus von 5,5 s an. Bestimmen Sie das mittlere Volumen der Atemluft während dieses Atmungszyklus.

7.4.3 Rotationsvolumen

Beachten Sie: **Rotationsvolumen** bei Drehung um die

x-Achse: $V_x = \pi \int_a^b y^2\,dx$ **y-Achse:** $V_y = \pi \int_a^b x^2\,dy$

Bei der Rotation um die **x-Achse** (y-Achse) sind die Integrationsgrenzen a und b **x-Werte** (y-Werte).

Beispiel

Gegeben ist die Funktion f mit $f(x) = \sqrt{x}$; $x \geq 0$ mit Schaubild K.
K, die Parallele zur y-Achse mit x = 3, und die x-Achse schließen eine Fläche ein.
Diese Fläche rotiert um die x-Achse.
Berechnen Sie das Volumen des entstehenden Drehkörpers.

Lösung

Mit der Formel $V_x = \pi \int_a^b y^2\,dx$

erhält man $\mathbf{V_x} = \pi \int_0^3 (\sqrt{x})^2 dx = [\frac{\pi x^2}{2}]_0^3 = \frac{9\pi}{2}$

Ergebnis: Das Volumen V des entstehenden Drehkörpers beträgt V = 14,14.

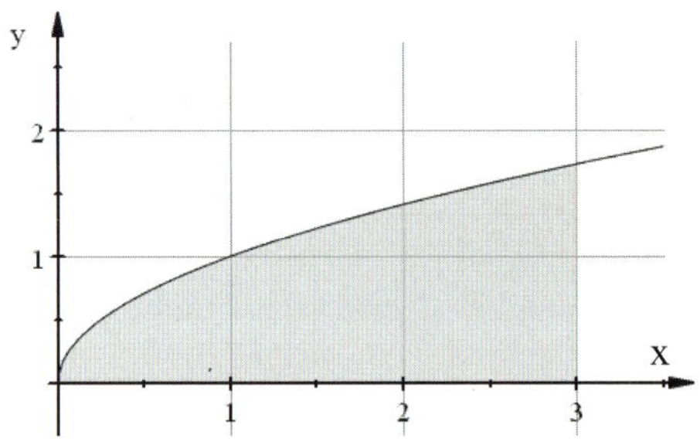

Aufgaben

1. In einen zylindrischen Becher mit Radius 4 cm wird Wasser eingefüllt. Der Becher rotiert um seine senkrechte Achse. Das Wasser steigt dabei am Rand auf eine Höhe von 11 cm, während es sich im Innern bis auf 1 cm über Grund absenkt. Der Wasserrand im Querschnitt durch die Achse lässt sich durch eine ganzrationale Funktion 2. Grades beschreiben. Wie viel Wasser ist im Glas? Wie hoch stand das Wasser vor der Rotation?

2. Die Form einer 1-kg-Diskusscheibe lässt sich näherungsweise beschreiben durch ein Parabelstück, das um die x-Achse rotiert (siehe Skizze, alle Angaben in cm).
Das Parabelstück liegt im ersten Quadranten und wird beschrieben durch die Gleichung $y = -\frac{5}{2}x(x - \frac{19}{5})$
Welche mittlere Dichte hat der Diskus?
(Mittlere Dichte $p = \frac{m}{V}$, m Masse und V Volumen)

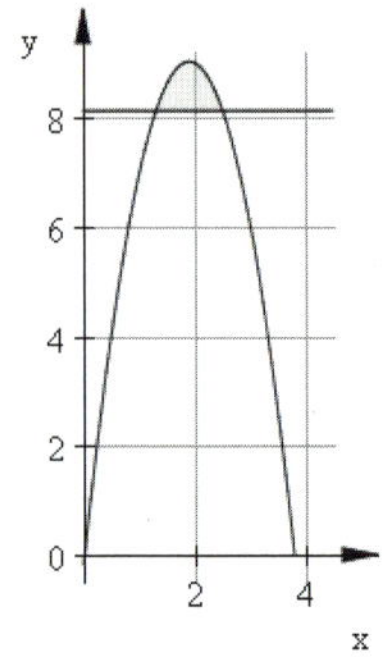

7.4.4 Integral in Physik und Technik

Bemerkung: In den Naturwissenschaften modelliert man mit dem Integral die **Gesamtwirkung** oder die **Gesamtmenge.**

Ist f(t) die Fördermenge (z. B. Tonnen pro Jahr), so gilt für die Gesamtförderung im Zeitraum [a; b]: $\int_a^b f(t)dt$.

Ist w der **Wasserdurchfluss** (z. B. m^3 pro Stunde), so gilt für die gesamte Wassermenge im Zeitraum [a; b]: $\int_a^b w(t)dt$.

Ist v die **Geschwindigkeit** (z. B. m/s), so gilt für die zurückgelegte Strecke im Zeitraum [a; b]: $\int_a^b v(t)dt$.

Gegeben ist die Funktion f mit $f(t) = \frac{1}{18}(108 - t)e^{0,04t}$; $t \geq 0$.

Das Schaubild von f beschreibt die Förderung von Bodenschätzen. Im Jahre t = 0 (1910) wurde mit der industriellen Förderung begonnen, f(t) gibt die geförderte Menge in 10^6 kg im Jahr t an. Wie viel Bodenschätze wurden insgesamt gefördert? Wie groß ist die durchschnittliche Jahresfördermenge?

Lösung

Die Fläche unter der Kurve liefert die Gesamtförderung.

Produktintegration liefert: $\frac{1}{18}\int (108 - t)e^{0,04t}\,dt = \frac{1}{18}e^{0,04t}(3325 - 25t)$

Gesamtförderung: $\frac{1}{18}\int_0^{108} (108 - t)e^{0,04t}dt = 2425,99$

Die Gesamtförderung beträgt etwa 2426000 Tonnen.

Durchschnittliche Jahresfördermenge als Mittelwert: $\frac{2426000 \text{ Tonnen}}{108} = 22463$ Tonnen

Aufgaben

1. Ein Auto fährt im Zeitintervall [0; 4] mit stetig wechselnder Geschwindigkeit $v(t) = -6t^2 + 48t$; t in h, v(t) in $\frac{km}{h}$. Berechnen Sie die zurückgelegte Strecke.
2. Die Regulierung der Wassermenge in einem Wasserturm erfolgt über ein Ventil. Die Stärke des Wasserstroms (in m^3 pro h), der durch das Ventil fließt, wird durch die Funktion f mit $f(t) = 5e^{-t} - 0,2e^t$; $t \geq 0$, t in h, beschrieben.
   Positive Funktionswerte bedeuten eine Wasserzufuhr, negative Funktionswerte eine Wasserentnahme.
   Welche Funktion g beschreibt die Entwicklung des Wasservolumens? Wieviel m^3 Wasser sind maximal im Wasserturm, wenn in t = 0 das Wasservolumen 25 m^3 beträgt?

8 Deusch, Ott - ISBN 978-3-8120-0604-0

8 Matrizenrechnung mit Anwendungen

8.1 Rechnen mit Matrizen

Definition einer Matrix:

Ein **Zahlenschema** aus **m** Zeilen und **n** Spalten (m, n ∈ **N***) nennt man eine **Matrix** vom Format (m, n) bzw. vom Typ (m, n).

Matrizen werden mit **großen Buchstaben** bezeichnet: **A**, **B**, **C**, ...

$$\mathbf{A} = \begin{pmatrix} a_{11} & a_{12} & a_{13} & \dots & a_{1n} \\ a_{21} & a_{22} & a_{23} & \dots & a_{2n} \\ \dots & \dots & \dots & \dots & \dots \\ a_{m1} & a_{m2} & a_{m3} & \dots & a_{mn} \end{pmatrix} = (a_{ij})_{mn} \text{ mit } i = 1, ..., m \text{ und } j = 1, ..., n$$

Die Zahlen a_{ij} heißen Elemente von **A.**

i ist der Zeilenindex; j ist der Spaltenindex.

Beispiele

a) Matrix $\mathbf{A} = \begin{pmatrix} 1 & 32 & 4 \\ 17 & -3 & 7 \end{pmatrix}$ Typ(**A**) = (2, 3)

Elemente von **A**, z. B.: $a_{12} = 32$; $a_{21} = 17$

Transponierte Matrix

Die Zeilen werden mit den entsprechenden Spalten getauscht: $\mathbf{A}^T = \begin{pmatrix} 1 & 17 \\ 32 & -3 \\ 4 & 7 \end{pmatrix}$

b) **Einheitsmatrix**

Alle Elemente der Hauptdiagonalen sind eins, die anderen Elemente sind null.

$\mathbf{E} = \begin{pmatrix} 1 & 0 \\ 0 & 1 \end{pmatrix}$ bzw. $\mathbf{E} = \begin{pmatrix} 1 & 0 & 0 \\ 0 & 1 & 0 \\ 0 & 0 & 1 \end{pmatrix}$ bzw. $\mathbf{E} = \begin{pmatrix} 1 & 0 & 0 & 0 \\ 0 & 1 & 0 & 0 \\ 0 & 0 & 1 & 0 \\ 0 & 0 & 0 & 1 \end{pmatrix}$

$\mathbf{E} = (e_{ij})$ mit $e_{ij} = 1$ für $i = j$, und $e_{ij} = 0$ für $i \neq j$

Die **Einheitsmatrix** wird mit **E** bezeichnet.

c) **Vektoren**

Eine Matrix **A** vom Typ(**A**) = (1, n) heißt **Zeilenvektor,** z. B. $\vec{b} = (5 \quad -7 \quad 8)$.

Eine Matrix **A** vom Typ(**A**) = (m, 1) heißt **Spaltenvektor,** z. B. $\vec{a} = \begin{pmatrix} 3 \\ 5 \\ 9 \end{pmatrix}$.

Ein **transponierter Zeilenvektor** ist ein **Spaltenvektor,**

z. B. $(5 \quad -7 \quad 8)^T = \begin{pmatrix} 5 \\ -7 \\ 8 \end{pmatrix}$.

Gleichheit von Matrizen

Zwei Matrizen $\mathbf{A} = (a_{ij})$ und $\mathbf{B} = (b_{ij})$ sind gleich, wenn sie vom gleichen Typ (m, n) sind und die **entsprechenden Elemente** gleich sind,

d. h.: $a_{11} = b_{11} \wedge a_{12} = b_{12} \wedge \ldots \wedge a_{mn} = b_{mn}$.

Beispiel

Bestimmen Sie a und b so, dass **A** = **B** gilt,

wenn $\mathbf{A} = \begin{pmatrix} a & 5 \\ 3d - 20 & a + 2b \end{pmatrix}$ und $\mathbf{B} = \begin{pmatrix} 1+b & 5 \\ 1 & 16 \end{pmatrix}$; a, b, d $\in \mathbb{R}$ ist.

Lösung

$\mathbf{A} = \mathbf{B}$ wenn $a = 1 + b \wedge 3d - 20 = 1 \wedge a + 2b = 16$

Das LGS ist eindeutig lösbar für a = 6; b = 5; d = 7.

$\mathbf{A} = \mathbf{B}$ wenn a = 6; b = 5 und d = 7.

Addition von Matrizen

Zwei Matrizen **A** und **B** werden addiert, indem man die **Elemente der Matrizen A und B,** die an der gleichen Position stehen, **addiert:** $\mathbf{A} + \mathbf{B} = (a_{ij}) + (b_{ij}) = (a_{ij} + b_{ij})$

Beispiele

a) $\begin{pmatrix} 2 & 10 \\ -4 & 1 \end{pmatrix} + \begin{pmatrix} -1 & 7 \\ -5 & -6 \end{pmatrix} = \begin{pmatrix} 1 & 17 \\ -9 & -5 \end{pmatrix}$

b) $\begin{pmatrix} 3 \\ -4 \\ 0{,}5 \end{pmatrix} + \begin{pmatrix} -5 \\ 1 \\ 1{,}5 \end{pmatrix} = \begin{pmatrix} -2 \\ -3 \\ 2 \end{pmatrix}$

Skalare Multiplikation

Eine Matrix $\mathbf{A} = (a_{ij})$ wird mit einer **reellen Zahl (Skalar) k** multipliziert, indem man jedes Element von **A** mit der reellen Zahl k multipliziert: $k \cdot \mathbf{A} = k \cdot (a_{ij}) = (ka_{ij})$; $k \in \mathbb{R}$

Beispiele

a) $-2\begin{pmatrix} 0{,}5 & -5 & 0 \\ 2 & -3 & 3{,}5 \\ -1 & 2 & -4 \end{pmatrix} = \begin{pmatrix} -1 & 10 & 0 \\ -4 & 6 & -7 \\ 2 & -4 & 8 \end{pmatrix}$

b) $\begin{pmatrix} \frac{1}{7} & \frac{3}{14} \\ \frac{-3}{7} & \frac{5}{14} \end{pmatrix} = \frac{1}{14}\begin{pmatrix} 2 & 3 \\ -6 & 5 \end{pmatrix}$

c) $3\mathbf{A} - 4\mathbf{B} = 3\begin{pmatrix} 1 & 4 \\ -2 & 5 \\ 3 & 6 \end{pmatrix} - 4\begin{pmatrix} -2 & -7 \\ 0 & 1 \\ 1 & -3 \end{pmatrix} = \begin{pmatrix} 3 & 12 \\ -6 & 15 \\ 9 & 18 \end{pmatrix} + \begin{pmatrix} 8 & 28 \\ 0 & -4 \\ -4 & 12 \end{pmatrix} = \begin{pmatrix} 11 & 40 \\ -6 & 11 \\ 5 & 30 \end{pmatrix}$

Beachten Sie: Für $k \in \mathbf{R}$ gilt: $k \cdot \mathbf{A} = \mathbf{A} \cdot k$

$$k \cdot (\mathbf{A} + \mathbf{B}) = k \cdot \mathbf{A} + k \cdot \mathbf{B}$$

Definition der Matrizenmultiplikation

Das Produkt zweier Matrizen $\mathbf{A} = (a_{ij})$ und $\mathbf{B} = (b_{rs})$ wird nach folgendem Schema berechnet.

$$
\begin{array}{c|c}
 & \begin{pmatrix} b_{11} & b_{12} & \dots & b_{1l} & \dots & b_{1p} \\ b_{21} & b_{22} & \dots & b_{2l} & \dots & b_{2p} \\ \vdots & \vdots & & \vdots & & \\ b_{n1} & b_{n2} & \dots & b_{nl} & \dots & b_{np} \end{pmatrix} = \mathbf{B} \\
\hline
\mathbf{A} = \begin{pmatrix} a_{11} & a_{12} & \dots & a_{1n} \\ a_{21} & a_{22} & \dots & a_{2n} \\ \vdots & \vdots & & \vdots \\ a_{k1} & a_{k2} & \dots & a_{kn} \\ \vdots & \vdots & & \vdots \\ a_{m1} & a_{m2} & \dots & a_{mn} \end{pmatrix} & \begin{pmatrix} c_{11} & c_{12} & \dots & c_{1l} & \dots & c_{1p} \\ c_{21} & c_{22} & \dots & c_{2l} & \dots & c_{2p} \\ \vdots & \vdots & & \boxed{c_{kl}} & & \vdots \\ c_{m1} & c_{m2} & \dots & c_{ml} & \dots & c_{mp} \end{pmatrix} = \mathbf{A} \cdot \mathbf{B}
\end{array}
$$

Berechnung des Elementes c_{kl}:

$$c_{kl} = a_{k1} \cdot b_{1l} + a_{k2} \cdot b_{2l} + \dots + a_{kn} \cdot b_{nl} = \sum_{j=1}^{n} a_{kj} \cdot b_{jl}$$

Beachten Sie: $\mathbf{A} \cdot \mathbf{B}$ kann nur berechnet werden, wenn die Anzahl der Spalten von **A** mit der Anzahl der Zeilen von **B** übereinstimmt. $\mathbf{A}_{(m,\,n)} \cdot \mathbf{B}_{(n,\,p)} = \mathbf{C}_{(m,\,p)}$

Beispiele

1) $\mathbf{A} \cdot \mathbf{B} = \begin{pmatrix} 2 & -1 \\ 5 & -3 \end{pmatrix} \cdot \begin{pmatrix} 2 & -1 \\ 3 & 0 \end{pmatrix} = \begin{pmatrix} 1 & -2 \\ 1 & -5 \end{pmatrix}$

$\mathbf{A} \cdot \mathbf{B} \neq \mathbf{B} \cdot \mathbf{A}$

Schema von Falk

$$
\begin{array}{c|c}
 & \begin{pmatrix} 2 & -1 \\ 3 & 0 \end{pmatrix} \\
\hline
\begin{pmatrix} 2 & -1 \\ 5 & -3 \end{pmatrix} & \begin{pmatrix} 1 & -2 \\ 1 & -5 \end{pmatrix}
\end{array}
\qquad
\begin{array}{c|c}
 & \mathbf{B} \\
\hline
\mathbf{A} & \mathbf{A} \cdot \mathbf{B}
\end{array}
$$

$$
\begin{array}{c|c}
 & \begin{pmatrix} 2 & -1 \\ 5 & -3 \end{pmatrix} \\
\hline
\begin{pmatrix} 2 & -1 \\ 3 & 0 \end{pmatrix} & \begin{pmatrix} -1 & 1 \\ 6 & -3 \end{pmatrix}
\end{array}
\qquad
\begin{array}{c|c}
 & \mathbf{A} \\
\hline
\mathbf{B} & \mathbf{B} \cdot \mathbf{A}
\end{array}
$$

2) $\mathbf{A} \cdot \vec{x} = \begin{pmatrix} 0 & 2 & -3 \\ -3 & 1 & 3 \\ -1 & -3 & -5 \end{pmatrix} \begin{pmatrix} -2 \\ 7 \\ 1 \end{pmatrix} = \begin{pmatrix} 11 \\ 16 \\ -24 \end{pmatrix}$

3) $(-1 \quad -2 \quad 2) \cdot \begin{pmatrix} 0 & 2 & -3 \\ -3 & 1 & 3 \\ -1 & -3 & -5 \end{pmatrix} \cdot \begin{pmatrix} -2 \\ 7 \\ 1 \end{pmatrix} = (4 \quad -10 \quad -13) \cdot \begin{pmatrix} -2 \\ 7 \\ 1 \end{pmatrix} = -91$

4) Ein Betrieb produziert aus den drei Rohstoffen R_1, R_2 und R_3 die Produkte P_1 und P_2. Der Materialfluss in Mengeneinheiten (ME) ist der Tabelle (Stückliste) zu entnehmen.

	P_1	P_2
R_1	4	6
R_2	0	8
R_3	5	3

Ein Kunde erteilt einen Auftrag über 20 ME von P_1 und 15 ME von P_2.
Berechnen Sie, wie viel ME der Rohstoffe von jeder Sorte benötigt werden.

Lösung

Aus der Tabelle erhält man die Rohstoff-Endprodukt-Matrix $\mathbf{A} = \begin{pmatrix} 4 & 6 \\ 0 & 8 \\ 5 & 3 \end{pmatrix}$.

Die **1. Spalte** der Matrix gibt an, wie viel ME der einzelnen Rohstoffe R_1, R_2 und R_3 für die Herstellung von **1 ME P_1** benötigt werden: 4 ME R_1 und 5 ME R_3.

Die **1. Zeile** der Matrix gibt an, wie viel ME des Rohstoffes R_1 für die Herstellung von **1 ME von P_1 bzw. P_2** benötigt werden.

Rohstoffbedarf am Beispiel von R_1:

	P_1	P_2	
		P_1	20
		P_2	15
R_1	4	6	$4 \cdot 20 + 6 \cdot 15 = 170$

Für die Herstellung von 20 ME von P_1 und 15 ME von P_2 braucht man 170 ME R_1.

Multiplikation mit dem **Produktionsvektor (als Spaltenvektor)** ergibt die benötigte Menge an Rohstoffen: $\begin{pmatrix} 4 & 6 \\ 0 & 8 \\ 5 & 3 \end{pmatrix} \begin{pmatrix} 20 \\ 15 \end{pmatrix} = \begin{pmatrix} 170 \\ 120 \\ 145 \end{pmatrix}$

Für die Herstellung von 20 ME von P_1 und 15 ME von P_2 braucht man 170 ME von R_1, 120 ME von R_2 und 145 ME von R_3.

Aufgaben

1. Gegeben sind die Matrizen $\mathbf{A} = \begin{pmatrix} 1 & -4 & 2 \\ -2 & 5 & 3 \\ 0 & -1 & 7 \end{pmatrix}$, $\mathbf{B} = \begin{pmatrix} 2 & -1 & -1 \\ 0 & -5 & 3 \\ -3 & 1 & 4 \end{pmatrix}$

   und die Vektoren $\vec{a} = \begin{pmatrix} 1 \\ -2 \\ 3 \end{pmatrix}$, $\vec{b} = \begin{pmatrix} -5 \\ 2 \\ 4 \end{pmatrix}$, $\vec{c} = (2 \quad 7 \quad -8)$. Berechnen Sie.

   a) $(2\mathbf{A} + \mathbf{B}) \cdot \vec{b}$ b) $(\mathbf{A} + \mathbf{B})^T \cdot \vec{a}$ c) $\vec{c} \cdot (3\mathbf{A}^T - \mathbf{B}^T)$ d) $-5\vec{a} - 3\vec{b} + 4\vec{c}^{\,T}$

2. Gegeben ist die Matrix $\mathbf{A}$ durch $\mathbf{A} = \begin{pmatrix} 1 & 0 \\ 2 & 1 \end{pmatrix}$. Bestimmen Sie $(\mathbf{A}^T)^3$ und $(\mathbf{A}^T)^n$.

3. Gegeben sind die Matrizen $\mathbf{A} = \begin{pmatrix} 1 & 1 & 1 & 2 \\ 2 & 6 & -8 & -1 \end{pmatrix}$ und $\mathbf{B} = \frac{1}{5}\begin{pmatrix} 5 & -5 \\ 4 & 4 \\ 2 & -3 \\ -1 & 1 \end{pmatrix}$.

   Berechnen Sie $\mathbf{A} \cdot \mathbf{B}$ und $\mathbf{B} \cdot \mathbf{A}$. Vergleichen Sie.

8.2 Lineare Gleichungssysteme

Beachten Sie: Ein **lineares Gleichungssystem** mit m Gleichungen und n Unbekannten $x_1, x_2, x_3, ..., x_n$ ist gegeben durch

$$\begin{array}{l} a_{11} x_1 + a_{12} x_2 + a_{13} x_3 + ... + a_{1n} x_n = b_1 \\ a_{21} x_1 + a_{22} x_2 + a_{23} x_3 + ... + a_{2n} x_n = b_2 \\ \vdots \quad\quad \vdots \quad\quad \vdots \quad\quad\quad \vdots \quad\quad \vdots \\ a_{m1} x_1 + a_{m2} x_2 + a_{m3} x_3 + ... + a_{mn} x_n = b_m \end{array}$$

Die Zahlen a_{ij} heißen Koeffizienten.

Eine **Lösung eines LGS** mit n Unbekannten besteht aus n Zahlen, die **allen Gleichungen** genügen.

Lösen von linearen Gleichungssystemen

Gegeben ist ein LGS

$$\begin{array}{rcl} x_1 \quad\quad - x_3 &=& 1 \\ x_1 + 2x_2 \quad\quad &=& 3 \\ -4x_1 + 2x_2 + x_3 &=& -10. \end{array}$$

Berechnen Sie den Lösungsvektor $\vec{x}$.

Lösung

Mit dem Gauß'schen Eliminationsverfahren

$$\begin{array}{rcl} x_1 \quad\quad - x_3 &=& 1 \\ x_1 + 2x_2 \quad\quad &=& 3 \\ -4x_1 + 2x_2 + x_3 &=& -10 \end{array}$$

$$\begin{array}{rcl} x_1 \quad\quad - x_3 &=& 1 \\ 2x_2 + x_3 &=& 2 \\ 2x_2 - 3x_3 &=& -6 \end{array}$$

$$\begin{array}{rcl} x_1 \quad\quad - x_3 &=& 1 \\ 2x_2 + x_3 &=& 2 \\ -4x_3 &=& -8 \end{array}$$

Matrixschreibweise (↵ heißt Addition)

$$\begin{array}{ccc} x_1 & x_2 & x_3 \end{array}$$

$$\left(\begin{array}{ccc|c} 1 & 0 & -1 & 1 \\ 1 & 2 & 0 & 3 \\ -4 & 2 & 1 & -10 \end{array}\right) \quad \cdot(-1) \quad \cdot 4$$

(Zeile 1 · (−1) zu Zeile 2; · 4 zu Zeile 3)

$$\left(\begin{array}{ccc|c} 1 & 0 & -1 & 1 \\ 0 & 2 & 1 & 2 \\ 0 & 2 & -3 & -6 \end{array}\right) \quad \cdot(-1)$$

(Zeile 2 · (−1) zu Zeile 3)

$$\left(\begin{array}{ccc|c} 1 & 0 & -1 & 1 \\ 0 & 2 & 1 & 2 \\ 0 & 0 & -4 & -8 \end{array}\right)$$ **Dreiecksform**

Die Gleichung $-4x_3 = -8$ (letzte Zeile der erweiterten Dreiecksmatrix) ergibt: $x_3 = 2$.

Einsetzen in die zweite Zeile $2x_2 + x_3 = 2$ ergibt: $2x_2 + 1 \cdot 2 = 2 \quad \Leftrightarrow x_2 = 0$

Entsprechend erhält man: $x_1 = 3$. Der **Lösungsvektor** lautet $\vec{x} = \begin{pmatrix} 3 \\ 0 \\ 2 \end{pmatrix}$.

$\begin{pmatrix} 1 & 0 & -1 \\ 1 & 2 & 0 \\ -4 & 2 & 1 \end{pmatrix}$ **Koeffizientenmatrix** $\quad \left(\begin{array}{ccc|c} 1 & 0 & -1 & 1 \\ 1 & 2 & 0 & 3 \\ -4 & 2 & 1 & -10 \end{array}\right)$ **erweiterte Koeffizientenmatrix**

Beachten Sie: Die zulässigen Elementarumformungen, um die Dreiecksform zu erreichen, sind die **Multiplikation einer Gleichung mit einer Zahl** ungleich null und die **Addition von Gleichungen.**

Beachten Sie: Ein LGS ist **eindeutig lösbar,** wenn **alle Diagonalelemente in der Dreiecksform ungleich null** sind.

Aufgaben

Lösen Sie mit dem Gaußverfahren.

a)
$$\begin{aligned} -2x_1 - 4x_2 &= -6 \\ x_1 + 2x_2 - 6x_3 &= 0 \\ -2x_1 + 4x_2 - 6x_3 &= -4 \end{aligned}$$

b)
$$\begin{aligned} 3x_1 + 3x_2 - 3x_3 &= 9 \\ x_2 - 3x_3 &= -12 \\ 6x_1 + x_2 - x_3 &= 18 \end{aligned}$$

c)
$$\begin{aligned} x_1 + x_2 + 2x_3 &= 5 \\ 3x_1 - x_2 - 2x_3 &= -1 \\ -2x_1 + 2x_2 + 2x_3 &= 1 \end{aligned}$$

d)
$$\begin{aligned} x_2 - x_3 &= 0 \\ 2x_1 + 3x_2 + x_3 &= 6 \\ x_2 + x_3 &= 3 \end{aligned}$$

e)
$$\begin{aligned} x + 2y + 2z &= 5 \\ 2x + y + z &= 4 \\ 2x + 4y + 3z &= 9 \end{aligned}$$

f)
$$\begin{aligned} x + y + z &= 3 \\ 3x + 4y + 3z &= 9 \\ 2x + 2y + 3z &= 5 \end{aligned}$$

Beispiele

1) Gegeben ist das LGS
$$\begin{aligned} -2x_1 + x_2 &= 3 \\ 12x_1 - 6x_2 &= 0 \end{aligned}$$

Untersuchen Sie das LGS auf Lösbarkeit.

Lösung

Erweiterte Koeffizientenmatrix auf Dreiecksform bringen: $\left(\begin{array}{cc|c} -2 & 1 & 3 \\ 12 & -6 & 0 \end{array}\right) \sim \left(\begin{array}{cc|c} -2 & 1 & 3 \\ 0 & 0 & 18 \end{array}\right)$

Beachten Sie: Ein Diagonalelement der umgeformten Koeffizientenmatrix ist gleich null, d. h., das LGS ist nicht eindeutig lösbar.

Aus der letzten Zeile der erweiterten Dreiecksmatrix folgt $0 \cdot x_1 + 0 \cdot x_2 = 18$.

Man erhält eine **falsche Aussage,** d. h., das LGS ist unlösbar.

Lösungsmenge $L = \emptyset$

2) Gegeben ist das LGS

$$\begin{aligned} -x_1 + x_2 + x_3 &= -1 \\ -7x_2 + 7x_3 &= 14 \\ -x_1 + 3x_2 - x_3 &= -5. \end{aligned}$$

Berechnen Sie die Lösungsmenge.

Lösung

Die erweiterte Koeffizientenmatrix in die erweiterte Dreiecksform bringen:

$$\left(\begin{array}{rrr|r} -1 & 1 & 1 & -1 \\ 0 & -7 & 7 & 14 \\ -1 & 3 & -1 & -5 \end{array}\right) \sim \left(\begin{array}{rrr|r} -1 & 1 & 1 & -1 \\ 0 & -1 & 1 & 2 \\ 0 & 2 & -2 & -4 \end{array}\right) \sim \left(\begin{array}{rrr|r} -1 & 1 & 1 & -1 \\ 0 & -1 & 1 & 2 \\ 0 & 0 & 0 & 0 \end{array}\right)$$

Beachten Sie: Ein Diagonalelement der umgeformten Koeffizientenmatrix ist gleich null, d. h., das LGS ist **nicht eindeutig** lösbar.

Die letzte Zeile der erweiterten Dreiecksform entspricht der Gleichung $0 \cdot x_1 + 0 \cdot x_2 + 0 \cdot x_3 = 0$.

Diese Gleichung ist eine **wahre Aussage** für alle $x_1, x_2, x_3 \in \mathbb{R}$.

Eine Nullzeile bedeutet: **Eine Unbekannte ist frei wählbar.**

Die 2. Zeile entspricht der Gleichung $-x_2 + x_3 = 2$.

Diese Gleichung mit 2 Unbekannten ist mehrdeutig lösbar:

Wir wählen z. B. $x_3 = 1$ und erhalten durch Einsetzen: $x_2 = -1$

$x_3 = -4$ und erhalten durch Einsetzen: $x_2 = -6$

Um alle Lösungen zu erhalten, setzt man $x_3 = r$; $r \in \mathbb{R}$. x_3 ist frei wählbar.

Durch Einsetzen berechnet man x_2 in Abhängigkeit von r: $-x_2 + r = 2$

$$x_2 = r - 2$$

Einsetzen in die 1. Zeile ergibt:

$$\begin{aligned} -x_1 + x_2 + x_3 &= -1 \\ -x_1 + (r-2) + r &= -1 \\ x_1 &= -1 + 2r \end{aligned}$$

Das LGS ist **mehrdeutig lösbar,** hat also unendlich viele Lösungen.

Lösungsvektor: $\vec{x} = \begin{pmatrix} x_1 \\ x_2 \\ x_3 \end{pmatrix} = \begin{pmatrix} -1 + 2r \\ r - 2 \\ r \end{pmatrix}; r \in \mathbb{R}$

Lösungsmenge: $L = \{\vec{x} \mid \vec{x} = \begin{pmatrix} -1 + 2r \\ r - 2 \\ r \end{pmatrix}; r \in \mathbb{R}\}$

Bemerkung: **Die Lösung eines mehrdeutig lösbaren LGS** (enthält einen **Parameter)** wird auch als **allgemeine Lösung** des LGS bezeichnet.

3) Gegeben ist das LGS
$$\begin{aligned} -2x_1 + 3x_2 + 4x_3 &= 0 \\ x_1 \qquad\quad + x_3 &= 0 \\ x_1 + 2x_2 + 5x_3 &= 0. \end{aligned}$$

Berechnen Sie den Lösungsvektor $\vec{x}$.

Lösung

Die erweiterte Koeffizientenmatrix auf die erweiterte Dreiecksform bringen:

$$\left(\begin{array}{ccc|c} -2 & 3 & 4 & 0 \\ 1 & 0 & 1 & 0 \\ 1 & 2 & 5 & 0 \end{array}\right) \sim \left(\begin{array}{ccc|c} -2 & 3 & 4 & 0 \\ 0 & 3 & 6 & 0 \\ 0 & 2 & 4 & 0 \end{array}\right) \sim \left(\begin{array}{ccc|c} -2 & 3 & 4 & 0 \\ 0 & 3 & 6 & 0 \\ 0 & 0 & 0 & 0 \end{array}\right)$$

Mit $x_3 = t$ erhält man durch Einsetzen $x_2 = -2t$ und $x_1 = -t$ und damit den

Lösungsvektor: $\vec{x} = \begin{pmatrix} -t \\ -2t \\ t \end{pmatrix} = t\begin{pmatrix} -1 \\ -2 \\ 1 \end{pmatrix}$; $t \in \mathbb{R}$

Beachten Sie: Da das **Einsetzen von $x_1 = 0$, $x_2 = 0$ und $x_3 = 0$ in dieses LGS immer** eine **wahre Aussage** ergibt, nennt man den Nullvektor $\vec{x} = \begin{pmatrix} 0 \\ 0 \\ 0 \end{pmatrix} = \vec{o}$ die **triviale Lösung.**

Definition: Ein **lineares Gleichungssystem A** $\cdot \vec{x} = \vec{o}$ heißt **homogen,** ein lineares Gleichungssystem **A** $\cdot \vec{x} = \vec{b}$ mit $\vec{b} \neq \vec{o}$ heißt **inhomogen.**

Aufgaben

1. Berechnen Sie die Lösungsmenge.

a) $$\begin{aligned} x_1 - 3x_2 + 2x_3 &= 2 \\ 2x_1 - 6x_2 + 5x_3 &= 11 \\ 3x_1 + 11x_2 - 9x_3 &= 1 \end{aligned}$$

b) $$\begin{aligned} 8x_2 - 4x_3 &= 4 \\ x_1 + 2x_2 - 3x_3 &= 2 \\ -3x_1 - 4x_2 + 8x_3 &= -5 \end{aligned}$$

c) $2x_2 + x_3 = -1$

d) $$\begin{aligned} 2x_1 + 4x_2 + 6x_3 &= 0 \\ 3x_1 + 2x_2 + x_3 &= 1 \\ 2x_2 + 4x_3 &= -0{,}5 \end{aligned}$$

e) $$\begin{aligned} 2x_1 + 5x_2 - x_3 &= 25 \\ x_1 \qquad + 7x_3 &= 10 \\ x_1 + 2x_2 + x_3 &= 12 \end{aligned}$$

f) $$\begin{aligned} x_1 + 2x_2 + x_3 &= 0 \\ -2x_1 - x_2 + 3x_3 &= -1 \end{aligned}$$

2. Gegeben ist das LGS
$$\begin{aligned} 2x_1 + x_2 - 3x_3 &= 0 \\ x_1 - x_2 + x_3 &= 0 \\ -x_1 + x_2 - x_3 &= 0. \end{aligned}$$

a) Bestimmen Sie die Lösungsmenge.

b) Bestimmen Sie eine ganzzahlige Lösung dieses homogenen Gleichungssystems.

c) Wie lautet derjenige Lösungsvektor, dessen erste Komponente $x_1 = 7$ ist?

Rang einer Matrix (Lösungskriterien)

Bei der Untersuchung eines linearen Gleichungssystems auf Lösbarkeit formt man die erweiterte Koeffizientenmatrix $(\mathbf{A} \mid \vec{b})$ in eine erweiterte Dreiecksform um.
Die Lösbarkeit des Gleichungssystems ist bestimmt durch die **Anzahl der Nicht-Nullzeilen.**
Diese Anzahl heißt **Rang der Matrix $(\mathbf{A} \mid \vec{b})$.**

Definition: Der **Rang einer Matrix** ist die **Anzahl der Nicht-Nullzeilen** nach einer vollständigen Umformung in „Richtung" einer Dreiecksform.
Schreibweise für den Rang der Matrix **A:** Rg(**A**)

Beispiele zur Bestimmung des Rangs

$\mathbf{A} = \begin{pmatrix} 1 & 2 & -3 \\ 0 & -2 & 1 \\ 2 & 1 & 4 \end{pmatrix}$ **A** umformen: $\begin{pmatrix} 1 & 2 & -3 \\ 0 & -2 & 1 \\ 2 & 1 & 4 \end{pmatrix} \sim \ldots \sim \begin{pmatrix} 1 & 2 & -3 \\ 0 & -2 & 1 \\ 0 & 0 & -17 \end{pmatrix}$

Die umgeformte Matrix hat **drei Nicht-Nullzeilen;** d. h., Rg(**A**) = 3.

$\mathbf{B} = \begin{pmatrix} 1 & -2 & 2 & 1 \\ 0 & -4 & 3 & 1 \\ 0 & 0 & 0 & 0 \end{pmatrix}$ Rg(**B**) = 2

$\mathbf{C} = \begin{pmatrix} 1 & -2 & 2 \\ 0 & 0 & 0 \\ 0 & 0 & 0 \end{pmatrix}$ Rg(**C**) = 1

$(\mathbf{D} \mid \vec{b}) = \left(\begin{array}{ccc|c} -1 & 1 & 0 & -2 \\ 0 & 2 & 5 & 5 \\ 0 & 0 & 0 & 3 \end{array}\right)$ Rg(**D**) = 2, aber Rg($\mathbf{D} \mid \vec{b}$) = 3

Untersuchung eines LGS auf Lösbarkeit durch Rangbetrachtung

Beispiele

Anzahl der Lösungsvariablen n = 3

$(\mathbf{A} \mid \vec{b}) = \left(\begin{array}{ccc|c} -2 & -1 & 0 & -2 \\ 0 & 2 & 3 & 8 \\ 0 & 0 & 3 & 7 \end{array}\right)$

Rg(A) = Rg(A | $\vec{b}$) = 3

LGS ist eindeutig lösbar.

$(\mathbf{A} \mid \vec{b}) = \left(\begin{array}{ccc|c} -2 & -1 & 0 & -2 \\ 0 & 2 & 3 & 8 \\ 0 & 0 & 0 & 0 \end{array}\right)$

Rg(A) = 2 = Rg(A | $\vec{b}$) < 3

LGS ist mehrdeutig lösbar.

$(\mathbf{A} \mid \vec{b}) = \left(\begin{array}{ccc|c} -2 & -1 & 0 & -2 \\ 0 & 2 & 3 & 8 \\ 0 & 0 & 0 & 5 \end{array}\right)$

Rg(A) = 2 < Rg(A | $\vec{b}$) = 3

LGS ist unlösbar.

Aufgaben

1. Bestimmen Sie den Rang der Matrix **A.**

   a) $\mathbf{A} = \begin{pmatrix} 1 & -3 & 2 \\ 3 & 3 & -2 \\ 1 & -6 & 5 \end{pmatrix}$ b) $\mathbf{A} = \begin{pmatrix} 1 & 3 & -2 & -2 \\ 0 & 0 & 1 & -1 \\ 0 & 0 & 7 & -7 \end{pmatrix}$ c) $\mathbf{A} = \begin{pmatrix} 1 & 3 & 2 \\ 0 & 0 & 1 \\ 0 & 0 & -1 \\ 0 & 0 & 5 \end{pmatrix}$

2. Bestimmen die Lösbarkeit des LGS $(\mathbf{A} \mid \vec{b})$ mithilfe des Rangs.

   a) $\left(\begin{array}{ccc|c} 2 & 2 & 0 & 7 \\ 0 & 1 & 1 & 1 \\ 0 & 3 & 2 & 4 \end{array}\right)$ b) $\left(\begin{array}{ccc|c} 4 & -2 & 6 & 2 \\ 4 & -2 & 1 & -3 \\ -2 & 1 & 5 & 3 \end{array}\right)$ c) $\left(\begin{array}{ccc|c} 4 & 8 & -12 & 16 \\ 3 & 6 & -8 & 14 \\ -2 & -4 & 3 & -14 \end{array}\right)$

Was man wissen sollte ... **über die Lösbarkeit eines linearen Gleichungssystems**

Untersuchung in zwei Schritten (am Beispiel von 3 Gleichungen für 3 Unbekannte):

1. Umformung der erweiterten Koeffizientenmatrix
   mit dem Gauß-Verfahren in die **erweiterte Dreiecksform** ($\mathbf{A}^* | \vec{b}^*$): $\underbrace{\begin{pmatrix} \bullet & \bullet & \bullet \\ 0 & \bullet & \bullet \\ 0 & 0 & \bullet \end{pmatrix}}_{\mathbf{A}^*} \left| \begin{matrix} \bullet \\ \bullet \\ \bullet \end{matrix} \right.$

2. Untersuchung der **Diagonalelemente** von **A***

Alle **Diagonalelemente** von **A*** sind ungleich null.

↓

Das LGS ist **eindeutig** lösbar.

$Rg(A) = Rg(A \mid \vec{b}) = 3$

Das homogene LGS ist nur trivial lösbar.

$\vec{x} = \begin{pmatrix} 0 \\ 0 \\ 0 \end{pmatrix} = \vec{o}$

Mindestens ein **Diagonalelement** von **A*** ist gleich null.

↓

Das LGS ist **nicht eindeutig** lösbar.

$Rg(A) < 3$

Die rechte Seite entscheidet:

Das LGS ist **mehrdeutig** lösbar.

$\left(\begin{matrix} a & \bullet & \bullet \\ 0 & b & \bullet \\ 0 & 0 & 0 \end{matrix} \left| \begin{matrix} \bullet \\ \bullet \\ 0 \end{matrix} \right.\right)$ $a, b \neq 0$

$Rg(A) = 2$

$Rg(A) = Rg(A \mid \vec{b}) < 3$

Das LGS ist **unlösbar.**

$\left(\begin{matrix} a & \bullet & \bullet \\ 0 & b & \bullet \\ 0 & 0 & 0 \end{matrix} \left| \begin{matrix} \bullet \\ \bullet \\ \neq 0 \end{matrix} \right.\right)$

$Rg(A) = 2$

$Rg(A) < Rg(A \mid \vec{b}) = 3$

Bemerkung: Das homogene LGS $\mathbf{A} \cdot \vec{x} = \vec{o}$ ist entweder eindeutig lösbar mit dem Nullvektor als triviale Lösung ($\vec{x} = \vec{o}$) oder mehrdeutig (nicht nur trivial) lösbar.

Bemerkung: Ein **Sonderfall** ($\mathbf{A} \cdot \vec{x} = \vec{b}$ ist **nicht eindeutig** lösbar) liegt vor, wenn mindestens ein Diagonalelement von **A*** gleich null ist.

Gegeben ist das LGS

$$\begin{aligned} 4x_1 + 2x_2 + (2k-4)x_3 &= 2 \\ 4x_1 - 2x_2 + (k-1)\,x_3 &= k \\ (k^2-k-6)\,x_3 &= k^2-4. \end{aligned}$$

Berechnen Sie den Lösungsvektor für k = 2.

Gibt es einen Wert für k, für den das Gleichungssystem unendlich viele Lösungen hat? Begründen Sie Ihre Antwort.

Lösung

k = 2: Die erweiterte Koeffizientenmatrix auf die erweiterte Dreiecksform bringen:

$$\left(\begin{array}{ccc|c} 4 & 2 & 0 & 2 \\ 4 & -2 & 1 & 2 \\ 0 & 0 & -4 & 0 \end{array}\right) \sim \left(\begin{array}{ccc|c} 4 & 2 & 0 & 2 \\ 0 & 4 & -1 & 0 \\ 0 & 0 & -4 & 0 \end{array}\right) \sim \left(\begin{array}{ccc|c} 4 & 2 & 0 & 2 \\ 0 & 4 & -1 & 0 \\ 0 & 0 & 1 & 0 \end{array}\right)$$

Das LGS ist **eindeutig lösbar** mit $x_1 = 0{,}5$; $x_2 = 0$; $x_3 = 0$. Lösungsvektor $\vec{x} = \begin{pmatrix} 0{,}5 \\ 0 \\ 0 \end{pmatrix}$

Die erweiterte Koeffizientenmatrix auf die erweiterte Dreiecksform bringen (Rangberechnung):

$$\left(\begin{array}{ccc|c} 4 & 2 & 2k-4 & 2 \\ 4 & -2 & k-1 & k \\ 0 & 0 & k^2-k-6 & k^2-4 \end{array}\right) \sim \left(\begin{array}{ccc|c} 4 & 2 & k-3 & 2 \\ 0 & 4 & k-3 & 2-k \\ 0 & 0 & (k-3)(k+2) & (k+2)(k-2) \end{array}\right)$$

Rg **A** = 2 für $k \in \{3; -2\}$

Rg **A** = 3 für $k \in \mathbb{R} \setminus \{3; -2\}$

Rg $(\mathbf{A} \mid \vec{b}) = 2$ für $k = -2$; Rg $(\mathbf{A} \mid \vec{b}) = 3$ für $k \in \mathbb{R} \setminus \{-2\}$

Das LGS ist **mehrdeutig** lösbar, für Rg **A** = Rg $(\mathbf{A} \mid \vec{b}) = 2$, also für $k = -2$.

Bemerkung: Das LGS ist **un**lösbar für k = 3, da Rg **A** = 2 < Rg $(\mathbf{A} \mid \vec{b}) = 3$.

Aufgaben

1. Untersuchen Sie, ob das lineare Gleichungssystem keine Lösung, eine Lösung oder unendlich viele Lösungen besitzt.
   Bestimmen Sie gegebenenfalls den Lösungsvektor.

   a) $$\begin{aligned} x_1 + x_2 + x_3 &= 0 \\ 2x_1 + 4x_2 - 2x_3 &= 4 \\ x_1 \qquad + 4x_3 &= 0 \end{aligned}$$

   b) $$\begin{aligned} x_1 + x_2 + 2x_3 &= 4 \\ x_2 + x_3 &= 2 \\ -4x_1 \qquad - 4x_3 &= -8 \end{aligned}$$

   c) $$\begin{aligned} x_2 - 2x_3 &= x_1 \\ -x_2 + x_3 &= x_2 \\ -2x_1 + 4x_2 - 4x_3 &= x_3 \end{aligned}$$

2. Bestimmen Sie a so, dass das LGS lösbar ist. Geben Sie für diesen Fall den Lösungsvektor an.
   Geben Sie Rg(**A**) und Rg($\mathbf{A} \mid \vec{b}$) für a = 12 an.

   a) $(\mathbf{A} \mid \vec{b}) = \left(\begin{array}{cc|c} -2 & 8 & a \\ 3 & 2 & a-4 \\ 2 & 6 & a+2 \end{array}\right)$

   b) $(\mathbf{A} \mid \vec{b}) = \left(\begin{array}{ccc|c} 1 & 3 & -2 & a-1 \\ 2 & 10 & -5 & 2a \\ -2 & -2 & 3 & a^2+1 \end{array}\right)$

3. Gegeben sind das lineare Gleichungssystem $\mathbf{A} \cdot \vec{x} = \vec{b}$ mit

$$\mathbf{A} = \begin{pmatrix} -4 & -1 & 2 \\ -2 & 1 & p \\ -1 & 2 & 2 \end{pmatrix}, \; \vec{b} = \begin{pmatrix} -2 \\ 2 \\ 4 \end{pmatrix} \text{ und } \vec{x} = \begin{pmatrix} x_1 \\ x_2 \\ x_3 \end{pmatrix}.$$

a) Bestimmen Sie die Lösungsmenge des Gleichungssystems für $p = 2$.

b) Für welche Werte von p ist das Gleichungssystem eindeutig lösbar?

4. Gegeben ist das folgende homogene LGS

$$\begin{aligned} -4x_1 \qquad\qquad\qquad + x_2 - \lambda x_3 &= 0 \\ -4x_1 + (2\lambda^2 + \lambda + 1)x_2 - \lambda x_3 &= 0 \\ -x_1 + \tfrac{1}{4}x_2 \qquad\qquad\qquad &= 0 \end{aligned}$$

a) Zeigen Sie, dass das LGS für $\lambda = -\frac{1}{2}$ neben der Nulllösung ($x_1 = x_2 = x_3 = 0$) noch weitere Lösungen besitzt. Bestimmen Sie alle Lösungen des LGS für $\lambda = -\frac{1}{2}$.

b) Berechnen Sie einen weiteren Wert für λ, für den dies auch der Fall ist.

5. Gegeben ist das LGS $\left(\begin{array}{ccc|c} 1 & 0 & 2 & x \\ 2 & 9 & 10 & y \\ -1 & 3 & 0 & z \end{array}\right)$.

a) Ist das LGS lösbar für $x = y = z = 0$? Wenn ja, geben Sie den Lösungsvektor an.

b) Ist das LGS lösbar für $x = y = 0$ und $z = 1$? Wenn ja, geben Sie die Lösung an.

c) Welche Beziehung besteht zwischen x, y und z, wenn das LGS lösbar ist?

6. Für ein Verbindungsfest kaufen drei Studenten S_1, S_2 und S_3 im gleichen Getränkemarkt Bier (A), Wein (B) und Cola (C) ein. Die nebenstehende Tabelle gibt die Anzahl der gekauften Gebinde an.

	A	B	C
S_1	2	4	5
S_2	3	2	6
S_3	2	5	5

Die Einkäufer legen dem Kassenwart der Verbindung Belege über 80 Euro, 75 Euro und 89 Euro vor.
Wie viel Gewinn erwirtschaftet die Verbindung, wenn alle Getränke verkauft werden und der Verkaufspreis von A 20 %, der von B 30 % und der von C 25 % über dem jeweiligen Einkaufspreis liegt.

7. Ein Betrieb stellt aus den Fertigteilen F1, F2 und F3 die Endprodukte E1, E2 und E3 her. Der Verbrauch an Fertigteilen je ME Endprodukt ist der Tabelle zu entnehmen.
Wie viel Endprodukte lassen sich aus 370 ME F1, 330 ME F2 und 460 ME F3 herstellen?

	E1	E2	E3
F1	1	3	2
F2	4	2	1
F3	5	2	3

Inverse Matrix

Festlegung:

A sei eine **quadratische Matrix.** Die **inverse Matrix von A** wird mit $\mathbf{A}^{-1}$ bezeichnet.

Eigenschaft der Inversen: $\mathbf{A} \cdot \mathbf{A}^{-1} = \mathbf{A}^{-1} \cdot \mathbf{A} = \mathbf{E}$

Besitzt **A** eine Inverse, so heißt **A invertierbar.**

Bestimmen Sie die Inverse von $\mathbf{A} = \begin{pmatrix} 0 & 4 & 2 \\ -1 & 3 & -3 \\ 2 & -1 & 6 \end{pmatrix}$.

Lösung

A mit **E** erweitern, d. h., (**A** | **E**):

$$\left(\begin{array}{ccc|ccc} 0 & 4 & 2 & 1 & 0 & 0 \\ -1 & 3 & -3 & 0 & 1 & 0 \\ 2 & -1 & 6 & 0 & 0 & 1 \end{array}\right)$$

Zeilentausch:

$$\left(\begin{array}{ccc|ccc} 2 & -1 & 6 & 0 & 0 & 1 \\ -1 & 3 & -3 & 0 & 1 & 0 \\ 0 & 4 & 2 & 1 & 0 & 0 \end{array}\right) \quad \cdot 2$$

$$\left(\begin{array}{ccc|ccc} 2 & -1 & 6 & 0 & 0 & 1 \\ 0 & 5 & 0 & 0 & 2 & 1 \\ 0 & 4 & 2 & 1 & 0 & 0 \end{array}\right) \quad \begin{array}{l} \cdot (-4) \\ \cdot 5 \end{array}$$

A in Dreiecksform umgeformt:

$$\left(\begin{array}{ccc|ccc} 2 & -1 & 6 & 0 & 0 & 1 \\ 0 & 5 & 0 & 0 & 2 & 1 \\ 0 & 0 & 10 & 5 & -8 & -4 \end{array}\right) \quad \begin{array}{l} \cdot 5 \\ \\ \cdot (-3) \end{array}$$

$$\left(\begin{array}{ccc|ccc} 10 & -5 & 0 & -15 & 24 & 17 \\ 0 & 5 & 0 & 0 & 2 & 1 \\ 0 & 0 & 10 & 5 & -8 & -4 \end{array}\right)$$

$$\left(\begin{array}{ccc|ccc} 10 & 0 & 0 & -15 & 26 & 18 \\ 0 & 5 & 0 & 0 & 2 & 1 \\ 0 & 0 & 10 & 5 & -8 & -4 \end{array}\right) \quad \begin{array}{l} : 10 \\ : 5 \\ : 10 \end{array}$$

(**E** | $\mathbf{A}^{-1}$):

$$\left(\begin{array}{ccc|ccc} 1 & 0 & 0 & -1{,}5 & 2{,}6 & 1{,}8 \\ 0 & 1 & 0 & 0 & 0{,}4 & 0{,}2 \\ 0 & 0 & 1 & 0{,}5 & -0{,}8 & -0{,}4 \end{array}\right)$$

Inverse von A:

$$\mathbf{A}^{-1} = \begin{pmatrix} -1{,}5 & 2{,}6 & 1{,}8 \\ 0 & 0{,}4 & 0{,}2 \\ 0{,}5 & -0{,}8 & -0{,}4 \end{pmatrix}$$

Ausklammern ergibt:

$$\mathbf{A}^{-1} = \frac{1}{10} \begin{pmatrix} -15 & 26 & 18 \\ 0 & 4 & 2 \\ 5 & -8 & -4 \end{pmatrix}$$

Probe: $\mathbf{A} \cdot \mathbf{A}^{-1} = \begin{pmatrix} 0 & 4 & 2 \\ -1 & 3 & -3 \\ 2 & -1 & 6 \end{pmatrix} \cdot \begin{pmatrix} -1{,}5 & 2{,}6 & 1{,}8 \\ 0 & 0{,}4 & 0{,}2 \\ 0{,}5 & -0{,}8 & -0{,}4 \end{pmatrix} = \begin{pmatrix} 1 & 0 & 0 \\ 0 & 1 & 0 \\ 0 & 0 & 1 \end{pmatrix} = \mathbf{E}$

Kriterium für die Existenz der inversen Matrix

Die inverse Matrix einer **quadratischen** (n, n)-Matrix **A** existiert, wenn die Umformung von **A** in die Dreiecksform keine Nullzeile ergibt: Rg(**A**) = n.

Zusammenhang zwischen der Existenz von $\mathbf{A}^{-1}$ und der Lösbarkeit des LGS $\mathbf{A}\vec{x} = \vec{b}$ für eine quadratische Matrix **A.**

Die Inverse von **A** **existiert.** $\Leftrightarrow$ $\mathbf{A}\vec{x} = \vec{b}$ ist **eindeutig lösbar** mit $\vec{x} = \mathbf{A}^{-1}\vec{b}$.

Oder:

Die Inverse von **A** **existiert nicht.** $\Leftrightarrow$ $\mathbf{A}\vec{x} = \vec{b}$ ist **nicht eindeutig lösbar.**

Aufgaben

1. Berechnen Sie die Inverse von **A.**

a) $\mathbf{A} = \begin{pmatrix} 1 & 6 \\ 2 & 3 \end{pmatrix}$ b) $\mathbf{A} = \begin{pmatrix} 4 & -5 & 3 \\ -1 & 2 & -1 \\ -3 & 4 & -2 \end{pmatrix}$ c) $\mathbf{A} = \begin{pmatrix} 4 & 1 & 2 \\ -1 & 0 & 0 \\ 2 & -3 & 1 \end{pmatrix}$

2. Zeigen Sie, dass für die gegebene Matrix **A** gilt: $\mathbf{A}^{-1} = \mathbf{A}^{T}$.

a) $\mathbf{A} = \frac{1}{5}\begin{pmatrix} 3 & 4 \\ -4 & 3 \end{pmatrix}$ b) $\mathbf{A} = \begin{pmatrix} 0 & 1 & 0 \\ 1 & 0 & 0 \\ 0 & 0 & 1 \end{pmatrix}$

3. Zeigen Sie, dass die Matrizen $\mathbf{A} = \begin{pmatrix} 1 & 4 & 2 \\ 2 & 3 & 5 \\ 2 & 5 & 5 \end{pmatrix}$ und $\mathbf{B} = \begin{pmatrix} 5 & 5 & -7 \\ 0 & -0{,}5 & 0{,}5 \\ -2 & -1{,}5 & 2{,}5 \end{pmatrix}$

invers zueinander sind und leiten Sie ausgehend von **A** die inverse Matrix **B** her.

4. Gegeben ist die Matrix **A** durch $\mathbf{A} = \frac{1}{10}\begin{pmatrix} 1 & 1 & 2 \\ 3 & 2 & 1 \\ 4 & 1 & 3 \end{pmatrix}$.

Ordnet man jedem Buchstaben in der Reihenfolge des Alphabets die Zahlen 1 bis 26 zu, lassen sich Wörter aus 9 Buchstaben verschlüsseln.

Das Verfahren wird an einem Beispiel erläutert.

Das Wort **OBERSTUFE** ergibt (15 2 5 16 19 20 21 6 5). Daraus wird die Matrix $\begin{pmatrix} 15 & 2 & 5 \\ 16 & 19 & 20 \\ 21 & 6 & 5 \end{pmatrix}$. Diese Matrix wird dann von links mit $\mathbf{A}^{-1}$ multipliziert.

Ein anderes Wort wird durch diese Verschlüsselungsprozedur dargestellt als $\begin{pmatrix} 6 & -61 & -7 \\ 60 & 25 & 95 \\ 2 & 143 & 21 \end{pmatrix}$.

Nennen Sie dieses Wort.

8.3 Anwendungen

8.3.1 Lineare Verflechtung bei mehrstufigen Produktionsprozessen

Was man wissen sollte... über einen zweistufigen Produktionsprozess

Darstellung eines zweistufigen Produktionsprozesses

– durch Stücklisten:

	Z_1	Z_2	Z_3
R_1			
R_2			

	E_1	E_2	E_3
Z_1			
Z_2			
Z_3			

	E_1	E_2	E_3
R_1			
R_2			

– durch Verflechtungsmatrizen:

A = (R, Z)
Rohstoff-Zwischenprodukt-Matrix

B = (Z, E)
Zwischenprodukt- Endprodukt-Matrix

C = (R, E)
Rohstoff-Endprodukt-Matrix

– durch ein Fertigungsschema:

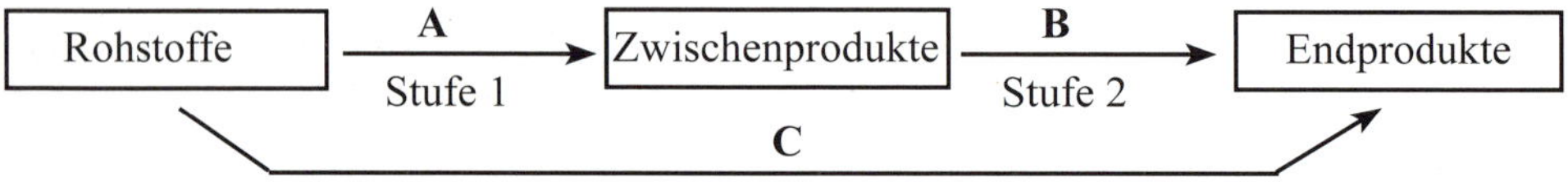

Beachten Sie: **Die Matrix A** beschreibt, wie viel ME der einzelnen Rohstoffe für je eine ME der Zwischenprodukte benötigt werden.
Die Matrix B beschreibt, wie viel ME der einzelnen Zwischenprodukte für je eine ME der Endprodukte benötigt werden.
Die Matrix C beschreibt, wie viel ME der einzelnen Rohstoffe für je eine ME der Endprodukte benötigt werden.

Bemerkung: Die **Zeilenzahl von B** muss mit der **Spaltenzahl von A** übereinstimmen.
Die **Zeilenzahl von C** muss mit der **Zeilenzahl von A** übereinstimmen.

Beachten Sie: Zwischen den Verflechtungsmatrizen gilt der Zusammenhang:

$$\mathbf{A} \cdot \mathbf{B} = \mathbf{C}$$

Merkregel: $(R, Z)_{(m,\, n)} \cdot (Z, E)_{(n,\, p)} = (R, E)_{(m,\, p)}$

Folgerungen für quadratische Matrizen (falls die Inversen existieren):

$$\mathbf{A} = \mathbf{C} \cdot \mathbf{B}^{-1}$$

$$\mathbf{B} = \mathbf{A}^{-1} \cdot \mathbf{C}$$

Bemerkung: Es wird unterstellt, dass die Rohstoffe **nur** über die Produktion der Zwischenprodukte in die Endprodukte eingehen.

Was man wissen sollte... über Verflechtungsmatrizen und Verbrauchsvektoren

$\mathbf{A}_{R,Z} \cdot \vec{z} = \vec{r}$ | $\mathbf{B}_{Z,E} \cdot \vec{p} = \vec{z}$ | $\mathbf{C}_{R,E} \cdot \vec{p} = \vec{r}$

Merkregel

$(R, Z) \cdot \begin{pmatrix} z_1 \\ z_2 \\ z_3 \end{pmatrix} = \begin{pmatrix} r_1 \\ r_2 \\ r_3 \end{pmatrix}$ | $(Z, E) \cdot \begin{pmatrix} p_1 \\ p_2 \\ p_3 \end{pmatrix} = \begin{pmatrix} z_1 \\ z_2 \\ z_3 \end{pmatrix}$ | $(R, E) \cdot \begin{pmatrix} p_1 \\ p_2 \\ p_3 \end{pmatrix} = \begin{pmatrix} r_1 \\ r_2 \\ r_3 \end{pmatrix}$

Fragestellung

Für	$\mathbf{A} \cdot \vec{z} = \vec{r}$	$\mathbf{B} \cdot \vec{p} = \vec{z}$	$\mathbf{C} \cdot \vec{p} = \vec{r}$
ist **gegeben:**	$\vec{z}$	$\vec{p}$	$\vec{p}$
und **gesucht:**	$\vec{r}$	$\vec{z}$	$\vec{r}$

Lösung durch **Einsetzen** des gegebenen Vektors.

Berechnung von $\mathbf{A} \cdot \vec{z}$ | $\mathbf{B} \cdot \vec{p}$ | $\mathbf{C} \cdot \vec{p}$

ergibt den gesuchten Verbrauchs- oder Herstellungsvektor.

Fragestellung

Für	$\mathbf{A} \cdot \vec{z} = \vec{r}$	$\mathbf{B} \cdot \vec{p} = \vec{z}$	$\mathbf{C} \cdot \vec{p} = \vec{r}$
ist **gegeben:**	$\vec{r}$	$\vec{z}$	$\vec{r}$
und **gesucht:**	$\vec{z}$	$\vec{p}$	$\vec{p}$

Lösung: Einsetzen des gegebenen Vektors ergibt ein **lineares Gleichungssystem**

für z_1, z_2, z_3 | p_1, p_2, p_3 | p_1, p_2, p_3

Auflösung ergibt den gesuchten Verbrauchs- oder Herstellungsvektor.

Bemerkung: Ein lineares Gleichungssystem lässt sich mithilfe der **Inversen** der Verflechtungsmatrix (sofern diese existiert) lösen.

$\vec{z} = \mathbf{A}^{-1} \cdot \vec{r}$ | $\vec{p} = \mathbf{B}^{-1} \cdot \vec{z}$ | $\vec{p} = \mathbf{C}^{-1} \cdot \vec{r}$

9 Deusch, Ott - ISBN 978-3-8120-0604-0

Beispiel für eine zweistufige Verflechtung

Ein Betrieb fertigt in einem zweistufigen Produktionsprozess aus den Rohstoffen R_1, R_2 und R_3 zunächst die Zwischenprodukte Z_1, Z_2 und Z_3 und daraus die Endprodukte E_1, E_2 und E_3. Gegeben sind die Rohstoff-Endprodukt-Matrix **C** und die Zwischenprodukt-Endprodukt-Matrix **B.**

$$\mathbf{B} = \begin{pmatrix} 2 & 1 & 1 \\ 1 & 0 & 2 \\ 0 & 1 & 3 \end{pmatrix}; \mathbf{C} = \begin{pmatrix} 2 & 5 & 3 \\ 4 & 4 & 6 \\ 4 & 7 & 7 \end{pmatrix}$$

Die Kosten für die Rohstoffe, für die Fertigung der Zwischenprodukte und die Montage der Endprodukte betragen in Geldeinheiten pro Mengeneinheiten (GE/ME):

R_1	R_2	R_3	Z_1	Z_2	Z_3	E_1	E_2	E_3
8	4	7	12	8	4	8	10	12

Für einen Auftrag werden 3 ME von E_1, 5 ME von E_2 und 2 ME von E_3 hergestellt.
Geben Sie die variablen Herstellkosten je ME der Endprodukte an.
Berechnen Sie die variablen Herstellkosten für diesen Auftrag.

Lösung

Die Rohstoffkosten für je 1 ME von Endprodukt E_1 setzen sich wie folgt zusammen:

Rohstoffkostenvektor $\vec{k}_R = (8 \quad 4 \quad 7)$

Rohstoffkosten je ME Endprodukt: $\vec{k}_R \cdot \mathbf{C} = (8 \quad 4 \quad 7)\begin{pmatrix} 2 & 5 & 3 \\ 4 & 4 & 6 \\ 4 & 7 & 7 \end{pmatrix} = (60 \quad 105 \quad 97)$

Kostenvektor $\vec{k}_Z = (12 \quad 8 \quad 4)$

Fertigungskosten je ME Endprodukt

bei der Zwischenproduktfertigung: $\vec{k}_Z \cdot \mathbf{B} = (12 \quad 8 \quad 4)\begin{pmatrix} 2 & 1 & 1 \\ 1 & 0 & 2 \\ 0 & 1 & 3 \end{pmatrix} = (32 \quad 16 \quad 40)$

Fertigungskosten je ME Endprodukt

bei der Endproduktfertigung: $\vec{k}_E = (8 \quad 10 \quad 12)$

Variable Herstellkosten je ME Endprodukt (ohne Fixkosten)

$$\vec{k}_v = (60 \quad 105 \quad 97) + (32 \quad 16 \quad 40) + (8 \quad 10 \quad 12) = (100 \quad 131 \quad 149)$$

Die Gesamtkosten zur Herstellung von 1 ME von z. B. E_1 betragen 100 GE.

Variable Herstellkosten je ME Endprodukt: $\vec{k}_v = \vec{k}_R \cdot \mathbf{C} + \vec{k}_Z \cdot \mathbf{B} + \vec{k}_E$

Variable Herstellkosten für die Produktion von 3 ME von E_1, 5 ME von E_2 und 2 ME von E_3: $\mathbf{K_v} = \vec{\mathbf{k}}_v \cdot \vec{\mathbf{p}} = (100 \quad 131 \quad 149)\begin{pmatrix} 3 \\ 5 \\ 2 \end{pmatrix} = 1253$

Ergebnis: Die variablen Herstellkosten für diesen Auftrag betragen 1253 GE.

Was man wissen sollte... über Kosten

Rohstoffkosten je ME der Rohstoffe: $\vec{k}_R$

Rohstoffkosten (Materialkosten) je ME Endprodukt: $\vec{k}_R \cdot \mathbf{C}$

Bemerkung: Die Matrix **C** beschreibt, wie viele ME der Rohstoffe R_1, R_2, usw. pro ME Endprodukt gebraucht werden.

Fertigungskosten je ME Zwischenprodukt: $\vec{k}_Z$

Fertigungskosten je ME Endprodukt in Stufe 1: $\vec{k}_Z \cdot \mathbf{B}$

Bemerkung: Die Matrix **B** beschreibt, wie viele ME der Zwischenprodukte Z_1, Z_2, ... pro ME Endprodukt gebraucht werden.

Fertigungskosten je ME Endprodukt in Stufe 2: $\vec{k}_E$

Variable Herstellkosten $\vec{k}_v$ je ME Endprodukt: $\vec{k}_v = \vec{k}_R \cdot \mathbf{C} + \vec{k}_Z \cdot \mathbf{B} + \vec{k}_E$

Multiplikation von $\vec{k}_v$ mit dem Produktionsvektor $\vec{p}$ für die Endprodukte ergibt die gesamten variablen Herstellkosten für die gegebene Produktion $\vec{p}$.

Gesamte variable Herstellkosten K_v: $K_v = \vec{k}_v \cdot \vec{p}$

Ist bekannt, wie viel Rohstoffe $\vec{r}$ und wie viel Zwischenprodukte $\vec{z}$ für die Endprodukte $\vec{p}$ gebraucht werden, kann man K_v auch berechnen mit:

$K_v = \vec{k}_v \cdot \vec{p} = (\vec{k}_R \cdot \mathbf{C} + \vec{k}_Z \cdot \mathbf{B} + \vec{k}_E) \cdot \vec{p} = \vec{k}_R \cdot \mathbf{C} \cdot \vec{p} + \vec{k}_Z \cdot \mathbf{B} \cdot \vec{p} + \vec{k}_E \cdot \vec{p}$

Mit $\vec{r} = \mathbf{C} \cdot \vec{p}$ und $\vec{z} = \mathbf{B} \cdot \vec{p}$ erhält man

K_v	=	$\vec{k}_R \cdot \vec{r}$	+	$\vec{k}_Z \cdot \vec{z}$	+	$\vec{k}_E \cdot \vec{p}$
K_v	=	K_R	+	K_Z	+	K_E
		Rohstoff-kosten		**Kosten** für die Fertigung der **Zwischenprodukte**		**Kosten** für die Fertigung der **Endprodukte**

Die **Gesamtkosten K** ergeben sich aus den **variablen Herstellkosten K_v** und den **Fixkosten K_f**: $K = K_v + K_f$

Aufgaben

1. Ein Betrieb stellt in einem zweistufigen Produktionsprozess aus drei Rohstoffen R_1, R_2 und R_3 die Zwischenprodukte Z_1, Z_2 und Z_3 und daraus die Endprodukte E_1, E_2 und E_3 her. Die Tabellen geben den Materialfluss in Mengeneinheiten (ME) an.

	Z_1	Z_2	Z_3
R_1	2	3	4
R_2	4	5	2
R_3	4	3	2

	E_1	E_2	E_3
R_1	36	33	38
R_2	34	43	38
R_3	30	33	34

Die Materialkosten in Geldeinheiten (GE) pro ME, die Kosten für die Fertigung der Zwischenprodukte und der Endprodukte sind durch die folgenden Vektoren gegeben:
$\vec{k}_R = (2{,}5 \quad 4{,}8 \quad 7{,}5)$, $\vec{k}_Z = (24 \quad 36 \quad 45{,}5)$ und $\vec{k}_E = (132 \quad 200 \quad 182)$.

a) Wie hoch sind die Herstellkosten für eine ME Z_1?

b) Bestimmen Sie die variablen Herstellkosten für je eine ME der Endprodukte. Berechnen Sie die Gesamtkosten für einen Auftrag über 10 ME von E_1, 20 ME von E_2 und 30 ME von E_3, wenn die Fixkosten 3250 GE betragen.

c) Der Konkurrenzdruck erfordert, dass die variablen Herstellkosten auf 920 GE bei E_1, 1015 GE bei E_2 und 1040 GE bei E_3 gesenkt werden. Die Rohstoffpreise in GE je ME sind gefallen und betragen jetzt: 2 für R_1, 4 für R_2 und 7 für R_3. Wie hoch dürfen die Herstellkosten für die Zwischenprodukte höchstens sein, wenn die Produktionskosten für die Endprodukte stabil bleiben sollen?

2. Ein Hersteller von Personalcomputern fertigt aus den Bauteilen R_1, R_2 und R_3 die Baugruppen Z_1, Z_2 und Z_3 und daraus drei Typen von Computern E_1, E_2 und E_3. Die folgenden Matrizen geben den Materialfluss in Stück an.

$$\mathbf{B}_{(Z,E)} = \begin{pmatrix} 3 & 1 & 1 \\ 2 & 5 & 2 \\ 2 & 4 & 5 \end{pmatrix}; \quad \mathbf{C}_{(R,E)} = \begin{pmatrix} 20 & 22 & 18 \\ 10 & 10 & 12 \\ 10 & 24 & 13 \end{pmatrix}$$

Die Fertigungskosten in € je Baugruppe betragen $\vec{k}_Z = (12 \quad 15 \quad 12)$, die Fertigungskosten in €, die je Stück eines Computertyps bei der Montage der Baugruppen anfallen, betragen $\vec{k}_E = (86 \quad 103 \quad 138)$.

a) Bestimmen Sie die Stückpreise in € für die Bauteile, wenn die variablen Herstellkosten je Computertyp $\vec{k}_v = (296 \quad 420 \quad 370)$ sind.

b) Bestimmen Sie die Gesamtkosten in € für die Fertigung von 200 Stück E_1, 280 Stück E_2 und 220 Stück E_3, wenn die fixen Kosten 10920 € betragen. Berechnen Sie den Verkaufspreis für E_3, wenn E_1 für 360 € je Stück, E_2 für 520 € je Stück verkauft werden und der Gewinn 25 % der Gesamtkosten betragen soll.

8.3.2 Das Leontief-Modell

Was man wissen sollte... über das Leontief-Modell

Die drei Sektoren Z_1, Z_2 und Z_3 sind untereinander und mit dem Markt nach dem Leontief-Modell verflochten. Die Zahlen in der Tabelle geben die Warenströme in geeigneten Einheiten (z. B. GE oder ME) an.

Verflechtungstabelle (Input-Output-Tabelle)

	Z_1	Z_2	Z_3	Konsum	Produktion
Z_1	x_{11}	x_{12}	x_{13}	y_1	x_1
Z_2	x_{21}	x_{22}	x_{23}	y_2	x_2
Z_3	x_{31}	x_{32}	x_{33}	y_3	x_3

Bemerkung: Die **Input-Output-Tabelle** gibt sowohl die Lieferungen der Sektoren untereinander als auch die Lieferung an den Konsum an.
$\mathbf{x_{ij}}$ ($\mathbf{x_{ij}} \geq 0$) ist die Lieferung des Sektors i an den Sektor j.
Die Diagonalelemente $\mathbf{x_{ij}}$ (i = 1, 2, 3) sind die Eigenverbrauchsmengen der Sektoren $\mathbf{Z_i}$.
Die Summe der Lieferungen von $\mathbf{Z_1}$: $x_{11} + x_{12} + x_{13} + y_1 = x_1$ ergibt die Produktion von $\mathbf{Z_1}$.

Leontief-Annahme: Die **Lieferungen an einen Sektor** steigen oder fallen **im gleichen Verhältnis** wie die Produktion des Sektors.

Inputmatrix **A** (Technologiematrix)

$$\mathbf{A} = \begin{pmatrix} \frac{x_{11}}{x_1} & \frac{x_{12}}{x_2} & \frac{x_{13}}{x_3} \\ \frac{x_{21}}{x_1} & \frac{x_{22}}{x_2} & \frac{x_{23}}{x_3} \\ \frac{x_{31}}{x_1} & \frac{x_{32}}{x_2} & \frac{x_{33}}{x_3} \end{pmatrix} \quad \text{mit } a_{ij} = \frac{x_{ij}}{x_j}$$

Produktionsvektor $\vec{x}$

$$\vec{x} = \begin{pmatrix} x_1 \\ x_2 \\ x_3 \end{pmatrix} \quad \text{mit } x_i \geq 0$$

Konsumvektor $\vec{y}$

$$\vec{y} = \begin{pmatrix} y_1 \\ y_2 \\ y_3 \end{pmatrix} \quad \text{mit } y_i \geq 0$$

Weitere Bezeichnungen für den Konsumvektor:
Marktabgabevektor, Nachfragevektor, Endverbrauchsvektor

Zusammenhang von Inputmatrix **A**, Produktionsvektor $\vec{x}$ und Konsumvektor $\vec{y}$:

$$\mathbf{A} \cdot \vec{x} + \vec{y} = \vec{x} \iff \vec{y} = (\mathbf{E} - \mathbf{A})\,\vec{x}$$

Was man wissen sollte... über die Problemstellungen beim Leontief-Modell

Es gilt folgender **Zusammenhang:**

$$\mathbf{A}\,\vec{x} + \vec{y} = \vec{x} \Leftrightarrow (\mathbf{E} - \mathbf{A})\,\vec{x} = \vec{y}$$

Die **Inputmatrix A** ist gegeben oder lässt sich mithilfe einer Tabelle bestimmen.
Fragestellungen:

Gegeben: Produktionsvektor $\vec{x}$ **Gesucht:** Konsumvektor $\vec{y}$	**Gegeben:** Konsumvektor $\vec{y}$ **Gesucht:** Produktionsvektor $\vec{x}$	**Gegeben:** $\vec{x}$ und $\vec{y}$ teilweise **Gesucht:** Teile von $\vec{x}$ und $\vec{y}$
Lösung: Einsetzen von $\vec{x}$ in $(\mathbf{E} - \mathbf{A})\,\vec{x} = \vec{y}$ ergibt $\vec{y}$.	$(\mathbf{E} - \mathbf{A})\,\vec{x} = \vec{y}$ ist ein lineares **Gleichungssystem** für x_1, x_2, x_3. Auflösen dieses LGS ergibt $\vec{x}$, auch mit $\vec{x} = (\mathbf{E} - \mathbf{A})^{-1}\,\vec{y}$.	Einsetzen in $(\mathbf{E} - \mathbf{A})\,\vec{x} = \vec{y}$ ergibt ein lineares **Gleichungssystem.** Auflösen dieses LGS ergibt die gesuchten Komponenten.

Folgerung: Eine **beliebige Nachfrage** kann befriedigt werden, wenn die Leontief-Inverse $(\mathbf{E} - \mathbf{A})^{-1}$ existiert und nur **nichtnegative** Elemente enthält.
Dann ist das LGS $(\mathbf{E} - \mathbf{A})\,\vec{x} = \vec{y} \Leftrightarrow \vec{x} = (\mathbf{E} - \mathbf{A})^{-1}\,\vec{y}$
eindeutig lösbar und die Komponenten von $\vec{x}$ sind **nichtnegativ**.

Beachten Sie: Ein Produktionsvektor $\vec{x}$ mit $x_i \geq 0$ ist **wirtschaftlich sinnvoll,** wenn der Konsumvektor in der Gleichung $(\mathbf{E} - \mathbf{A})\,\vec{x} = \vec{y}$ nur **nichtnegative** Komponenten enthält ($y_i \geq 0$).

Beachten Sie: $[(\mathbf{E} - \mathbf{A})^{-1}]^{-1} = \mathbf{E} - \mathbf{A}$

$\mathbf{A} = \mathbf{E} - (\mathbf{E} - \mathbf{A})$

Beispiel

Die drei Zweigwerke Z_1, Z_2 und Z_3 eines Unternehmens sind nach dem Leontief-Modell miteinander verflochten.

Für die kommende Produktionsperiode gilt die Inputmatrix $\mathbf{A} = \frac{1}{48}\begin{pmatrix} 16 & 12 & 8 \\ 8 & 15 & 12 \\ 4 & 6 & 16 \end{pmatrix}$.

Die Produktion von Z_1 und Z_2 ist gleich groß, beide Zweigwerke geben jeweils 10 Einheiten an den Markt ab.

Berechnen Sie die Produktion der drei Zweigwerke und die Marktabgabe von Z_3.

Lösung

$$(\mathbf{E} - \mathbf{A}) = \frac{1}{48}\begin{pmatrix} 48 & 0 & 0 \\ 0 & 48 & 0 \\ 0 & 0 & 48 \end{pmatrix} - \frac{1}{48}\begin{pmatrix} 16 & 12 & 8 \\ 8 & 15 & 12 \\ 4 & 6 & 16 \end{pmatrix} = \frac{1}{48}\begin{pmatrix} 32 & -12 & -8 \\ -8 & 33 & -12 \\ -4 & -6 & 32 \end{pmatrix}$$

Die Produktion von Z_1 und Z_2 ist gleich groß bedeutet $x_1 = x_2$: $\vec{x} = \begin{pmatrix} x_1 \\ x_1 \\ x_3 \end{pmatrix}$

Gleiche Marktabgabe bedeutet $y_1 = y_2 = 10$: $\vec{y} = \begin{pmatrix} 10 \\ 10 \\ y_3 \end{pmatrix}$

Einsetzen in $(\mathbf{E} - \mathbf{A})\,\vec{x} = \vec{y}$ ergibt ein LGS für x_1, x_3, y_3:

$$\frac{1}{48}\begin{pmatrix} 32 & -12 & -8 \\ -8 & 33 & -12 \\ -4 & -6 & 32 \end{pmatrix} \cdot \begin{pmatrix} x_1 \\ x_1 \\ x_3 \end{pmatrix} = \begin{pmatrix} 10 \\ 10 \\ y_3 \end{pmatrix} \quad \text{bzw.} \quad \begin{pmatrix} 32 & -12 & -8 \\ -8 & 33 & -12 \\ -4 & -6 & 32 \end{pmatrix} \cdot \begin{pmatrix} x_1 \\ x_1 \\ x_3 \end{pmatrix} = \begin{pmatrix} 480 \\ 480 \\ 48y_3 \end{pmatrix}$$

LGS:

$$32x_1 - 12x_1 - 8x_3 = 480$$
$$-8x_1 + 33x_1 - 12x_3 = 480$$
$$-4x_1 - 6x_1 + 32x_3 = 48y_3$$

Vereinfachung:

$$20x_1 - 8x_3 = 480$$
$$25x_1 - 12x_3 = 480$$
$$-10x_1 + 32x_3 - 48y_3 = 0$$

Auflösung des LGS ergibt: $x_1 = 48$; $x_3 = 60$; $y_3 = 30$

Produktion der 3 Zweigwerke (Produktionsvektor): $\vec{x} = \begin{pmatrix} 48 \\ 48 \\ 60 \end{pmatrix}$;

Konsumvektor: $\vec{y} = \begin{pmatrix} 10 \\ 10 \\ 30 \end{pmatrix}$;

Die Konsumabgabe von Z_3 beträgt also 30 Einheiten.

Aufgaben

1. Ein Wirtschaftsmodell nach Leontief besteht aus drei Sektoren A_1, A_2 und A_3. Die Lieferungen der drei Sektoren untereinander und an den Markt sind gegeben durch die nebenstehende Tabelle:

	A_1	A_2	A_3	Konsum	Produktion
A_1	16	3a	40	12	40b
A_2	12	48	60	0	120
A_3	8a	72	25b	46	200

   a) Bestimmen Sie a und b ($a, b \in \mathbb{R}_+^*$) und damit die Lieferungen x_{12}, x_{31} und x_{33}. Berechnen Sie die Inputmatrix **A** für a = 4 und b = 2.

   b) In der kommenden Produktionsperiode kann A_2 den Markt nicht beliefern, die Konsumabgabe von A_3 ist doppelt so hoch wie die von A_1. Berechnen Sie die Produktion und die Marktabgabe von Sektor A_1, wenn der Sektor A_3 1680 Einheiten produziert.

2. Die drei Zweigwerke W_1, W_2 und W_3 eines Betriebs sind nach dem Leontief-Modell miteinander verflochten.
   Die Verflechtung ist durch die Inputmatrix **A** gegeben: $\mathbf{A} = \begin{pmatrix} 0{,}5 & 0{,}1 & 0{,}2 \\ 0{,}2 & 0{,}1 & 0{,}3 \\ 0{,}4 & 0{,}2 & 0{,}2 \end{pmatrix}$.

   a) Bestimmen Sie x_3 im Produktionsvektor $\vec{x}^T = (20 \quad 40 \quad x_3)$ so, dass das Zweigwerk W_1 den Markt nicht beliefert.

   b) In der kommenden Produktionsperiode produziert W_2 40 Einheiten.
   Zweigwerk W_1 liefert 30 % seiner Produktion an den Konsum.
   Die Marktabgaben von W_2 und W_3 verhalten sich wie 1 : 4.
   Berechnen Sie den Produktionsvektor und den Konsumvektor.

3. Drei Abteilungen A, B und C eines Unternehmens sind nach dem Leontief-Modell verflochten. Die Inputmatrix dieser Verflechtung ist gegeben durch $\mathbf{A} = \begin{pmatrix} 0{,}5 & 0 & 0{,}5 \\ 0{,}2 & 0{,}2 & 0 \\ 0{,}3 & 0{,}4 & 0{,}2 \end{pmatrix}$.

   a) B plant eine Produktion von 180 Einheiten und C eine Produktion von 270 Einheiten.
   Jede der 3 Abteilungen möchte mindestens 20 Einheiten an den Markt abgeben.
   Wie viel muss A mindestens produzieren und wie viel kann A höchstens produzieren?

   b) Aufgrund einer veränderten Wirtschaftslage beliefert B den Markt nicht mehr und A produziert gleich viel wie C. Wie hoch ist die Marktabgabe von A?
   In welchem Verhältnis steht die Produktion von A zu der von B?
   Wie viel % der Produktion von C geht an den Markt?

8.3.3 Mischungsrechnung

Ein Teeimporteur stellt Teemischungen verschiedener Preisklassen her.

100 g der reinen Teesorte A, B bzw. C werden für 6 €, 7,50 € und 9 € verkauft.

Eine neue Mischung soll aus den drei Sorten hergestellt werden und im Verkauf 7 € kosten. Wie hoch darf der Anteil von Sorte B höchstens sein?

Welchen Anteil von A muss man mindestens beimischen?

Lösung

x, y, z: Anteile der Teesorten A, B und C an der Mischung

LGS: $x + y + z = 1$

$6x + 7{,}5y + 9z = 7$

Auflösung des mehrdeutigen LGS ergibt: $x = \frac{1}{3} + z;\ y = \frac{2}{3} - 2z$

Anteil von B: $y = \frac{2}{3} - 2z \leq \frac{2}{3}$ wegen $z \geq 0$

Anteil von A: $x = \frac{1}{3} + z \geq \frac{1}{3}$ wegen $z \geq 0$

Der Anteil von Sorte B darf höchstens $\frac{2}{3}$ betragen,

von A muss man mindestens $\frac{1}{3}$ beimischen.

Aufgabe

Für eine Gedenkstatue soll eine Bronzelegierung mit einem Gehalt von 92 % Kupfer, 7 % Zinn und 1 % Zink hergestellt werden.
Zur Verfügung stehen alte Kupfermünzen (Rohstoff I) mit 95 % Kupfer, 4 % Zinn und 1 % Zink, Glockenbronze (Rohstoff II)mit 75 % Kupfer und 25 % Zinn sowie Rotmessing (Rohstoff III) mit 90 % Kupfer und 10 % Zink.
Es sollen 100 kg der Statuenlegierung hergestellt werden.

a) Wie viel Kilogramm der Rohstoffe I, II und III sind notwendig, um die gewünschte Legierung herzustellen?

b) Begründen Sie, dass es nicht möglich ist, die Legierung nur aus Kupfermünzen und Glockenbronze herzustellen.

c) Nun steht zusätzlich reines Kupfer als Rohstoff IV zur Verfügung. Welche Mengen der Rohstoffe II, III und IV sind nötig, wenn 50 kg Kupfermünzen eingeschmolzen werden sollen ?

d) Geben Sie die Zusammensetzung einer Legierung aus Kupfer, Zinn und Zink an, die sich nicht aus den 4 Rohstoffen herstellen lässt. Begründen Sie Ihre Wahl.

8.3.4 Elektrische Netzwerke

In einem einfachen Netzwerk sind die Widerstände $R_1 = 60\ \Omega$, $R_2 = 50\ \Omega$ und $R_3 = 80\ \Omega$ gegeben. Die Quellspannung beträgt U = 20 V.
Berechnen Sie die durch die Maschen fließenden Ströme.

Lösung

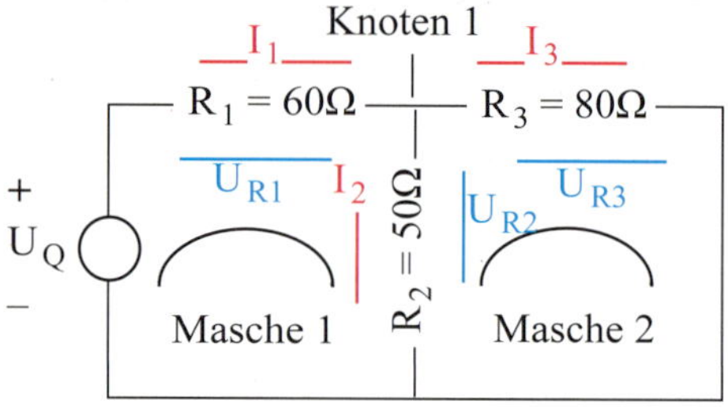

Verknüpfung der Zweigspannungen und -ströme:

$U_{R1} = R_1 \cdot I_1$

$U_{R2} = R_2 \cdot I_2$

$U_{R3} = R_3 \cdot I_3$

Maschengleichung für Masche 1: $U_{R1} + U_{R2} - U_Q = 0$

für Masche 2: $U_{R3} - U_{R2} = 0$

Knotengleichung $I_1 - I_2 - I_3 = 0$

Umformung der Maschengleichungen für Masche 1: $R_1 \cdot I_1 + R_2 \cdot I_2 = U_Q$

für Masche 2: $-R_2 \cdot I_2 + R_3 \cdot I_3 = 0$

Knoten 1 $I_1 - I_2 - I_3 = 0$

LGS für die unbekannten Ströme

in Matrixschreibweise

$$\begin{array}{ccc} I_1 & I_2 & I_3 \\ \end{array}$$

$$\left(\begin{array}{ccc|c} R_1 & R_2 & 0 & U_Q \\ 0 & -R_2 & R_3 & 0 \\ 1 & -1 & -1 & 0 \end{array}\right)$$

Vektor der bekannten Spannungsquelle

Einsetzen der gegebenen Werte

$$\left(\begin{array}{ccc|c} 60 & 50 & 0 & 20 \\ 0 & -50 & 80 & 0 \\ 1 & -1 & -1 & 0 \end{array}\right)$$

Lösung ergibt: Die durch die Maschen fließenden Ströme sind $I_1 = 0{,}22$ A, $I_2 = 0{,}14$ A und $I_3 = 0{,}08$ A.

Bemerkung: Die Ströme können in diesem Fall auch mit Hilfe von Reihen- und Parallelschaltung von Widerständen berechnet werden.

Aufgabe

In einem Netzwerk (s. Abb.) sind die Widerstände $R_1 = 6\ \Omega$, $R_2 = 5\ \Omega$, $R_3 = 8\ \Omega$, $R_4 = 5{,}8\ \Omega$ und $R_5 = 10\ \Omega$ gegeben. Die Quellspannungen betragen $U_1 = 20$ V und $U_2 = 25$ V.

Berechnen Sie die durch die Maschen fließenden Ströme I_1, I_2 und I_3.

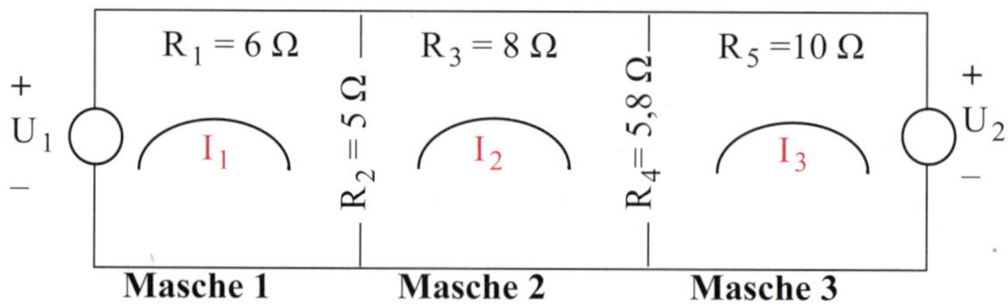

9 Vektorrechnung

9.1 Rechnen mit Vektoren

Geometrische Deutung eines Vektors im Anschauungsraum ($\mathbb{R}^3$)

Deutung des Vektors $\vec{a} = \begin{pmatrix} 2 \\ 3 \\ 1{,}5 \end{pmatrix}$ im (rechtwinkligen) x_1, x_2, x_3-Koordinatensystem:

Punkt A(2 | 3 | 1,5)
Ortsvektor $\vec{a} = \overrightarrow{OA} = \begin{pmatrix} 2 \\ 3 \\ 1{,}5 \end{pmatrix}$

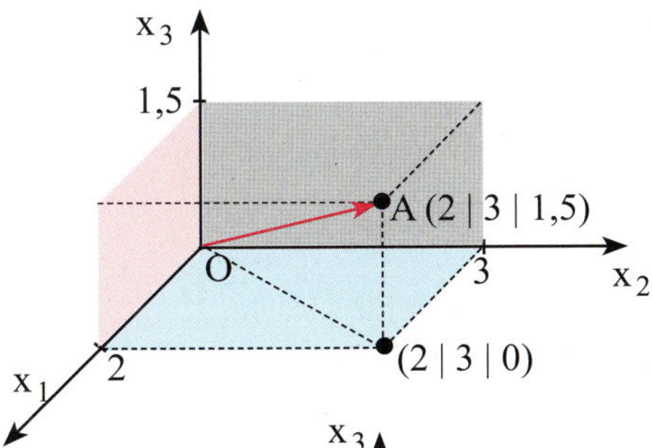

Bemerkung:

Die Vektoren $\vec{e}_1 = \begin{pmatrix} 1 \\ 0 \\ 0 \end{pmatrix}$, $\vec{e} = \begin{pmatrix} 0 \\ 1 \\ 0 \end{pmatrix}$ und $\vec{e}_3 = \begin{pmatrix} 0 \\ 0 \\ 1 \end{pmatrix}$

heißen **Einheitsvektoren.**

Zerlegung von $\vec{a} = \begin{pmatrix} 2 \\ 3 \\ 1{,}5 \end{pmatrix}$:

$\vec{a} = 2\begin{pmatrix} 1 \\ 0 \\ 0 \end{pmatrix} + 3\begin{pmatrix} 0 \\ 1 \\ 0 \end{pmatrix} + 1{,}5\begin{pmatrix} 0 \\ 0 \\ 1 \end{pmatrix} = 2\vec{e}_1 + 3\vec{e}_2 + 1{,}5\vec{e}_3$

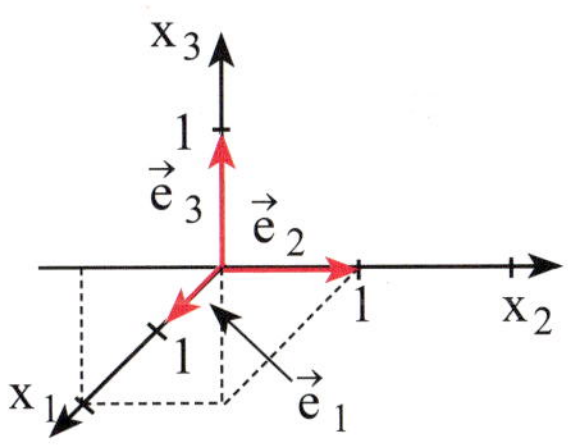

Addition von Vektoren: $\vec{a} + \vec{b} = \begin{pmatrix} a_1 \\ a_2 \\ a_3 \end{pmatrix} + \begin{pmatrix} b_1 \\ b_2 \\ b_3 \end{pmatrix} = \begin{pmatrix} a_1 + b_1 \\ a_2 + b_2 \\ a_3 + b_3 \end{pmatrix}$

Parallelogrammregel:
Gilt $\overrightarrow{AB} + \overrightarrow{AD} = \overrightarrow{AC}$,
so ist das Viereck ABCD ein Parallelogramm.

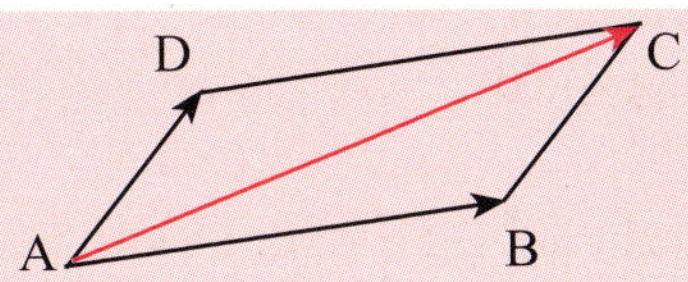

Skalare Multiplikation: Ein Vektor $\vec{a}$ wird mit einer reellen Zahl r multipliziert, indem man **jede Komponente** von $\vec{a}$ mit der reellen Zahl r multipliziert.

$$r \cdot \vec{a} = r \cdot \begin{pmatrix} a_1 \\ a_2 \\ a_3 \end{pmatrix} = \begin{pmatrix} r \cdot a_1 \\ r \cdot a_2 \\ r \cdot a_3 \end{pmatrix}$$

Bemerkung: Zwei Vektoren $\vec{a}$ und $\vec{b}$ sind **linear abhängig,** wenn es ein $k \in \mathbb{R}$ gibt, sodass $\vec{a} = k \cdot \vec{b}$ ($\vec{a}$ ist skalares Vielfaches von $\vec{b}$).

Ansonsten sind sie **linear unabhängig.**

Zwei linear abhängige Vektoren im Anschauungsraum verlaufen **kollinear (parallel).**

Beispiel

Gegeben sind die Vektoren $\vec{u} = \begin{pmatrix} -1 \\ 3 \\ -5 \end{pmatrix}$ und $\vec{v} = \begin{pmatrix} 2 \\ a \\ b \end{pmatrix}$.

Bestimmen Sie a und b so, dass $\vec{u}$ und $\vec{v}$ linear abhängig sind.

Lösung

Aus der Vektorgleichung $r \cdot \begin{pmatrix} -1 \\ 3 \\ -5 \end{pmatrix} = \begin{pmatrix} 2 \\ a \\ b \end{pmatrix}$ ergibt sich $r = -2$; $a = -6$; $b = 10$

Linearkombination von Vektoren

Man nennt eine Summe $r \cdot \vec{a} + s \cdot \vec{b}$ mit $r, s \in \mathbf{R}$ eine **Linearkombination** von $\vec{a}$ und $\vec{b}$.

Beispiele

$2\vec{a} + 4\vec{b} = 2\begin{pmatrix} 2 \\ 1 \end{pmatrix} + 4\begin{pmatrix} -3 \\ 2 \end{pmatrix} = \begin{pmatrix} -8 \\ 10 \end{pmatrix}$

$4\vec{u} - 5\vec{v} = 4\begin{pmatrix} 5 \\ 4 \\ -2 \end{pmatrix} - 5\begin{pmatrix} -1 \\ 0 \\ 6 \end{pmatrix} = \begin{pmatrix} 25 \\ 16 \\ -38 \end{pmatrix}$

Beachten Sie: Drei Vektoren $\vec{a}$, $\vec{b}$ und $\vec{c}$ im $\mathbb{R}^3$ sind **linear abhängig,** wenn mindestens einer der Vektoren **als Linearkombination** der anderen Vektoren darstellbar ist.

Geometrische Deutung:

Drei Vektoren im Anschauungsraum sind dann **linear abhängig,** wenn sie **komplanar** sind (parallel zu einer Ebene liegen).

Beispiel

Gegeben sind die Vektoren $\vec{u} = \begin{pmatrix} -1 \\ 2 \\ 5 \end{pmatrix}$, $\vec{v} = \begin{pmatrix} 0 \\ 1 \\ 4 \end{pmatrix}$ und $\vec{w} = \begin{pmatrix} 2 \\ -1 \\ 2 \end{pmatrix}$.

Stellen Sie, falls möglich, $\vec{w}$ als Linearkombination von $\vec{u}$ und $\vec{v}$ dar.

Sind die Vektoren linear abhängig?

Lösung

Aus der Vektorgleichung $r \cdot \begin{pmatrix} -1 \\ 2 \\ 5 \end{pmatrix} + s\begin{pmatrix} 0 \\ 1 \\ 4 \end{pmatrix} = \begin{pmatrix} 2 \\ -1 \\ 2 \end{pmatrix}$

ergibt sich das folgende LGS in Matrixform: $\left(\begin{array}{cc|c} -1 & 0 & 2 \\ 2 & 1 & -1 \\ 5 & 4 & 2 \end{array}\right) \sim \left(\begin{array}{cc|c} -1 & 0 & 2 \\ 0 & 1 & 3 \\ 0 & 0 & 0 \end{array}\right)$

Das LGS ist eindeutig lösbar mit $r = -2$ und $s = 3$.

Linearkombination: $\vec{w} = -2\vec{u} + 3\vec{v}$

Die Vektoren $\vec{u}$, $\vec{v}$ und $\vec{w}$ sind linear abhängig.

Beachten Sie: Drei Vektoren $\vec{a}$, $\vec{b}$ und $\vec{c}$ im $\mathbb{R}^3$ sind **linear unabhängig,** wenn $\mathrm{Rg}(\vec{a}\ \vec{b}\ \vec{c}) = 3$ bzw. wenn das LGS $x_1\vec{a} + x_2\vec{b} + x_3\vec{c} = \vec{0}$ nur **trivial lösbar** ist.

Beispiel

Die Vektoren $\begin{pmatrix}4\\4\\0\end{pmatrix}\begin{pmatrix}2\\-2\\0\end{pmatrix}\begin{pmatrix}0\\-2\\-4\end{pmatrix}$ sind **linear unabhängig.**

Beweis:

Das homogene LGS $\left(\begin{array}{ccc|c}4 & 2 & 0 & 0\\4 & -2 & -2 & 0\\0 & 0 & -4 & 0\end{array}\right) \sim \ldots \sim \left(\begin{array}{ccc|c}4 & 2 & 0 & 0\\0 & 4 & 2 & 0\\0 & 0 & 1 & 0\end{array}\right)$ ist **eindeutig** (nur trivial) lösbar.

Bemerkung: Die Vektoren $\vec{a}_1, \vec{a}_2, \ldots, \vec{a}_n$ heißen **linear unabhängig,** wenn sich der **Nullvektor nur trivial als Linearkombination** der Vektoren darstellbar lässt.

$x_1\vec{a}_1 + x_2\vec{a}_2 + \ldots + x_n\vec{a}_n = \vec{o} \Rightarrow x_1 = x_2 = \ldots = x_n = 0$

Andernfalls heißen die Vektoren **linear abhängig.**

Beispiel

Untersuchen Sie die Vektoren $\vec{a}$, $\vec{b}$ und $\vec{c}$ auf lineare Unabhängigkeit.

a) $\vec{a} = \begin{pmatrix}2\\8\\10\end{pmatrix}, \vec{b} = \begin{pmatrix}0\\4\\2\end{pmatrix}, \vec{c} = \begin{pmatrix}2\\4\\6\end{pmatrix}$ b) $\vec{a} = \begin{pmatrix}6\\-2\\12\end{pmatrix}, \vec{b} = \begin{pmatrix}-4\\2\\-7\end{pmatrix}, \vec{c} = \begin{pmatrix}5\\-3\\8\end{pmatrix}$

Lösung

a) Die Vektorgleichung $x_1\vec{a} + x_2\vec{b} + x_3\vec{c} = 0$ ergibt das homogene LGS $\left(\begin{array}{ccc|c}2 & 0 & 2 & 0\\8 & 4 & 4 & 0\\10 & 2 & 6 & 0\end{array}\right)$.

Auflösung ergibt $\left(\begin{array}{ccc|c}2 & 0 & 2 & 0\\0 & 4 & -4 & 0\\0 & 0 & 1 & 0\end{array}\right)$; das LGS ist **eindeutig** (nur trivial) lösbar.

Die Vektoren $\vec{a}$, $\vec{b}$ und $\vec{c}$ sind linear unabhängig.

Bemerkung: $\mathrm{Rg}\begin{pmatrix}2 & 0 & 2\\8 & 4 & 4\\10 & 2 & 6\end{pmatrix} = 3$

b) Die Vektorgleichung $x_1\vec{a} + x_2\vec{b} + x_3\vec{c} = 0$ ergibt das homogene LGS $\begin{pmatrix}6 & -4 & 5\\-2 & 2 & -3\\12 & -7 & 8\end{pmatrix}$

Auflösung ergibt $\left(\begin{array}{ccc|c}6 & -4 & 5 & 0\\0 & 2 & -4 & 0\\0 & 0 & 0 & 0\end{array}\right)$; das LGS ist **mehrdeutig** lösbar.

Eine Lösung ist z. B. $x_1 = 1;\ x_2 = 4;\ x_3 = 2.$

Linearkombination: $\vec{a} + 4\vec{b} + 2\vec{c} = 0$ oder $\vec{a} = -4\vec{b} - 2\vec{c}$

Die Vektoren $\vec{a}$, $\vec{b}$ und $\vec{c}$ sind linear abhängig.

Skalarprodukt

Definition: Ist α der Winkel zwischen den Vektoren $\vec{a}$ und $\vec{b}$, so bezeichnet man das Produkt $\vec{a} \cdot \vec{b} = |\vec{a}| \cdot |\vec{b}| \cos\alpha$ als **Skalarprodukt** von $\vec{a}$ und $\vec{b}$.

Folgerung: Für den **Winkel zwischen $\vec{a}$ und $\vec{b}$** gilt: $\cos\alpha = \frac{\vec{a} \cdot \vec{b}}{|\vec{a}| \cdot |\vec{b}|}$

Sonderfälle:

$\alpha = 0°$: Die Vektoren zeigen in die gleiche Richtung, sind **linear abhängig.**

Dann gilt wegen $\cos 0° = 1$: $\vec{a} \cdot \vec{b} = |\vec{a}| \cdot |\vec{b}|$

Im Besonderen: $\vec{a} \cdot \vec{a} = |\vec{a}|^2 \Rightarrow |\vec{a}| = \sqrt{\vec{a} \cdot \vec{a}}$

$\alpha = 90°$: Die Vektoren $\vec{a}$ und $\vec{b}$ stehen **senkrecht aufeinander.**

Dann gilt wegen $\cos 90° = 0$: $\vec{a} \cdot \vec{b} = 0$

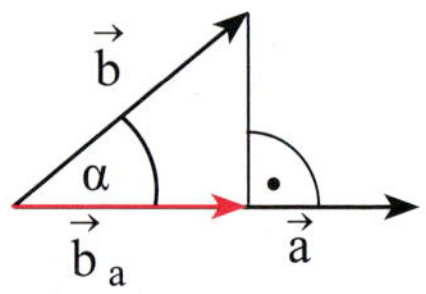

Beachten Sie:

Zwei Vektoren $\vec{a}$ und $\vec{b}$ stehen senkrecht aufeinander ($\vec{a} \perp \vec{b}$), wenn $\vec{a} \cdot \vec{b} = 0$ ist.

$\vec{a}$ und $\vec{b}$ sind **zueinander orthogonal.**

Skalarprodukt in Koordinatenform $\vec{a} \cdot \vec{b} = a_1b_1 + a_2b_2 + a_3b_3$

Beispiele

$\begin{pmatrix} 1 \\ 2 \\ -1 \end{pmatrix} \cdot \begin{pmatrix} -3 \\ 1 \\ 5 \end{pmatrix} = -3 + 2 - 5 = -6;$

$\begin{pmatrix} -1 \\ 3 \\ 4 \end{pmatrix} \cdot \begin{pmatrix} -1 \\ 1 \\ -1 \end{pmatrix} = 1 + 3 - 4 = 0;$ $\begin{pmatrix} -1 \\ 3 \\ 4 \end{pmatrix}$ und $\begin{pmatrix} -1 \\ 1 \\ -1 \end{pmatrix}$ sind zueinander orthogonal.

Beachten Sie: Gegeben sind die Vektoren $\vec{a} = \begin{pmatrix} a_1 \\ a_2 \\ a_3 \end{pmatrix}$ und $\vec{b} = \begin{pmatrix} b_1 \\ b_2 \\ b_3 \end{pmatrix}$.

Betrag eines Vektors $\vec{a}$ (Länge der zugehörigen Pfeile) $|\vec{a}| = \sqrt{a_1^2 + a_2^2 + a_3^2}$

Normierung des Vektors $\vec{a}$

$\vec{a}_0 = \frac{\vec{a}}{|\vec{a}|} = \frac{1}{\sqrt{a_1^2 + a_2^2 + a_3^2}} \cdot \vec{a}$ $\vec{a}_0$ ist der **normierte Vektor mit der Länge 1.**

Beispiele

1) $\vec{a} = \begin{pmatrix} 1 \\ 2 \\ -1 \end{pmatrix}$; Normierter Vektor: $\vec{a}_0 = \frac{\begin{pmatrix} 1 \\ 2 \\ -1 \end{pmatrix}}{\left|\begin{pmatrix} 1 \\ 2 \\ -1 \end{pmatrix}\right|} = \frac{1}{\sqrt{6}} \begin{pmatrix} 1 \\ 2 \\ -1 \end{pmatrix}$

2) Bestimmen Sie einen Vektor der Länge 1, der auf den Vektoren $\vec{a} = \begin{pmatrix} 1 \\ 2 \\ -1 \end{pmatrix}$ und $\vec{b} = \begin{pmatrix} 3 \\ 1 \\ 0 \end{pmatrix}$ senkrecht steht.

Lösung

Ansatz für den Vektor $\vec{n}$: $\vec{n} = \begin{pmatrix} n_1 \\ n_2 \\ n_3 \end{pmatrix}$

Bedingung für senkrecht: $\vec{n} \cdot \vec{a} = 0 \;\Leftrightarrow\; \begin{pmatrix} n_1 \\ n_2 \\ n_3 \end{pmatrix} \begin{pmatrix} 1 \\ 2 \\ -1 \end{pmatrix} = n_1 + 2n_2 - n_3 = 0$

Ebenso: $\vec{n} \cdot \vec{b} = 0 \;\Leftrightarrow\; \begin{pmatrix} n_1 \\ n_2 \\ n_3 \end{pmatrix} \begin{pmatrix} 3 \\ 1 \\ 0 \end{pmatrix} = 3n_1 + n_2 = 0$

Das LGS für n_1, n_2 und n_3 ist **mehrdeutig lösbar.**

Wir wählen z. B. $n_1 = -1$ und erhalten durch Einsetzen $n_2 = 3$, $n_3 = 5$.

Der Vektor $\vec{n} = \begin{pmatrix} -1 \\ 3 \\ 5 \end{pmatrix}$ ist **orthogonal** zu $\vec{a}$ und $\vec{b}$.

Normierung: $\vec{n}_0 = \frac{1}{\sqrt{35}} \begin{pmatrix} -1 \\ 3 \\ 5 \end{pmatrix}$ Vektor der Länge 1.

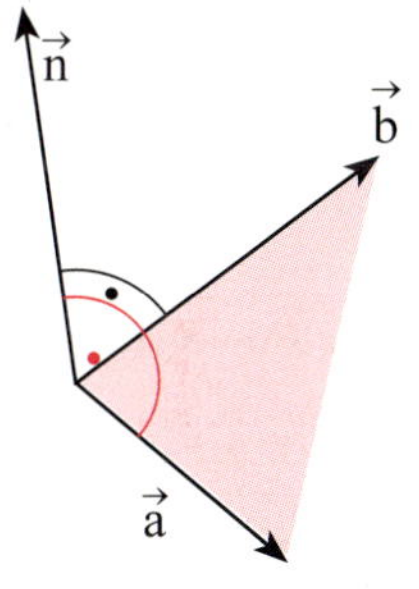

Bemerkung: $\vec{n}$ steht senkrecht auf der Dreiecksfläche, die von den Vektoren $\vec{a}$ und $\vec{b}$ aufgespannt wird.

Aufgaben

1. Untersuchen Sie die Vektoren $\vec{a}$, $\vec{b}$ und $\vec{c}$ auf lineare Unabhängigkeit.

   Stellen Sie den Vektor $\vec{a}$, falls möglich, als Linearkombination von $\vec{b}$ und $\vec{c}$ dar.

   a) $\vec{a} = \begin{pmatrix} 1 \\ 2 \\ 3 \end{pmatrix}$; $\vec{b} = \begin{pmatrix} 2 \\ -2 \\ -1 \end{pmatrix}$; $\vec{c} = \begin{pmatrix} -3 \\ 1 \\ -1 \end{pmatrix}$ b) $\vec{a} = \begin{pmatrix} 1 \\ -1 \\ 2 \end{pmatrix}$; $\vec{b} = \begin{pmatrix} 1 \\ 2 \\ -1 \end{pmatrix}$; $\vec{c} = \begin{pmatrix} 2 \\ 1 \\ 1 \end{pmatrix}$

2. Bestimmen Sie k so, dass sich der Vektor $\vec{a} = \begin{pmatrix} k \\ -1 \\ 4 \end{pmatrix}$ als Linearkombination von $\vec{b} = \begin{pmatrix} -2 \\ -3 \\ 2 \end{pmatrix}$ und $\vec{c} = \begin{pmatrix} 1 \\ -1 \\ -2 \end{pmatrix}$ darstellen lässt.

   Gibt es einen Wert von k, so dass der Winkel zwischen $\vec{a}$ und $\vec{c}$ 60 ° ist?

   Bestimmen Sie einen Wert von k, so dass $|\vec{a}| = 2\sqrt{10{,}5}$.

3. Gegeben sind die Vektoren $\vec{a} = \begin{pmatrix} 4 \\ 4 \\ 4 \end{pmatrix}$ und $\vec{b} = \begin{pmatrix} 1 \\ 1 \\ 6 \end{pmatrix}$.

   a) Bestimmen Sie zwei Vektoren die orthogonal zu $\vec{a}$ und zu $\vec{b}$ verlaufen.

   Welcher Zusammenhang besteht zwischen den zwei Vektoren und $\vec{n} = \begin{pmatrix} 1 \\ -1 \\ 0 \end{pmatrix}$?

   b) Bestimmen Sie $\vec{a}_0$ und den Winkel zwischen $\vec{a}$ und $\vec{b}$.

Vektorprodukt

Definition: α ist der Winkel zwischen den Vektoren $\vec{a} \neq \vec{0}$ und $\vec{b} \neq \vec{0}$, $\vec{a}$ und $\vec{b}$ sind nicht parallel.
Der Vektor $\vec{c}$ mit den folgenden Eigenschaften heißt **Vektorprodukt** von $\vec{a}$ und $\vec{b}$:

1) $|\vec{c}| = |\vec{a}| \cdot |\vec{b}| \sin\alpha$
2) $\vec{c}$ steht senkrecht auf $\vec{a}$ und auf $\vec{b}$.
3) $\vec{a}, \vec{b}$ und $\vec{c}$ bilden in dieser Reihenfolge ein Rechtssystem.

Schreibweise: $\vec{c} = \vec{a} \times \vec{b}$ Sprechweise: a kreuz b

Vektorprodukt aus den **Vektorkoordinaten:** $\vec{a} \times \vec{b} = \begin{pmatrix} a_1 \\ a_2 \\ a_3 \end{pmatrix} \times \begin{pmatrix} b_1 \\ b_2 \\ b_3 \end{pmatrix} = \begin{pmatrix} a_2b_3 - a_3b_2 \\ a_3b_1 - a_1b_3 \\ a_1b_2 - a_2b_1 \end{pmatrix}$

Bemerkung: Der Betrag $|\vec{a} \times \vec{b}|$ entspricht dem **Flächeninhalt** des von den Vektoren $\vec{a}$ und $\vec{b}$ aufgespannten **Parallelogramms.**

Definition: Die Zahl $(\vec{a} \times \vec{b}) \cdot \vec{c}$ heißt **Spatprodukt** von $\vec{a}, \vec{b}$ und $\vec{c}$: $[\vec{a}\,\vec{b}\,\vec{c}] = (\vec{a} \times \vec{b}) \cdot \vec{c}$
Der Betrag dieser Zahl entspricht dem Volumen des von $\vec{a}, \vec{b}$ und $\vec{c}$ aufgespannten Spats.

Beispiel

Gegeben sind die Vektoren $\vec{a} = \begin{pmatrix} 1 \\ -5 \\ 2 \end{pmatrix}$, $\vec{b} = \begin{pmatrix} 2 \\ 0 \\ 3 \end{pmatrix}$ und $\vec{c} = \begin{pmatrix} 4 \\ 10 \\ 1 \end{pmatrix}$.
Bestimmen Sie den Inhalt des Dreiecks, das von $\vec{a}$ und $\vec{b}$ aufgespannt wird.
Bestimmen Sie das Inhalt des Spats, der von $\vec{a}, \vec{b}$ und $\vec{c}$ aufgespannt wird.

Lösung

Für den **Flächeninhalt** gilt: $F = \frac{1}{2}|\vec{a} \times \vec{b}|$ mit $\vec{a} \times \vec{b} = \begin{pmatrix} 1 \\ -5 \\ 2 \end{pmatrix} \times \begin{pmatrix} 2 \\ 0 \\ 3 \end{pmatrix} = \begin{pmatrix} -15-0 \\ 4-3 \\ 0+10 \end{pmatrix} = \begin{pmatrix} -15 \\ 1 \\ 10 \end{pmatrix}$.

Aus $|\vec{a} \times \vec{b}| = \sqrt{225 + 1 + 100} = 18{,}06$ folgt: $F = 9{,}03$

Für das **Volumen** gilt: $(\vec{a} \times \vec{b}) \cdot \vec{c} = \begin{pmatrix} -15 \\ 1 \\ 10 \end{pmatrix} \begin{pmatrix} 4 \\ 10 \\ 1 \end{pmatrix} = -40$, also V = 40 VE.

Aufgaben

1. Berechnen Sie mit den Vektoren $\vec{a} = \begin{pmatrix} 1 \\ -1 \\ 1 \end{pmatrix}$, $\vec{b} = \begin{pmatrix} -2 \\ 0 \\ 3 \end{pmatrix}$ und $\vec{c} = \begin{pmatrix} 4 \\ 10 \\ 1 \end{pmatrix}$:

   $\vec{a} \cdot \vec{b}$; $\vec{a} \times \vec{b}$; $(\vec{a} - 3\vec{b}) \cdot \vec{c}$ und $(\vec{a} \times \vec{b}) \cdot \vec{c}$.

2. Zeigen Sie: Die Vektoren $\vec{a} = \begin{pmatrix} 2 \\ -3 \\ 2 \end{pmatrix}$ und $\vec{b} = \begin{pmatrix} -2 \\ -3 \\ 4 \end{pmatrix}$ spannen ein Dreieck auf.

   Berechnen Sie die Seitenlängen, die Winkel im Dreieck und den Inhalt der Dreiecksfläche.

9.2 Vektorgeometrie im Anschauungsraum

9.2.1 Geraden

Geradengleichungen in vektorieller Parameterform

a) Mit $\overrightarrow{OA} = \vec{a}$, $\overrightarrow{OX} = \vec{x}$ und $\overrightarrow{AB} = \vec{u}$ erhält man die **Punkt-Richtungs-Form**

der Geradengleichung: $\vec{x} = \vec{a} + r\,\vec{u}$; $r \in \mathbb{R}$.

$\vec{a}$ ist der **Stützvektor**

(Ortsvektor des Aufpunktes A).

$\vec{u}$ ist ein **Richtungsvektor.**

$\vec{x}$ ist ein Ortsvektor,

der zu einem Geradenpunkt X gehört.

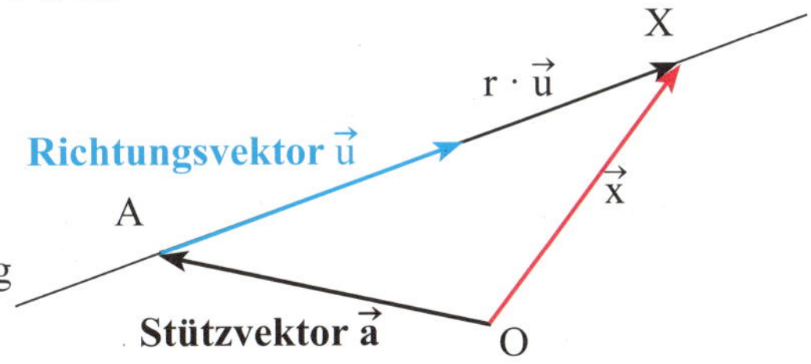

b) **Zwei-Punkte-Form der Geradengleichung**

$\vec{x} = \vec{a} + r\,(\vec{b} - \vec{a})$; $r \in \mathbb{R}$

$\vec{a}$, $\vec{b}$ sind die Ortsvektoren der Geradenpunkte A und B.

$\overrightarrow{AB} = \vec{b} - \vec{a}$ ist ein Richtungsvektor.

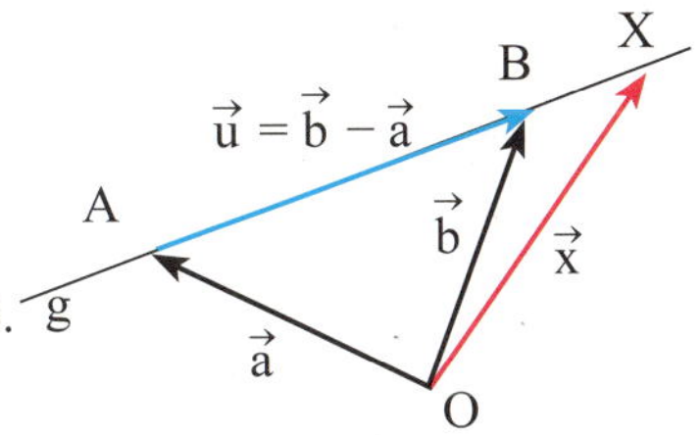

Bemerkungen: Die **Differenz zweier Ortsvektoren** ergibt einen **Richtungsvektor.**

Die Punkte X mit den zugehörigen Ortsvektoren $\vec{x}$ bilden die Gerade g.

Der Vektor $\vec{x}$ verläuft vom Ursprung zu einem Geradenpunkt.

Die Variable (z. B. r mit $r \in \mathbb{R}$) heißt **Parameter** der Geradengleichung.

Beispiele

Gegeben sind die Punkte A(2 | 1 | 3), B(4 | – 1 | 5) und C(4 | 2 | – 7).

Geben Sie eine Gleichung der Geraden durch A und B an.

Zeigen Sie: Die Punkte A, B und C liegen nicht auf einer Geraden.

Lösung

Gerade (AB): $\vec{x} = \overrightarrow{OA} + r\,\overrightarrow{AB} = \begin{pmatrix}2\\1\\3\end{pmatrix} + r\left[\begin{pmatrix}4\\-1\\5\end{pmatrix} - \begin{pmatrix}2\\1\\3\end{pmatrix}\right] = \begin{pmatrix}2\\1\\3\end{pmatrix} + r\begin{pmatrix}2\\-2\\2\end{pmatrix}$; $r \in \mathbb{R}$

$\overrightarrow{AB} = \begin{pmatrix}2\\-2\\2\end{pmatrix}$ und $\overrightarrow{AC} = \begin{pmatrix}4\\2\\-7\end{pmatrix} - \begin{pmatrix}2\\1\\3\end{pmatrix} = \begin{pmatrix}2\\1\\-10\end{pmatrix}$ sind linear unabhängig.

Die Punkte A, B und C liegen nicht auf einer Geraden.

10 Deusch, Ott - ISBN 978-3-8120-0604-0

9.2.2 Ebenen

Ebenengleichungen in vektorieller Parameterform

a) Mit $\overrightarrow{OA} = \vec{a}$, $\overrightarrow{OX} = \vec{x}$, $\overrightarrow{AB} = \vec{u}$ und $\overrightarrow{AC} = \vec{v}$ erhält man die **Punkt-Richtungsform** der Ebenengleichung: $\vec{x} = \vec{a} + r\vec{u} + s\vec{v}$; $r, s \in \mathbb{R}$.

$\vec{a}$ ist der **Stützvektor** (Ortsvektor des Aufpunktes A).

$\vec{u}, \vec{v}$ sind **Richtungsvektoren.**

$\vec{x}$ ist ein Ortsvektor, der zu einem Geradenpunkt X gehört.

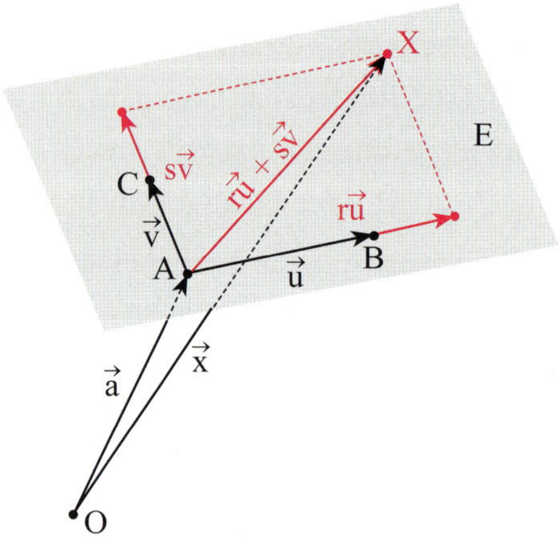

b) **Drei-Punkte-Form der Ebenengleichung**

$\vec{x} = \vec{a} + r(\vec{b} - \vec{a}) + s(\vec{c} - \vec{a})$; $r, s \in \mathbb{R}$

$\vec{a}, \vec{b}, \vec{c}$ sind die Ortsvektoren der Geradenpunkte A, B und C.

Beispiele

1) Die x_1x_3-Ebene verläuft durch den Ursprung: $\vec{x} = r\begin{pmatrix}1\\0\\0\end{pmatrix} + s\begin{pmatrix}0\\0\\1\end{pmatrix}$; $r, s \in \mathbb{R}$

2) Die Punkte A(2 | 1 | 3), B(4 | – 1 | 5) und C(4 | 2 | – 7) legen eine Ebene fest.
Geben Sie eine Gleichung dieser Ebene durch A, B und C an.

Lösung

Ebene E: $\vec{x} = \overrightarrow{OA} + r\,\overrightarrow{AB} + s\,\overrightarrow{AC} = \begin{pmatrix}2\\1\\3\end{pmatrix} + r\left[\begin{pmatrix}4\\-1\\5\end{pmatrix} - \begin{pmatrix}2\\1\\3\end{pmatrix}\right] + s\left[\begin{pmatrix}4\\2\\-7\end{pmatrix} - \begin{pmatrix}2\\1\\3\end{pmatrix}\right]$

$$\vec{x} = \begin{pmatrix}2\\1\\3\end{pmatrix} + r\begin{pmatrix}2\\-2\\2\end{pmatrix} + s\begin{pmatrix}2\\1\\-10\end{pmatrix};\ r, s \in \mathbb{R}$$

3) Der Punkt A(2 | 1 | 3) und die Gerade g: $\vec{x} = \begin{pmatrix}2\\1\\0\end{pmatrix} + r\begin{pmatrix}2\\-1\\0\end{pmatrix}$, $r \in \mathbb{R}$, legen eine Ebene F fest.
Geben Sie eine Gleichung dieser Ebene F an.

Lösung

Der Punkt A liegt **nicht auf der Geraden g.**

Ebene F: $\vec{x} = \begin{pmatrix}2\\1\\0\end{pmatrix} + r\begin{pmatrix}2\\-1\\0\end{pmatrix} + s\left[\begin{pmatrix}2\\1\\0\end{pmatrix} - \begin{pmatrix}2\\1\\3\end{pmatrix}\right] = \begin{pmatrix}2\\1\\0\end{pmatrix} + r\begin{pmatrix}2\\-1\\0\end{pmatrix} + s\begin{pmatrix}0\\0\\-3\end{pmatrix}$; $r, s \in \mathbb{R}$

Aufgaben

1. Gegeben sind die Punkte A(1 | 2 | 0) und B(7 | 2 | 0).
   Stellen Sie die Gleichung der Geraden durch A und B auf und beschreiben Sie ihre Lage im Koordinatensystem. Geben Sie einen Punkt der Geraden zwischen A und B an.

2. Gegeben sind die Punkte A(4 | 3 | 2), B(– 2 | – 3 | 2).
   a) Ermitteln Sie eine Gleichung der Geraden g durch die Punkte A und B.
   b) Bestimmen Sie eine Gleichung der Geraden h, die parallel zur x_2-Achse verläuft und mit g den Punkt A gemeinsam hat.

3. Die Punkte T_a (– a | 2 – a | 1) liegen für $a \in \mathbb{R}$ auf einer Geraden.
   Bestimmen Sie die Gleichung dieser Geraden.

4. Gegeben sind die Geraden g und h durch
   $$g\colon \vec{x} = \begin{pmatrix} 0 \\ 3 \\ -4 \end{pmatrix} + r\begin{pmatrix} 1 \\ -1 \\ 4 \end{pmatrix} \text{ mit } r \in \mathbb{R} \text{ und } h\colon \vec{x} = \begin{pmatrix} -1 \\ 0 \\ 0 \end{pmatrix} + s\begin{pmatrix} 1 \\ 1 \\ 0 \end{pmatrix} \text{ mit } s \in \mathbb{R}.$$
   Zeigen Sie, dass sich die Geraden g und h in S(1 | 2 | 0) senkrecht schneiden.

5. Im Anschauungsraum sind die Gerade g mit $g\colon \vec{x} = \begin{pmatrix} 9 \\ 12 \\ 2 \end{pmatrix} + r\begin{pmatrix} 3 \\ 4 \\ -2 \end{pmatrix};\ r \in \mathbb{R}$
   und die Punkte A(6 | 0 | 0), B (0 | 8 | 0) , C(0 | 0 | 8) und D (9 | 12 | 0) gegeben.
   Die Ebene E geht durch die Punkte A, B und C.
   Die Gerade g und der Punkt D legen eine Ebene F fest.
   Bestimmen Sie eine Gleichung der Ebenen E bzw. F.

6. Gegeben sind die Punkte A(–1 | 8 | 4), B(2 | –7 | –2)
   und für alle $t \in \mathbb{R}$ die Punkte C_t(t – 2 | t + 1 | t) und D_t(t | 1 – t |2t + 5).

   a) Die Gerade g verläuft durch die Punkte A und B.
      Bestimmen Sie den Punkt von g, der in der x_2x_3-Ebene liegt.
      Für welchen Wert von t legen die Punkte A, B und C_t kein Dreieck fest?

   b) Die Punkte A, B und C_0 legen eine Ebene fest.
      Prüfen Sie, ob es ein t gibt, sodass D_t in dieser Ebene liegt.

7. Flugzeug F_1 befindet sich zum Zeitpunkt t = 0 (t in Minuten) im Punkt P_1(0 | 0 | 1) und Flugzeug F_2 im Punkt Q_1(0 | 0 | 4). Nach einer Minute hat Flugzeug F_1 die Position P_2(0 | 8 | 5), Flugzeug F_2 die Position Q_2(– 1 | 5 | 6) erreicht.
   Bestimmen Sie je eine Gleichung der Geraden g und h, welche die Flugbahnen der beiden Flugzeuge beschreibt. Überprüfen Sie, ob die Flugzeuge zusammenstoßen.

Ebenengleichung in parameterfreier Form

Koordinatenform der Ebenengleichung: $\mathbf{ax_1 + bx_2 + cx_3 = r}$

Dabei sind die Koeffizienten a, b, c nicht alle Null.

Beispiel

Bestimmen Sie die Koordinatenform der Ebene E mit $\vec{x} = \begin{pmatrix}1\\2\\3\end{pmatrix} + r\begin{pmatrix}1\\-2\\3\end{pmatrix} + s\begin{pmatrix}2\\-2\\1\end{pmatrix}$; r, s ∈ ℝ.

Lösung

Der Punkt $P(x_1 \mid x_2 \mid x_3)$ liegt in der Ebene E, wenn das folgende LGS eindeutig lösbar ist.

$$\begin{pmatrix}1\\2\\3\end{pmatrix} + r\begin{pmatrix}1\\-2\\3\end{pmatrix} + s\begin{pmatrix}2\\-2\\1\end{pmatrix} = \begin{pmatrix}x_1\\x_2\\x_3\end{pmatrix} \Leftrightarrow \quad r\begin{pmatrix}1\\-2\\3\end{pmatrix} + s\begin{pmatrix}2\\-2\\1\end{pmatrix} = \begin{pmatrix}x_1-1\\x_2-2\\x_3-3\end{pmatrix}$$

Auflösen mit dem Gaußverfahren ergibt: $\left(\begin{array}{cc|c}1 & 2 & x_1-1\\0 & 2 & 2x_1+x_2-4\\0 & 0 & 4x_1+5x_2+2x_3-20\end{array}\right)$

Das LGS ist eindeutig lösbar, wenn $4x_1 + 5x_2 + 2x_3 - 20 = 0$ ist.

Ebenengleichung in Koordinatenform $4x_1 + 5x_2 + 2x_3 - 20 = 0$.

Bemerkung: Gleichung der x_1x_2- Ebene: $x_3 = 0$,

der x_1x_3- Ebene: $x_2 = 0$,

der x_2x_3- Ebene: $x_1 = 0$.

Normalenform der Ebenengleichung: $\vec{n} \cdot (\vec{x} - \vec{p}) = 0$

Dabei ist $\vec{n}$ der Normalenvektor und $\vec{p}$ der Ortsvektor eines Ebenenpunktes.

Der Normalenvektor steht **senkrecht** auf den Richtungsvektoren der Ebene.

Bestimmen Sie die Normalenform der Ebene E mit $\vec{x} = \begin{pmatrix}1\\2\\3\end{pmatrix} + r\begin{pmatrix}1\\-2\\4\end{pmatrix} + s\begin{pmatrix}2\\-2\\1\end{pmatrix}$; r, s ∈ ℝ.

Lösung

Normalenvektor $\vec{n} = \begin{pmatrix}1\\-2\\3\end{pmatrix} \times \begin{pmatrix}2\\-2\\1\end{pmatrix} = \begin{pmatrix}-2+6\\6-1\\-2+4\end{pmatrix} = \begin{pmatrix}4\\5\\2\end{pmatrix}$

Mit $\vec{p} = \begin{pmatrix}1\\2\\3\end{pmatrix}$ erhält man die **Normalenform:** $\begin{pmatrix}4\\5\\2\end{pmatrix} \cdot \left[\vec{x} - \begin{pmatrix}1\\2\\3\end{pmatrix}\right] = 0$

Ausmultiplizieren ergibt die **Koordinatenform** der Ebenengleichung:

$4x_1 + 5x_2 + 2x_3 - 20 = 0$

Normalenform in Koordinaten: $n_1 x_1 + n_2 x_2 + n_3 x_3 = r$ mit $r = \vec{n} \cdot \vec{p}$

Hesse-Normalenform der Ebenengleichung: $\vec{n}_0 \cdot (\vec{x} - \vec{p}) = 0$

Dabei ist $\vec{n}_0$ der **Normaleneinheitsvektor** mit $\vec{n}_0 = \frac{\vec{n}}{|\vec{n}|}$

und $\vec{p}$ der Ortsvektor eines Ebenenpunktes P.

Bestimmen Sie die Hesse-Normalenform der Ebene E mit $4x_1 + 5x_2 + 2x_3 - 20 = 0$.

Lösung

Normaleneinheitsvektor: $|\vec{n}| = \left|\begin{pmatrix}4\\5\\2\end{pmatrix}\right| = \sqrt{45}$; $\vec{n}_0 = \frac{\vec{n}}{|\vec{n}|} = \frac{1}{\sqrt{45}}\begin{pmatrix}4\\5\\2\end{pmatrix}$

Mit $\vec{p} = \begin{pmatrix}1\\2\\3\end{pmatrix}$ erhält man die **Hesse-Normalenform:** $\frac{1}{\sqrt{45}}\begin{pmatrix}4\\5\\2\end{pmatrix}\left[\vec{x} - \begin{pmatrix}1\\2\\3\end{pmatrix}\right] = 0$

Koordinatenform der **Hesse-Normalenform:**

$$\frac{4x_1 + 5x_2 + 2x_3 - 20}{\sqrt{45}} = 0$$

Hesse-Normalenform in Koordinatenschreibweise: $\frac{n_1x_1 + n_2x_2 + n_3x_3 - r}{\sqrt{n_1^2 + n_2^2 + n_3^2}} = 0.$

Aufgaben

1. Im Anschauungsraum sind die Punkte A(–2 | –2 | 4) , B(–10 | 6 | 4), C(–8 | 8 | 12) und D(0 | 0 | 12) gegeben.
   a) Zeigen Sie, dass A, B, C und D in einer Ebene E liegen.
   Untersuchen Sie, ob das Viereck ABCD ein Rechteck ist.
   b) Die Ebene F verläuft parallel zur Ebene E durch den Ursprung des Koordinatensystems.
   Bestimmen Sie eine Gleichung der Ebene F in Koordinatenform.
   Geben Sie die Hesse-Normalenform von F an.
2. Entwickeln Sie aus der Parametergleichung der Ebene E eine Normalengleichung von E.
   E: $\vec{x} = \begin{pmatrix}1\\0\\0\end{pmatrix} + r\begin{pmatrix}-1\\-2\\1\end{pmatrix} + s\begin{pmatrix}1\\-2\\1\end{pmatrix}$; $r, s \in \mathbb{R}$.
3. Entwickeln Sie aus der Koordinatengleichung der Ebene E eine Normalengleichung von E und daraus eine Parametergleichung von E.
   a) $x_1 + x_2 + x_3 - 2 = 0$
   b) $x_1 - 2x_3 - 2 = 0$

9.2.3 Gegenseitige Lage

Gegenseitige Lage von zwei Geraden

Beispiel

Gegeben sind die Geraden

$g_1\colon\ \vec{x} = \begin{pmatrix} 2 \\ -1 \\ 1 \end{pmatrix} + s \begin{pmatrix} -4 \\ 1 \\ 2 \end{pmatrix};\ s \in \mathbb{R}$ und $g_2\colon\ \vec{x} = \begin{pmatrix} 4 \\ 0 \\ 0 \end{pmatrix} + t \begin{pmatrix} -2 \\ 3 \\ 0 \end{pmatrix};\ t \in \mathbb{R}.$

Machen Sie Aussagen über die gegenseitige Lage der Geraden.

Lösung

Gleichsetzen ergibt ein LGS für s und t: $\begin{pmatrix} 2 \\ -1 \\ 1 \end{pmatrix} + s \begin{pmatrix} -4 \\ 1 \\ 2 \end{pmatrix} = \begin{pmatrix} 4 \\ 0 \\ 0 \end{pmatrix} + t \begin{pmatrix} -2 \\ 3 \\ 0 \end{pmatrix}$

LGS in Matrixschreibweise: $\left(\begin{array}{cc|c} -4 & 2 & 2 \\ 1 & -3 & 1 \\ 2 & 0 & -1 \end{array}\right) \sim \ldots \sim \left(\begin{array}{cc|c} -4 & 2 & 2 \\ 0 & -10 & 6 \\ 0 & 0 & 6 \end{array}\right)$

Das LGS ist unlösbar.

Die Richtungsvektoren sind linear unabhängig (vgl. Sie die Spalten 1 und 2).

g_1 und g_2 sind **nicht parallel und schneiden sich nicht.**

Man sagt: g_1 und g_2 sind **zueinander windschief.**

Aufgaben

1. Gegeben sind die Punkte A(– 1| 0 | 0), B(3 | 4 | 0), C(0 | 3 | – 4) und D(1 | 2 | 0).
   Geben Sie eine Gleichung der Geraden g an, auf der die Punkte A und B liegen, sowie eine Gleichung der Geraden h durch die Punkte C und D.
   Zeigen Sie, dass sich die Geraden g und h schneiden.
   Berechnen Sie die die Koordinaten des Schnittpunktes.

2. Gegeben sind die Punkte A(2 | 1 | 1), B(– 1| 3 | 0) und P(1 | 2 | 0).
   Die Punkte A und B liegen auf der Geraden g. Die Gerade h verläuft parallel zur x_3-Achse durch den Punkt P. Zeigen Sie, dass g und h zueinander windschief sind.

3. Nehmen Sie Stellung zu folgenden Aussagen:
   a) Das Vervielfachen des Richtungsvektors einer Geraden g ändert die Lage der Geraden g nicht.
   b) Parallele Geraden haben denselben Richtungsvektor.
   c) Vervielfacht man den Stützvektor einer Geraden, verläuft die neue Gerade parallel zur ursprünglichen Geraden.

Was man wissen sollte ... über die gegenseitige Lage von zwei Geraden

Die Geraden g und h sind gegeben durch

$g: \vec{x} = \vec{p} + r\,\vec{u}\,;\ r \in \mathbb{R}$ $\qquad$ $h: \vec{x} = \vec{q} + s\,\vec{v};\ s \in \mathbb{R}$

Untersuchung der Lagebeziehung von g und h durch Gleichsetzen:

$$\vec{x}_g = \vec{x}_h$$

LGS für r und s $\qquad \vec{p} + r\,\vec{u} = \vec{q} + s\,\vec{v}$

Die Lösbarkeit des Gleichungssystems entscheidet über die Lagebeziehung zwischen den Geraden g und h.

Das LGS ist **eindeutig lösbar.** g und h **schneiden sich** in einem Punkt S.

Das LGS ist **unlösbar.** g und h **schneiden sich nicht.**

- g und h sind zueinander **parallel.** (Die Richtungsvektoren sind parallel.)
- g und h sind zueinander **windschief.** (Die Richtungsvektoren sind nicht parallel.)

Das LGS ist **mehrdeutig lösbar.** g und h **sind identisch.**

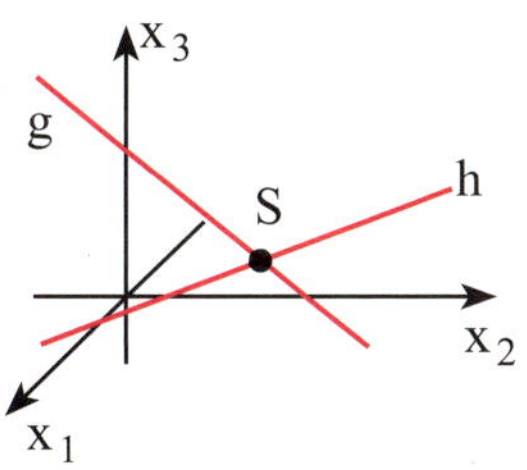

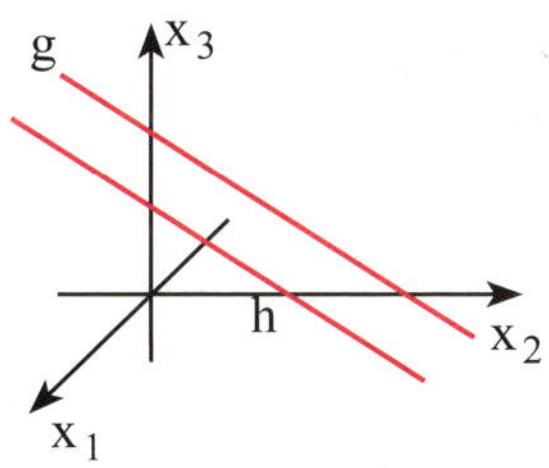

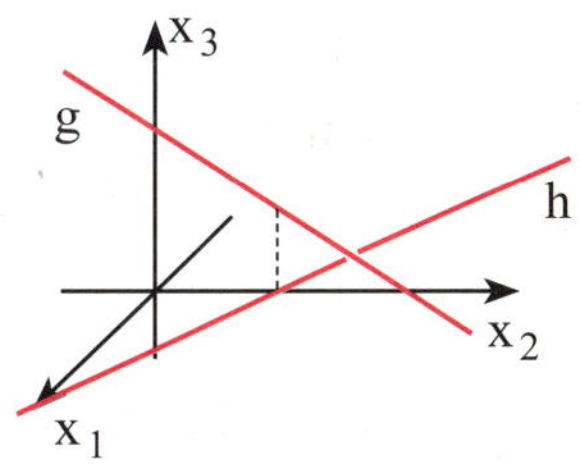

Parallele Geraden

Die Geraden g und h sind **parallel,** wenn der **Richtungsvektor** $\vec{u}$ von g ein **Vielfaches des Richtungsvektors** $\vec{v}$ von h ist:

$$\vec{u} = k \cdot \vec{v} \quad \text{mit } k \neq 0.$$

$\vec{u}$ und $\vec{v}$ sind **linear abhängig (kollinear).**

Gegenseitige Lage von Gerade und Ebene

Beispiel

Gegeben ist die Gerade g_1: $\vec{x} = \begin{pmatrix} 2 \\ -1 \\ 1 \end{pmatrix} + t\begin{pmatrix} -4 \\ 1 \\ 2 \end{pmatrix}$; $t \in \mathbb{R}$

und die Ebene E mit $\vec{x} = \begin{pmatrix} 1 \\ 2 \\ 3 \end{pmatrix} + r\begin{pmatrix} 1 \\ -2 \\ 3 \end{pmatrix} + s\begin{pmatrix} 2 \\ -2 \\ 1 \end{pmatrix}$; $r, s \in \mathbb{R}$.

Machen Sie Aussagen über die gegenseitige Lage von Gerade und Ebene.

Lösung

Gleichsetzen ergibt ein LGS für r, s und t:

$$\begin{pmatrix} 2 \\ -1 \\ 1 \end{pmatrix} + t\begin{pmatrix} -4 \\ 1 \\ 2 \end{pmatrix} = \begin{pmatrix} 1 \\ 2 \\ 3 \end{pmatrix} + r\begin{pmatrix} 1 \\ -2 \\ 3 \end{pmatrix} + s\begin{pmatrix} 2 \\ -2 \\ 1 \end{pmatrix} \Leftrightarrow r\begin{pmatrix} 1 \\ -2 \\ 3 \end{pmatrix} + s\begin{pmatrix} 2 \\ -2 \\ 1 \end{pmatrix} + t\begin{pmatrix} 4 \\ -1 \\ -2 \end{pmatrix} = \begin{pmatrix} 1 \\ -3 \\ -2 \end{pmatrix}$$

LGS in Matrixschreibweise und Auflösung mit dem Gauß-Verfahren:

$$\left(\begin{array}{ccc|c} 1 & 2 & 4 & 1 \\ -2 & -2 & -1 & -3 \\ 3 & 1 & -2 & -2 \end{array}\right) \sim \ldots \sim \left(\begin{array}{ccc|c} 1 & 2 & 4 & 1 \\ 0 & 2 & 7 & -1 \\ 0 & 0 & -7 & 15 \end{array}\right)$$

Das LGS ist eindeutig lösbar; die Gerade schneidet die Ebene in einem Durchstoßpunkt.

Einsetzen von $t = -\frac{15}{7}$ ergibt die Koordinaten des Schnittpunktes: $S(\frac{74}{7} \mid -\frac{22}{7} \mid -\frac{23}{7})$

Bemerkung: E in **Koordinatenform** $4x_1 + 5x_2 + 2x_3 - 20 = 0$

Einsetzen der Geradengleichung ergibt:

$4(2 - 4t) + 5(-1 + t) + 2(1 + 2t) - 20 = 0 \Leftrightarrow t = -\frac{15}{7}$

Einsetzen in die Geradengleichung ergibt den Durchstoßpunkt S.

Gegenseitige Lage von Gerade g und Ebene E

g und E

- schneiden sich in
  - einem Punkt(en). $g \cap E = \{S\}$ Durchstoßpunkt S
  - unendlich vielen Punkt(en). $g \cap E = g$ g liegt in E.
- schneiden sich nicht. g und E verlaufen echt parallel (g liegt nicht in E). $g \cap E = \emptyset$

Gegenseitige Lage von Ebene und Ebene

Beispiele

Gegeben ist die Ebene H: $\vec{x} = \begin{pmatrix} 2 \\ -1 \\ 1 \end{pmatrix} + t\begin{pmatrix} -1 \\ 1 \\ 2 \end{pmatrix} + u\begin{pmatrix} -1 \\ 0 \\ 0 \end{pmatrix}$; t, u ∈ ℝ

und die Ebene E mit $\vec{x} = \begin{pmatrix} 1 \\ -1 \\ 3 \end{pmatrix} + r\begin{pmatrix} 1 \\ -2 \\ 3 \end{pmatrix} + s\begin{pmatrix} 2 \\ -2 \\ 1 \end{pmatrix}$; r, s ∈ ℝ.

Machen Sie Aussagen über die gegenseitige Lage der Ebenen E und H.

Lösung

Gleichsetzen ergibt ein LGS für r, s und t und u:

$$\begin{pmatrix} 2 \\ -1 \\ 1 \end{pmatrix} + t\begin{pmatrix} -1 \\ 1 \\ 2 \end{pmatrix} + u\begin{pmatrix} -1 \\ 0 \\ 0 \end{pmatrix} = \begin{pmatrix} 1 \\ -1 \\ 3 \end{pmatrix} + r\begin{pmatrix} 1 \\ -2 \\ 3 \end{pmatrix} + s\begin{pmatrix} 2 \\ -2 \\ 1 \end{pmatrix} \Leftrightarrow r\begin{pmatrix} 1 \\ -2 \\ 3 \end{pmatrix} + s\begin{pmatrix} 2 \\ -2 \\ 1 \end{pmatrix} + t\begin{pmatrix} 1 \\ -1 \\ -2 \end{pmatrix} + u\begin{pmatrix} 1 \\ 0 \\ 0 \end{pmatrix} = \begin{pmatrix} 1 \\ 0 \\ -2 \end{pmatrix}$$

LGS in Matrixschreibweise und Auflösung mit dem Gauß-Verfahren:

$$\left(\begin{array}{cccc|c} 1 & 2 & 1 & 1 & 1 \\ -2 & -2 & -1 & 0 & 0 \\ 3 & 1 & -2 & 0 & -2 \end{array}\right) \sim \ldots \sim \left(\begin{array}{cccc|c} 1 & 2 & 1 & 1 & 1 \\ 0 & 1 & 0 & 1{,}4 & 1 \\ 0 & 0 & -5 & 4 & 0 \end{array}\right)$$

Das LGS ist mehrdeutig lösbar, aus der 3. Zeile: $-5t + 4u = 0 \Leftrightarrow t = \frac{4}{5}u$

Einsetzen in die Gleichung von H ergibt die **Schnittgerade** g: $\vec{x} = \begin{pmatrix} 2 \\ -1 \\ 1 \end{pmatrix} + \frac{4}{5}u\begin{pmatrix} -1 \\ 1 \\ 2 \end{pmatrix} + u\begin{pmatrix} -1 \\ 0 \\ 0 \end{pmatrix}$

Vereinfachung ergibt g: $\vec{x} = \begin{pmatrix} 2 \\ -1 \\ 1 \end{pmatrix} + u\begin{pmatrix} -1{,}8 \\ 0{,}8 \\ 1{,}6 \end{pmatrix}$; u ∈ ℝ

Bemerkung: E in **Koordinatenform** $4x_1 + 5x_2 + 2x_3 - 5 = 0$

Einsetzen der Ebenengleichung H ergibt:

$4(2 - t - u) + 5(-1 + t) + 2(1 + 2t) - 5 = 0 \Leftrightarrow 5t - 4u = 0 \Leftrightarrow t = \frac{4}{5}u$

Einsetzen in die Ebenengleichung H ergibt die **Schnittgerade** g.

Bemerkung: E in **Koordinatenform** $4x_1 + 5x_2 + 2x_3 - 5 = 0$

H in **Koordinatenform** $-2x_2 + x_3 - 3 = 0$

Das LGS aus 2 Gleichungen mit drei Unbekannten ist mehrdeutig lösbar:

Mit $x_2 = t$ erhält man durch Einsetzen $x_3 = 3 + 2t$ und $x_1 = -\frac{1}{4}(1 + 9t)$.

Alle Punkte mit diesen Koordinaten liegen auf der Schnittgeraden g mit der

Gleichung $\vec{x} = \begin{pmatrix} -0{,}25 \\ 0 \\ 3 \end{pmatrix} + t\begin{pmatrix} -2{,}25 \\ 1 \\ 2 \end{pmatrix} = \begin{pmatrix} 2 \\ -1 \\ 1 \end{pmatrix} + u\begin{pmatrix} -1{,}8 \\ 0{,}8 \\ 1{,}6 \end{pmatrix}$; t, u ∈ ℝ

Gegenseitige Lage von Ebene E und Ebene H ($E \neq H$)

H und E

schneiden sich in unendlich vielen Punkten.	schneiden sich **nicht.** H und E **verlaufen echt parallel.**
$H \cap E = \{g\}$	$H \cap E = \emptyset$
Schnittgerade g	

Aufgaben

1. Untersuchen Sie die gegenseitige Lage der Geraden g und der Ebene E.

   Bestimmen Sie gegebenenfalls den Durchstoßpunkt.

   a) $g: \vec{x} = \begin{pmatrix}4\\5\\0\end{pmatrix} + r\begin{pmatrix}-1\\1\\1\end{pmatrix}$ mit $r \in \mathbb{R}$ $\quad E: \vec{x} = \begin{pmatrix}2\\1\\0\end{pmatrix} + s\begin{pmatrix}0\\-1\\1\end{pmatrix} + t\begin{pmatrix}3\\0\\1\end{pmatrix}$ mit $s, t \in \mathbb{R}$

   b) $g: \vec{x} = \begin{pmatrix}-1\\2\\1\end{pmatrix} + r\begin{pmatrix}-1\\0\\1\end{pmatrix}$ mit $r \in \mathbb{R}$ $\quad E: x_1 + x_2 - 2x_3 + 6 = 0$

2. Untersuchen Sie die gegenseitige Lage der Ebenen E und F.

   Bestimmen Sie gegebenenfalls die Schnittgerade g.

   a) $E: \vec{x} = \begin{pmatrix}2\\1\\0\end{pmatrix} + r\begin{pmatrix}0\\-1\\1\end{pmatrix} + s\begin{pmatrix}3\\0\\1\end{pmatrix}$; $\quad F: \vec{x} = \begin{pmatrix}0\\1\\1\end{pmatrix} + u\begin{pmatrix}2\\-1\\-1\end{pmatrix} + v\begin{pmatrix}1\\0\\1\end{pmatrix}$ mit $r, s, u, v \in \mathbb{R}$

   b) $E: x_1 + x_2 - 2x_3 + 6 = 0$ $\quad F: -x_1 + 2x_2 = 1$

   c) $E: 2x_1 + x_2 - x_3 + 1 = 0$ $\quad F: \begin{pmatrix}0\\1\\1\end{pmatrix}\vec{x} = 0$

3. Gegeben sind die Ebenen E_1 und E_2: $\quad E_1: \vec{x} = \begin{pmatrix}2\\5\\1\end{pmatrix} + r\begin{pmatrix}1\\1\\1\end{pmatrix} + s\begin{pmatrix}1\\0\\2\end{pmatrix}$ mit $r, s \in \mathbb{R}$

   $E_2: 2x_1 - 3x_2 + 6x_3 = 12$

   Ermitteln Sie eine Gleichung der Schnittgeraden von E_1 und E_2.
   Geben Sie eine Gerade an, die zur Ebene E_2 echt parallel verläuft.
   Erläutern Sie Ihre Überlegungen.

4. Untersuchen Sie die gegenseitige Lage der Ebenen E, F und G.
   $E: x_1 + x_2 + x_3 = 1$
   $F: x_1 + 3x_2 + 2x_3 = 2$
   $G: x_2 + 2x_3 = 1.$

9.2.4 Abstand

Abstand zweier Punkte

Für die **Entfernung (den Abstand) zweier Punkte A und B** (Länge der Strecke AB) mit den Ortsvektoren $\vec{a}$ und $\vec{b}$ gilt:

$$|\overrightarrow{AB}| = \left|\begin{pmatrix} b_1 - a_1 \\ b_2 - a_2 \\ b_3 - a_3 \end{pmatrix}\right| = \sqrt{(b_1 - a_1)^2 + (b_2 - a_2)^2 + (b_3 - a_3)^2}$$

Beispiel

Welchen Abstand haben die Punkte A(− 2 | 6 | 2) und B(− 6 | 2 | 4)?

Lösung

Der **Abstand** von A und B ist die Länge des Vektor $\overrightarrow{AB}$.

$$|\overrightarrow{AB}| = \left|\begin{pmatrix} -6+2 \\ 2-6 \\ 4-2 \end{pmatrix}\right| = \left|\begin{pmatrix} -4 \\ -4 \\ 2 \end{pmatrix}\right| = \sqrt{16+16+4} = 6$$

Der Abstand von A und B beträgt 6.

Abstand Punkt-Gerade

Der **Abstand eines Punktes A von der Geraden g** entspricht der **Länge des Lotvektors** $|\overrightarrow{AF}|$, wobei F der Lotfußpunkt auf der Geraden g ist und $\overrightarrow{AF}$ senkrecht auf dem Richtungsvektor der Geraden steht.

Beispiel

Gegeben ist die Gerade g: $\vec{x} = \begin{pmatrix} 2 \\ -1 \\ 1 \end{pmatrix} + s\begin{pmatrix} -4 \\ 1 \\ 2 \end{pmatrix}$; $s \in \mathbb{R}$.

Berechnen Sie den Abstand des Punktes A(− 2 | 2 | 2) von der Geraden g.

Lösung

Der Lotfußpunkt F liegt auf der Geraden g: F(2 − 4s | − 1 + s | 1 + 2s).

Lotvektor $\overrightarrow{AF} = \begin{pmatrix} 4-4s \\ -3+s \\ -1+2s \end{pmatrix}$ steht senkrecht auf $\begin{pmatrix} -4 \\ 1 \\ 2 \end{pmatrix}$.

Bedingung: $\begin{pmatrix} 4-4s \\ -3+s \\ -1+2s \end{pmatrix} \cdot \begin{pmatrix} -4 \\ 1 \\ 2 \end{pmatrix} = 0 \Leftrightarrow -4(4-4s) - 3 + s - 2 + 4s = 0 \Leftrightarrow s = 1$

Abstand = Länge von $\overrightarrow{AF} = \begin{pmatrix} 0 \\ -2 \\ 1 \end{pmatrix}$: $|\overrightarrow{AF}| = \left|\begin{pmatrix} 0 \\ -2 \\ 1 \end{pmatrix}\right| = \sqrt{5}$

Abstand Punkt-Ebene

Den **Abstand eines Punktes** $P(p_1 \mid p_2 \mid p_3)$ **von der Ebene E** erhält man durch Einsetzen der Koordinaten von A in die Hesse-Normalenform von E.

Abstand Punkt-Ebene: $d = \left| \frac{n_1 p_1 + n_2 p_2 + n_3 p_3 - r}{\sqrt{n_1^2 + n_2^2 + n_3^2}} \right|$

Beispiel

Gegeben ist die Ebene E mit $\vec{x} = \begin{pmatrix} 1 \\ -1 \\ 3 \end{pmatrix} + r \begin{pmatrix} 1 \\ -2 \\ 3 \end{pmatrix} + s \begin{pmatrix} 2 \\ -2 \\ 1 \end{pmatrix}$; $r, s \in \mathbb{R}$.

Berechnen Sie den Abstand des Punktes A(− 2 | 2 | 2) von der Ebene E.

Lösung

Normalenvektor: $\begin{pmatrix} 1 \\ -2 \\ 3 \end{pmatrix} \times \begin{pmatrix} 2 \\ -2 \\ 1 \end{pmatrix} = \begin{pmatrix} 4 \\ 5 \\ 2 \end{pmatrix}; \quad \left| \begin{pmatrix} 4 \\ 5 \\ 2 \end{pmatrix} \right| = \sqrt{45}$

Hesse-Normalenform: $\frac{1}{\sqrt{45}} \begin{pmatrix} 4 \\ 5 \\ 2 \end{pmatrix} \left[\vec{x} - \begin{pmatrix} 1 \\ -1 \\ 3 \end{pmatrix} \right] = 0$

In Koordinatenschreibweise: $\frac{4x_1 + 5x_2 + 2x_3 - 5}{\sqrt{45}} = 0$

Abstand von A zu E: $d = \left| \frac{4 \cdot (-2) + 5 \cdot 2 + 2 \cdot 2 - 5}{\sqrt{45}} \right| = \frac{1}{\sqrt{45}}$

Abstand zweier Geraden

Die Geraden verlaufen parallel

Der Abstand paralleler Geraden g und h ist der **Abstand eines Geradenpunktes** von g zur Geraden h.

Die Geraden verlaufen windschief zueinander.

Gegeben sind die **windschiefen Geraden** g: $\vec{x} = \vec{p} + r\vec{u}$; $r \in \mathbb{R}$

und h: $\vec{x} = \vec{q} + s\vec{v}$; $s \in \mathbb{R}$

Für den **Abstand windschiefer Geraden g und h** gilt:

$$d = \left| (\vec{q} - \vec{p})\vec{n}_0 \right| .$$

Dabei ist $\vec{n}_0 \cdot \vec{u} = 0$ und $\vec{n}_0 \cdot \vec{v} = 0$.

$\vec{n}_0$ ist der gemeinsame Normaleneinheitsvektor.

$\vec{p}$ und $\vec{q}$ sind die Ortsvektoren der Aufpunkte von g und h.

Beispiel

Die Geraden g_1: $\vec{x} = \begin{pmatrix} 2 \\ -1 \\ 1 \end{pmatrix} + s\begin{pmatrix} -4 \\ 1 \\ 2 \end{pmatrix}$; $s \in \mathbb{R}$ und g_2: $\vec{x} = \begin{pmatrix} 4 \\ 0 \\ 0 \end{pmatrix} + t\begin{pmatrix} -2 \\ 3 \\ 0 \end{pmatrix}$; $t \in \mathbb{R}$, verlaufen windschief zueinander.
Berechnen Sie den Abstand der beiden Geraden.

Lösung

Gemeinsamer Normalenvektor mit dem Vektorprodukt: $\begin{pmatrix} -4 \\ 1 \\ 2 \end{pmatrix} \times \begin{pmatrix} -2 \\ 3 \\ 0 \end{pmatrix} = \begin{pmatrix} -6 \\ -4 \\ -10 \end{pmatrix}$

Normalen**einheits**vektor: $\vec{n}_0 = \frac{\vec{n}}{\sqrt{36 + 16 + 100}} = \frac{\vec{n}}{\sqrt{152}}$

Für den Abstand gilt: $d = |(\vec{q} - \vec{p})\vec{n}_0| = \frac{1}{\sqrt{152}}\left|\left[\begin{pmatrix} 4 \\ 0 \\ 0 \end{pmatrix} - \begin{pmatrix} 2 \\ -1 \\ 1 \end{pmatrix}\right]\begin{pmatrix} -6 \\ -4 \\ -10 \end{pmatrix}\right| = \frac{6}{\sqrt{152}}$

Alternative

Hilfsebene E, die g_1 enthält und parallel zu g_2 verläuft: $\vec{x} = \begin{pmatrix} 2 \\ -1 \\ 1 \end{pmatrix} + s\begin{pmatrix} -4 \\ 1 \\ 2 \end{pmatrix} + t\begin{pmatrix} -2 \\ 3 \\ 0 \end{pmatrix}$

Der **Abstand der beiden Geraden** entspricht dem **Abstand eines Geradenpunktes** von g_2 **zur Hilfsebene** E:

Hesse-Normalenform von E: $\frac{1}{\sqrt{152}}\begin{pmatrix} -6 \\ -4 \\ -10 \end{pmatrix}\left[\vec{x} - \begin{pmatrix} 2 \\ -1 \\ 1 \end{pmatrix}\right] = 0$

Einsetzen des Aufpunktes von g_2 (Betragverwenden): $d = \frac{1}{\sqrt{152}}\left|\left[\begin{pmatrix} 4 \\ 0 \\ 0 \end{pmatrix} - \begin{pmatrix} 2 \\ -1 \\ 1 \end{pmatrix}\right]\begin{pmatrix} -6 \\ -4 \\ -10 \end{pmatrix}\right| = \frac{6}{\sqrt{152}}$

Der **Abstand windschiefer Geraden g und h**
ist der Abstand von h zur Ebene E: $\vec{x} = \vec{p} + r\vec{u} + s\vec{v}$; $r, s \in \mathbb{R}$.
Der **Abstand Punkt-Ebene** lässt sich mit der Hesse-Normalenform berechnen.

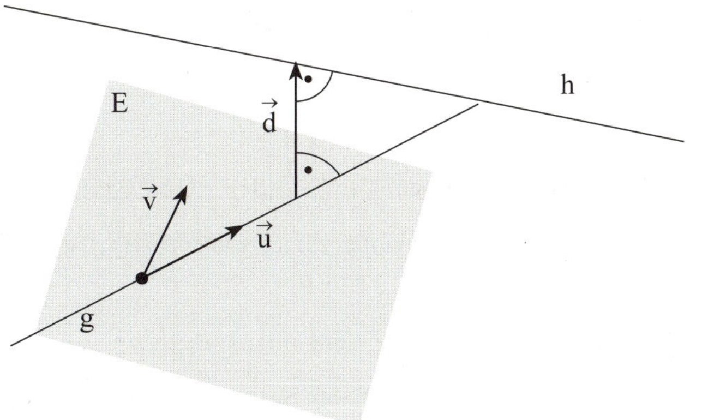

Abstand Gerade-Ebene

Die Gerade g verläuft parallel zur Ebene E.

Der Abstand von g zu E ist der Abstand eines Geradenpunktes zu E.

Abstand Ebene-Ebene

Die Ebenen E und F verlaufen parallel

Der Abstand von F zu E ist der Abstand eines Ebenenpunktes von F zu E.

Aufgaben

1. Bestimmen Sie den Abstand des Punktes P(4 | − 1 | 1)

   a) vom Punkt A(2 | − 3 | − 5)

   b) von der Geraden g: $\vec{x} = \begin{pmatrix} 4 \\ 5 \\ 0 \end{pmatrix} + r \begin{pmatrix} -1 \\ 1 \\ 1 \end{pmatrix}$ mit $r \in \mathbb{R}$

   c) von der Ebene E: $\vec{x} = \begin{pmatrix} 2 \\ 1 \\ 0 \end{pmatrix} + s \begin{pmatrix} 0 \\ -1 \\ 1 \end{pmatrix} + t \begin{pmatrix} 3 \\ 0 \\ 1 \end{pmatrix}$ mit $s, t \in \mathbb{R}$

   d) von der Ebene F: $x_1 + x_2 - 2x_3 + 6 = 0$.

2. Die Geraden g_1: $\vec{x} = \begin{pmatrix} -3 \\ -3 \\ 0 \end{pmatrix} + s \begin{pmatrix} -1 \\ 0 \\ 2 \end{pmatrix}$; $s \in \mathbb{R}$ und g_2: $\vec{x} = \begin{pmatrix} 2 \\ 1 \\ 9 \end{pmatrix} + t \begin{pmatrix} 1 \\ 1 \\ -4 \end{pmatrix}$; $t \in \mathbb{R}$, verlaufen windschief zueinander.

   Berechnen Sie den Abstand der beiden Geraden.

3. Gegeben ist die Ebene E: $2x_1 + x_2 + 2x_3 - 1 = 0$.

   Berechnen Sie den Abstand der Ebene E

   a) zum Ursprung des Koordinatensystems.

   b) zur Ebene F: $x_1 + 0{,}5x_2 + x_3 + 3 = 0$

   c) zur Geraden g: $\vec{x} = \begin{pmatrix} -2 \\ -1 \\ 3 \end{pmatrix} + s \begin{pmatrix} -1 \\ 0 \\ 1 \end{pmatrix}$; $s \in \mathbb{R}$.

4. Berechnen Sie den Abstand der beiden Geraden g_1 und g_2.

   g_1: $\vec{x} = \begin{pmatrix} 2 \\ 1 \\ 0 \end{pmatrix} + s \begin{pmatrix} -1 \\ 0 \\ 2 \end{pmatrix}$; $s \in \mathbb{R}$ und g_2: $\vec{x} = \begin{pmatrix} 2 \\ 1 \\ 9 \end{pmatrix} + t \begin{pmatrix} 2 \\ 0 \\ -4 \end{pmatrix}$; $t \in \mathbb{R}$.

9.2.5 Winkel

Winkel zwischen zwei Geraden

Gegeben sind die Geraden $g\colon \vec{x} = \vec{p} + r\,\vec{u};\ r \in \mathbb{R}$

und $h\colon \vec{x} = \vec{q} + s\,\vec{v};\ s \in \mathbb{R}$

Für den **Schnittwinkel** α $(0° \le \alpha \le 90°)$ **der Geraden g und h** gilt:

$$\cos\alpha = \left| \frac{\vec{u} \cdot \vec{v}}{|\vec{u}| \cdot |\vec{v}|} \right|$$

Beispiel

Die Geraden $g_1\colon\ \vec{x} = \begin{pmatrix} 2 \\ 4 \\ -3 \end{pmatrix} + s \begin{pmatrix} -3 \\ 1 \\ -5 \end{pmatrix};\ s \in \mathbb{R}$ und $g_2\colon\ \vec{x} = \begin{pmatrix} 14 \\ 0 \\ 17 \end{pmatrix} + t \begin{pmatrix} 2 \\ -1 \\ 1 \end{pmatrix};\ t \in \mathbb{R}$, schließen einen Winkel α ein. Berechnen Sie den Winkel α.

Lösung

Die Geraden g_1 und g_2 schneiden sich in $S(14 \mid 0 \mid 17)$ (für $s = -4$ und $t = 0$).

Der **eingeschlossene Winkel** ist der **Winkel zwischen den Vektoren** $\begin{pmatrix} -3 \\ 1 \\ -5 \end{pmatrix}$ und $\begin{pmatrix} 2 \\ -1 \\ 1 \end{pmatrix}$.

Mit $\left|\begin{pmatrix} -3 \\ 1 \\ -5 \end{pmatrix}\right| = \sqrt{35}$ und $\left|\begin{pmatrix} 2 \\ -1 \\ 1 \end{pmatrix}\right| = \sqrt{6}$ erhält man durch Einsetzen in $\cos\alpha = \left| \frac{\vec{u} \cdot \vec{v}}{|\vec{u}| \cdot |\vec{v}|} \right|$:

$$\cos\alpha = \left| \frac{\begin{pmatrix} -3 \\ 1 \\ -5 \end{pmatrix} \cdot \begin{pmatrix} 2 \\ -1 \\ 1 \end{pmatrix}}{\sqrt{35}\sqrt{6}} \right| = \left| \frac{-12}{\sqrt{35}\ \sqrt{6}} \right| \approx 0{,}828 \Rightarrow \alpha = \cos^{-1}(0{,}828) \approx 34{,}1°$$

Die Geraden schließen einen Winkel von ca. 34,1° ein.

Winkel zwischen Gerade und Ebene

Für den **Schnittwinkel** α $(0° \le \alpha \le 90°)$ **der Geraden g mit Richtungsvektor** $\vec{u}$ **und der Ebene E mit Normalenvektor** $\vec{n}$ gilt: $\sin\alpha = \left| \frac{\vec{u} \cdot \vec{n}}{|\vec{u}| \cdot |\vec{n}|} \right|$

Beispiel

Die Gerade $g_1\colon \vec{x} = \begin{pmatrix} 2 \\ 4 \\ -3 \end{pmatrix} + s \begin{pmatrix} -3 \\ 1 \\ -5 \end{pmatrix};\ s \in \mathbb{R}$ schneidet die Ebene E: $x_1 + x_2 - 2x_3 = 0$.

Berechnen Sie den von g und E eingeschlossenen Winkel α.

Lösung

Mit $|\vec{n}| = \left|\begin{pmatrix} 1 \\ 1 \\ -2 \end{pmatrix}\right| = \sqrt{6}$, $\left|\begin{pmatrix} -3 \\ 1 \\ -5 \end{pmatrix}\right| = \sqrt{35}$ und $\begin{pmatrix} 1 \\ 1 \\ -2 \end{pmatrix} \cdot \begin{pmatrix} -3 \\ 1 \\ -5 \end{pmatrix} = 8$ erhält man:

$\sin\alpha = \left| \frac{\vec{u} \cdot \vec{n}}{|\vec{u}| \cdot |\vec{n}|} \right| = \frac{8}{\sqrt{6}\ \sqrt{35}} \approx 0{,}55 \Rightarrow \alpha \approx 33{,}5°$ Der Schnittwinkel beträgt ca. 33,5°.

Winkel zwischen zwei Ebenen

Für den **Schnittwinkel** α $(0° \leq \alpha \leq 90°)$ **der Ebene E mit Normalenvektor** $\vec{n}_1$ **und der Ebene E mit Normalenvektor** $\vec{n}_2$ gilt: $\cos\alpha = \left|\frac{\vec{n}_1 \cdot \vec{n}_2}{|\vec{n}_1| \cdot |\vec{n}_2|}\right|$

Beispiel

Gegeben ist die Ebene E: $\vec{x} = \begin{pmatrix} 2 \\ -1 \\ 1 \end{pmatrix} + t\begin{pmatrix} -1 \\ 1 \\ 2 \end{pmatrix} + u\begin{pmatrix} -1 \\ 0 \\ 0 \end{pmatrix}$; $t, u \in \mathbb{R}$

und die Ebene H: $4x_1 + 5x_2 + 2x_3 - 5 = 0$

Unter welchem Winkel schneiden sich die Ebenen E und H.

Lösung

Normalenvektor von E: $\vec{n}_1 = \begin{pmatrix} -1 \\ 1 \\ 2 \end{pmatrix} \times \begin{pmatrix} -1 \\ 0 \\ 0 \end{pmatrix} = \begin{pmatrix} 0 \\ -2 \\ 1 \end{pmatrix}$ **Normalenvektor** von H: $\vec{n}_2 = \begin{pmatrix} 4 \\ 5 \\ 2 \end{pmatrix}$

Schnittwinkel von E und F: $\cos\alpha = \left|\frac{\vec{n}_1 \cdot \vec{n}_2}{|\vec{n}_1| \cdot |\vec{n}_2|}\right| = \left|\frac{\begin{pmatrix} 0 \\ -2 \\ 1 \end{pmatrix}\begin{pmatrix} 4 \\ 5 \\ 2 \end{pmatrix}}{\left|\begin{pmatrix} 0 \\ -2 \\ 1 \end{pmatrix}\right|\left|\begin{pmatrix} 4 \\ 5 \\ 2 \end{pmatrix}\right|}\right| = \left|\frac{-8}{\sqrt{5}\,\sqrt{45}}\right| \approx 0{,}53$

Mit $\cos^{-1}(0{,}53) \approx 57{,}77°$:

Der Schnittwinkel von Ebene E und Ebene H beträgt ca. 57,77°.

Aufgaben

1. Bestimmen Sie den Winkel, den die Gerade g: $\vec{x} = \begin{pmatrix} 2 \\ -1 \\ 1 \end{pmatrix} + t\begin{pmatrix} -1 \\ 1 \\ 2 \end{pmatrix}$; $t \in \mathbb{R}$

   a) mit der Geraden h: $\vec{x} = \begin{pmatrix} 2 \\ -1 \\ 1 \end{pmatrix} + s\begin{pmatrix} 1 \\ 3 \\ 6 \end{pmatrix}$; $s \in \mathbb{R}$

   b) mit der Ebene E: $\vec{x} = \begin{pmatrix} 2 \\ -1 \\ 1 \end{pmatrix} + s\begin{pmatrix} 1 \\ 3 \\ 6 \end{pmatrix} + t\begin{pmatrix} -2 \\ 0 \\ 3 \end{pmatrix}$; $s \in \mathbb{R}$

   c) mit der Ebene F: $x_1 - 3x_2 + 1 = 0$ einschließt.

2. Bestimmen Sie den Winkel zwischen den Vektoren $\begin{pmatrix} -1 \\ 0 \\ 2 \end{pmatrix}$ und $\begin{pmatrix} 1 \\ 1 \\ -4 \end{pmatrix}$.

3. Gegeben sind die zwei Ebenen E und F durch
   E: $-x_1 + x_2 - x_3 = 0$ und F: $-5x_1 + x_2 + 6x_3 = 14$.
   Berechnen Sie die Schnittgerade und den Schnittwinkel der Ebenen E und F.
   Welchen Abstand haben die Ebenen vom Ursprung?

10 Lösungen

Seite 13

1. a) $A = \{2; 4; 6; 8; 10; 12; 14; ...\}$; Die Elemente der Menge A sind gerade Zahlen.

   b) $A = \{1; \frac{1}{2}; \frac{1}{3}; \frac{1}{4}; \frac{1}{6}; \frac{1}{7}; \frac{1}{8}; \frac{1}{9}; ...\}$; Die Elemente der Menge A sind Brüche mit Zähler 1.

   c) $A = \{0; \frac{1}{2}; \frac{2}{3}; \frac{3}{4}; \frac{4}{5}; \frac{5}{6}; \frac{6}{7}; ...\}$; Brüche; Der Nenner ist um 1 größer als der Zähler.

2. $A \cup B = \mathbb{N}$; $A \cap B = \{5\}$; $A \setminus B = \{x \mid x \in \mathbb{N} \wedge x > 5\}$

3. a) $B = \{x \in \mathbb{Q} \mid 0 < x < 1\} = \{\frac{1}{2}; \frac{1}{3}; \frac{3}{4}; \frac{7}{8}; ...\}$; $\sqrt{0,5}$ oder $\frac{\pi}{6} \notin B$.

   b) $B = \{x \in \mathbb{Z} \mid -10 < x < -5\} = \{-9; -8; -7; -6; ...\}$; $-8,5 \notin B$.

4.

	$\mathbb{N}$	$\mathbb{Z}$	$\mathbb{Q}$	$\mathbb{R}$
-4	$\notin$	$\in$	$\in$	$\in$
$\frac{2}{7}$	$\notin$	$\notin$	$\in$	$\in$
$-28,352$	$\notin$	$\notin$	$\in$	$\in$
$\sqrt{19}$	$\notin$	$\notin$	$\notin$	$\in$
$\sqrt{-4}$	$\notin$	$\notin$	$\notin$	$\notin$
2π	$\notin$	$\notin$	$\notin$	$\in$

5. a) $A = [0; 6]$

   b) $B =]-1; 9[$

   c) $C = [-1,5; 1]$

   d) $D =]-\infty; 2,25]$

6. a) A: alle reellen Zahlen kleiner oder gleich 4,2

   b) B: alle reellen Zahlen größer oder gleich – 3 und kleiner 3

   c) C: alle reellen Zahlen größer oder gleich 0,5

   d) D: alle reellen Zahlen größer oder gleich – 6 oder kleiner oder gleich 2

7. a) $[-1; 0] = \{x \in \mathbb{R} \mid -1 \leq x \leq 0\}$ b) $]-\infty; 0] = \{x \in \mathbb{R} \mid x \leq 0\} = \mathbb{R}_-$

   c) $]2; 12[= \{x \in \mathbb{R} \mid 2 < x < 12\}$ d) $[-5; \infty[= \{x \in \mathbb{R} \mid x \geq -5\}$

8. a) $]-\infty; -1,5[= \{x \in \mathbb{R} \mid x < -1,5\}$ b) $]-3; 2,5[= \{x \in \mathbb{R} \mid -3 < x < 2,5\}$

11 Deusch, Ott - ISBN 978-3-8120-0604-0

Seite 15

1.

		Summe	Differenz	Produkt	Quotient
a)	14; 22	36	– 8	308	$\frac{7}{11}$
b)	3,5; 2,5	6	1	8,75	$\frac{7}{5}$
c)	$\frac{3}{4}; \frac{5}{8}$	$\frac{11}{8}$	$\frac{1}{8}$	$\frac{15}{32}$	$\frac{6}{5}$

2. a) $3^4 = 3 \cdot 3 \cdot 3 \cdot 3$ b) $4(\pi + 1)$ c) $11{,}5x$

3. a) $\frac{156}{9} = \frac{52}{3}$ b) $\frac{24}{176} = \frac{3}{22}$ c) $\frac{c}{a^2b}$

4. a) $\frac{1}{5}$ b) $\frac{10}{23}$ c) $\frac{7}{3}$ d) $\frac{2}{11}$ e) $\frac{3}{a}$

5. a) $\frac{13}{21}$ b) $\frac{18}{5}$ c) $\frac{31}{6}$ d) $\frac{50}{17}$

6. a) 3 b) $6\sqrt{2}$ c) $a\sqrt{a}$ d) $\sqrt{2}$

7. a) 15,3 b) 44 c) 24 d) 96

8. $-2{,}1 < -\frac{16}{9} < -\frac{9}{8} < \frac{3}{4} < 0{,}76 < 1{,}3 < \frac{28}{20} < 1{,}45 < \frac{29}{15}$

9. Für $a = 2$, $b = -6$ und $c = -\frac{2}{3}$:

a) $\frac{1}{2} - \frac{1}{6} + \frac{3}{2} = \frac{11}{6}$ b) $\sqrt{8}$ c) $(\frac{16}{3})^2 = \frac{256}{9}$ d) $8 + 36 - \frac{4}{9} = \frac{392}{9}$

10. a) $\frac{3}{4} < \frac{4}{5}$ b) $\frac{6}{5} > \frac{19}{20}$ c) $\frac{5}{7} < \frac{61}{84}$ d) $\frac{3}{8} \cdot \frac{4}{5} - \frac{1}{5} = \frac{1}{10}$

11. a) $A = \frac{a+c}{2} \cdot h$; $h = \frac{2A}{a+c}$; $a = \frac{2A}{h} - c$; $c = \frac{2A}{h} - a$

b) $V = \frac{1}{3} Gh$; $G = \frac{3V}{h}$; $h = \frac{3V}{G}$

c) $O = 2\pi r^2 + 2\pi rh = 2\pi r(r + h)$; $h = \frac{O}{2\pi r} - r$

Auflösen nach r: $O = 2\pi(r^2 + rh) = 2\pi(r^2 + rh + \frac{1}{4}h^2 - \frac{1}{4}h^2) = 2\pi[(r + \frac{h}{2})^2 - \frac{1}{4}h^2]$

$(r + \frac{h}{2})^2 = \frac{O}{2\pi} + \frac{1}{4}h^2 \Rightarrow r = \sqrt{\frac{O}{2\pi} + \frac{1}{4}h^2} - \frac{h}{2}$; $r > 0$

12. a) $8! = 40320$ b) $\frac{5!}{3!2!} = 10$ c) $\binom{10}{2} = 45$ d) $2\binom{9}{3} = 168$

13. a) $\sum_{i=1}^{5} (\frac{1}{2i}) = \frac{1}{2} + \frac{1}{4} + \frac{1}{6} + \frac{1}{8} + \frac{1}{10} = \frac{137}{120}$

b) $\sum_{n=1}^{4} ((-1)^n(n + 1)) = -2 + 3 - 4 + 5 = 2$

c) $\sum_{k=0}^{2} \left(\binom{2}{k} \cdot x^{2-k} \cdot 4^k\right) = x^2 + 8x + 16$

Seite 16

1. a) $16a + 4x$ b) $32ax$ c) $16ab$ d) $-5x^2 + 7x - 6$ e) $8{,}5x^2 + x + 1$
   f) $20x^3 - 65x^2 + x$ g) $4{,}08x$ h) $\frac{1}{2} - \frac{13}{4}a^2$
   i) $\frac{1}{5}x - 15ax$ j) $\frac{3}{2}[-5x - 42]$
2. a) $x^2 - 7x + 10$ b) $\frac{2}{3}(x^2 + x - 6)$ c) $-9a^2 - 27ab - 20b^2$
   d) $\frac{3}{2}(x^2 + 8x + 16)$ e) $16 - 16x + 4x^2$ f) $2x^2 - 6x - 20$
   g) $-ab + ac$ h) $a^2 + ab - ac - bc$ i) $9a^2 + 12ab + 4b^2$

Seite 18

1. a) $\frac{9}{2}$ b) $-\frac{1}{42}$ c) $\frac{a+b}{ab}$
   d) $-\frac{13}{6}x$ e) $\frac{9}{40}x$ f) $-\frac{3}{2a}$
   g) $\frac{13}{2x}$ h) $-\frac{9}{2x^2}$ i) $8a$
   j) $\frac{4}{15}$ k) $\frac{5}{3}$ l) $\frac{9}{4t^3}$
   m) $\frac{a}{bc} + \frac{ac}{b} = \frac{a + ac^2}{bc}$ n) $3x - 4$ o) 20
2. $\frac{1}{7a}$; 1; $\frac{1}{a^2}$; $\frac{4}{5}$; 1
3. $x^2 - bx + c$ und $(x - \frac{b}{2})^2 - \frac{b^2 - 4c}{4}$ sind gleich:
   $(x - \frac{b}{2})^2 - \frac{b^2 - 4c}{4} = x^2 - bx + \frac{b^2}{4} - \frac{b^2}{4} + c = x^2 - bx + c$
4. $\frac{1}{\frac{p}{q}} = \frac{q}{p} \neq \frac{\frac{1}{p}}{q} = \frac{1}{pq}$ Bemerkung: Für $p = q = 1$ haben sie den gleichen Wert.
5. a) $\mathbb{R} \setminus \{-2\}$ b) $\mathbb{R}$ c) $\mathbb{R} \setminus \{-1; 2\}$
6. a) $\frac{5}{12a}$ b) $\frac{-x-7}{x-1}$ c) $\frac{4x - 43}{6(x+2)}$
7. a) $\frac{2a + 5b}{ab}$ b) $\frac{2x - 8}{(x-2)(x-3)}$ c) $\frac{x - 9y + 3}{x^2 - y^2}$
   d) $\frac{4 + x^2}{4 - x^2}$ e) $\frac{1}{\frac{2x+7}{x+3}} = \frac{x+3}{2x+7}$ f) $\frac{2(4a+3)}{b(5a-b)} \cdot \frac{5b(5a-b)}{2ab} = \frac{5(4a+3)}{ab}$
   g) $\frac{2x + 6}{x + 2}$ h) $\frac{3(x^2 - y^2)}{x^2y}$ i) $\frac{4(x^2 - y^2)}{(x+y)^2}$
   j) $y - x$ k) $\frac{2x^2 + y^2}{xy(x+y)}$

Seite 19

1. a) $(6x - 4)$ b) $(5a - 3b)$ c) $1 - 2y$
   d) $x(ax - 8)$ e) $(1 + \frac{3}{4}a)$ f) $(5 - 3b - a)$
2. a) $\frac{1}{4}x - \frac{1}{4}$ b) $x(4 - a + 5b)$ c) $-x \cdot t + 4t$
   d) $-\frac{3}{5}x + \frac{9}{5}$ e) $-5 \cdot x + 15$ f) $\frac{x - 3y}{5}$
   g) $5 - x$ h) $-\frac{8}{3}x + \frac{10}{3}$ i) $-8x + 2$

Seite 20

1. a) $(x + 5)^2$ b) $4(x - 1)^2$ c) $\frac{1}{2}(x - 1)^2$
   d) $(5x - 3)(5x + 3)$ e) $(x + 5)(x + 2)$ f) $-(x - 3)^2$
   g) $(k + 5)(k + 1)$ h) $\frac{1}{4}(x - 6)^2$ i) $(u - 8)(u + 1)$
   j) $\frac{1}{3}(x - 5)(x - 1)$ k) $(2t - 1)^2$ l) $(9b - 13a)(9b + 13a)$
2. a) $x^2 + 3x + 9 = (x + \boxed{1{,}5})^2$ b) $x^2 - x - 20 = (x - \boxed{5})(x + 4)$
   c) $x^2 - 8x + 16 = (x - \boxed{4})^2$ d) $x^2 - 5x + 6 = (x - \boxed{2})(x - 3)$
3. $-48ab$
4. $x(4a^2 + 12aby + 9b^2y^2) = x(2a + 3by)^2$

Seite 21

1. a) $2x^6$ b) $4x^6 - 20x^3$ c) $\frac{1}{64}x^6$ d) $7x^4$
   e) $2 \cdot 5^4 + 5x^2$ f) $-\frac{64}{343}x^3$ g) $\frac{1}{5}a^5$ h) $2a^8b^{-4}$
2. a) 6 100000 b) $\frac{4}{1000}$ c) $\frac{3}{100000}$ d) 1250
3. $\frac{xz^3b^4}{a^5y^4}$

Seite 22

1. a) $9\sqrt{t}$ b) $x - 2$ c) $\sqrt{2}(e - 1)$ d) 2,5
   e) 5 f) t g) 36 h) e^x i) $2e$
2. a) $t^{\frac{1}{3}}$ b) $x^{\frac{5}{2}}$ c) $a^{\frac{3}{4}}$ d) $2^{-\frac{1}{2}}$ e) $e^{x + 0{,}5}$
   f) $5^{\frac{5}{6}}$ g) a^3 h) $5e^{0{,}5}$ i) $e^{\frac{3 - 2a}{3}}$ j) $a^{0{,}25}$
3. $x^5 = 1{,}3 \Leftrightarrow x = \sqrt[5]{1{,}3} \approx 1{,}054$

   Zinssatz: 5,4 %

Seite 23

1. a) $\log(a) + \log(b) + \log(c)$ b) $\log 100 + 2\log(x)$ c) $2\log(x + 1)$
   d) $\log(a) - \log(b + c)$ e) $\frac{1}{3}\log(x)$ f) $\frac{3}{2}(\log(x) - \log(y))$
2. $\log_a(x) = y \Leftrightarrow x = a^y$ Logarithmieren ergibt: $\ln(x) = y\ln(a) \Rightarrow y = \frac{\ln(x)}{\ln(a)}$
3. Definitionsbereich $6x + 13 > 0 \Leftrightarrow x > -\frac{13}{6}$
4. $\frac{1}{2}(2m + 1)\log x - \frac{2}{3}(m + 1)\log x = (\frac{1}{3}m - \frac{1}{6})\log x$

Seite 24

1. a) $2x - 1$ für $x \geq 0$ bzw. $-2x - 1$ für $x < 0$
   b) $6 - 4x + 2 = 8 - 4x$ für $x \leq \frac{3}{2}$ bzw. $-6 + 4x + 2 = -4 + 4x$ für $x > \frac{3}{2}$
   c) $\frac{1}{2}x - 1 + x = \frac{3}{2}x - 1$ für $x \geq 2$ bzw. $-\frac{1}{2}x + 1 + x = \frac{1}{2}x + 1$ für $x \leq 2$
   d) $x^2 - 1 - 7 = x^2 - 8$ für $x \leq -1 \vee x > 1$ bzw. $-x^2 + 1 - 7 = -x^2 - 6$ für $-1 < x < 1$
2. a) $|4x| = 1 \Leftrightarrow x = \pm\frac{1}{4}$
   b) $4 - x = 1$ für $x = 3$ bzw. $4 - x = -1$ für $x = 5$
   c) $x - 4 = 1$ für $x = 5$ bzw. $x - 4 = -1$ für $x = 3$
   d) $|4 - x| \leq 1$ für $3 \leq x \leq 5$
3. a) $|x| \leq 3$ b) $|x - 3| \leq 4$
   c) $|x| \leq 2a$ d) $|x - 1| \leq 2u$

Seite 25

1. a) $0{,}5x^2 - x + 1$ b) $x^2 + 6x - 11 - \frac{32}{x - 1}$
2. a) $\frac{x^3 - 3x^2 - 4x + 12}{x^2 - 4} = \frac{(x + 2)(x - 2)(x - 3)}{x^2 - 4} = (x - 3)$
   b) $-3x^2 - 2x - 4 + \frac{2}{x - 2}$
3. $x^4 + 4x^3 + 2x^2 - 4x - 3 = (x - 1)^2(x + 1)(x + 3)$
4. a) $x^3 + 5x^2 - 17x - 21 = (x - 3)(x + 1)(x + 7) = 0$; Lösungen: $-7; -1; 3$
   b) $x^3 - 3x^2 - 4x + 12 = (x - 3)(x - 2)(x + 2) = 0$; Lösungen: $-2; 2; 3$
   c) $-3x^3 + 4x^2 + 8 = (x - 2)(-3x^2 - 2x - 4) = 0$; Lösung: 2

Seite 27

1. a) $x = -5$ b) $x = -\frac{28}{5}$ c) $x = -\frac{5}{3}$ d) $x = \frac{13}{6}$

   e) $x = \frac{5}{3}$ f) $x = \frac{1}{9}$ g) $x = \frac{14}{3}$ h) $x = 2$

   i) $x = \frac{19}{3}$ j) $x = \frac{9}{8}$ k) $x = \frac{28}{15}$ l) $x = 1$

   m) $x = \frac{19}{23}$ n) $x = \frac{3}{2}$ o) $a = -\frac{5}{7}$ p) $u = -21$

   q) $a = 9$ r) $u = \frac{1}{7}$

2. $a_1x - b_1x = b_2y - a_2y \Leftrightarrow (a_1 - b_1)\,x = (b_2 - a_2)y \Rightarrow x = \frac{(b_2 - a_2)y}{a_1 - b_1}$

3. a) $]\frac{3}{2}; \infty[$ b) $]-\infty; 36]$ c) $]-6; \infty[$ d) $]5; \infty[$

   e) $]-\infty; \frac{12}{5}[$ f) $]-\infty; 96]$

4. a) $x = -7t$ b) $x = \frac{16}{33}t$ c) $x = -4t$ d) $x = \frac{6}{t}$

   e) $x = -\frac{5t}{t-2}$ f) $x = \frac{-3t-1}{t}$ g) $x = 3t$ h) $x = \frac{1}{t}$

5. a) $x = -\frac{6a}{1+4a}$ b) $x = -4$ c) $x = \frac{7-7b}{4a}$ d) $x = \frac{-8}{2{,}5a - 9 - 1{,}2b}$

Seite 28

a) $(\frac{2}{17}; \frac{9}{17})$ b) $(-0{,}4; 1{,}2)$ c) $(-8{,}75; 2{,}25)$ d) $(\frac{8}{3}; \frac{2}{3})$

e) $(-3; -2)$ f) $(\frac{8}{7}; \frac{9}{7})$

Seite 29

1. a) $x \geq 0$

   $y \geq 0$

   $2x + y \geq 8 \iff y \geq 8 - 2x$

   $x + y \geq 5 \iff y \geq 5 - x$

   Lösungsraum

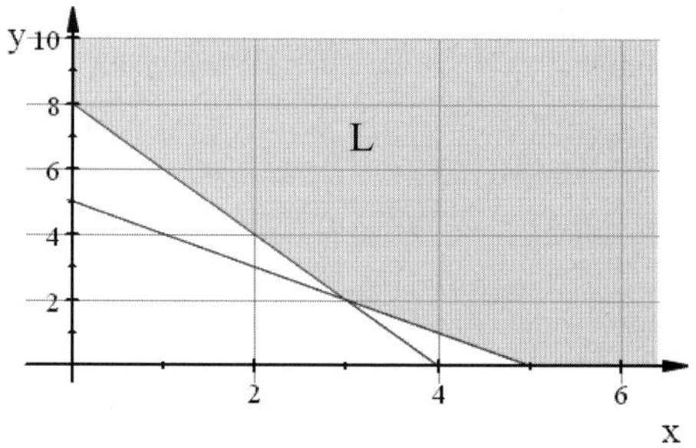

   b) $x \geq 3$; $y \leq 8$

   $x + 2y \leq 20 \iff y \leq 10 - 0{,}5x$

   Lösungsraum

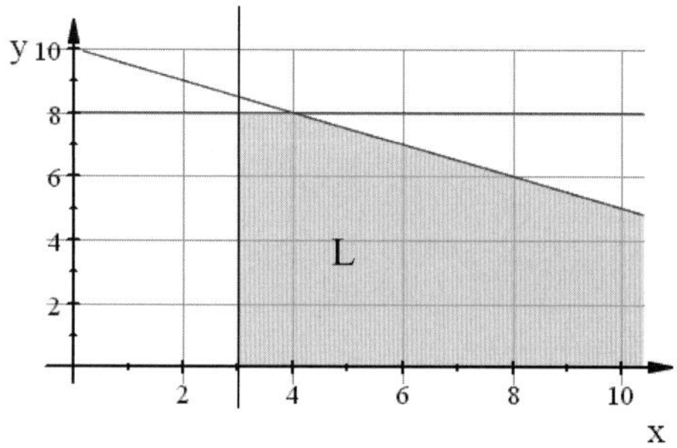

Seite 29

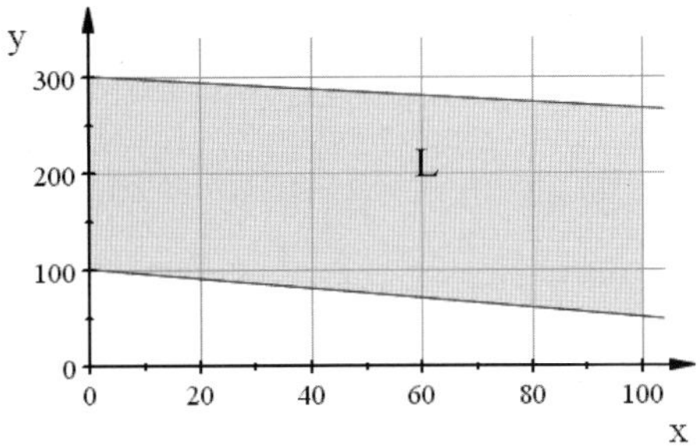

1. c) $0 \leq x \leq 100$

$x + 3y \leq 900 \Leftrightarrow y \leq 300 - \frac{1}{3}x$

$2x + 4y \geq 400 \Leftrightarrow y \geq 100 - 0{,}5x$

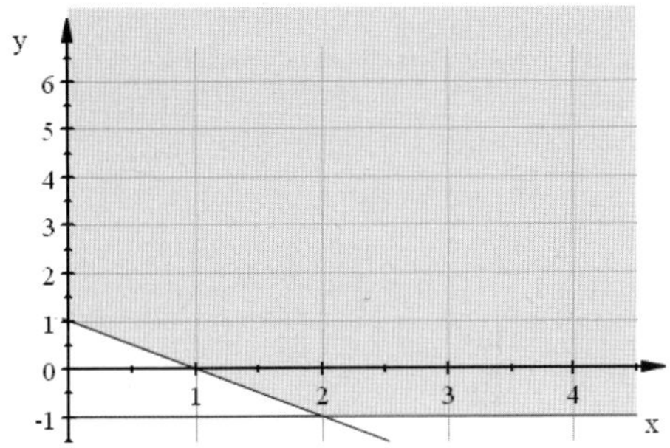

2. Lösungsraum

Seite 30

a) (1,75 0,625 0,5)
b) (3 6 6)
c) (1 –1 2,5)
d) (0 1,5 1,5)
e) (1 1 1)
f) (4 0 –1)

Seite 32

1. a) –4,61; 2,61
b) –7,36; 1,36
c) 3
d) D < 0; keine Lösung
e) D < 0; keine Lösung
f) 0; 6
g) $-\frac{8}{3}$; 1
h) –1; 5
i) D < 0; keine Lösung
j) –2,73; 0,73
k) – 1,5; – 3,5
l) – 1,85; 1,35

2. a) $x_{1|2} = \frac{-a \pm \sqrt{a^2 + 96}}{2}$; 2 Lösungen für $a \in \mathbb{R}$

b) $x_{1|2} = = -a \pm \sqrt{a^2 + 2a}$; 2 Lösungen für $a > 0 \vee a < -2$; eine Lösung für $a = 0 \vee a = -2$

keine Lösung $-2 < a < 0$

c) $x_{1|2} = \frac{1 \pm \sqrt{1 - 4a}}{2a}$; 2 Lösungen für $a < \frac{1}{4} \wedge a \neq 0$; eine Lösung für $a = \frac{1}{4}$;

keine Lösung für $a > \frac{1}{4}$

3. a) $D = t^2 + 8 > 0$; 2 Lösungen für $t \in \mathbb{R}$

b) $D = t^2 - 4$; keine für $-2 < t < 2$; eine für $t = \pm 2$; zwei für $t > 2 \vee t < -2$

c) $x + 3 = \pm \sqrt{2t - 1}$; eine für $t = \frac{1}{2}$; keine für $t < \frac{1}{2}$; zwei für $t > \frac{1}{2}$

Seite 34

1. a) $-3; 0$ b) $0; \frac{1}{4}$ c) $0; \frac{3}{2}$
   d) $-0{,}4; 0$ e) $0; 7$ f) $-1; 0$
   g) $0; 8t$ h) $0; t$ i) $0; t^2$
   j) $0; 4$ k) $-0{,}4; 0$ l) $0; \frac{a}{2}$
   m) $0; 8$ n) $\frac{t-1}{4}; 0$ o) $0; 0{,}2$
   p) $0; -4$ q) $-1{,}5; 1$ r) $0; \frac{5}{2}$
   s) keine Lösung t) $-3{,}37; 2{,}37$ u) $-4; -5$
2. a) $-4; 5$ b) $-3{,}5; \frac{1}{4}$ c) $-t; 2t$
   d) -4 e) 7 f) $2; 0$
   g) 6 h) $-1; 3$ i) $-4; 3$
   j) $10; 6$ k) $0{,}27; 3{,}73$ l) $-1{,}62; 0{,}62$
3. a) $\pm\sqrt{2}$ b) $\pm\sqrt{5}$ c) $\pm 0{,}91$
   d) $\pm\sqrt{3}$ e) $\pm\sqrt{18}$ f) 0
   g) 0 h) keine Lösung i) keine Lösung
   j) $\pm t\sqrt{2}$ k) $\pm\frac{a}{\sqrt{2}}$ l) 0
4. $a \geq 0$

Seite 36

a) $0 \leq x \leq 5$ b) $-4{,}87 < x < 2{,}87$ c) $x \leq -0{,}73 \vee x \geq 2{,}73$
d) $x > 5 \vee x < -1$ e) $-4{,}83 < x < 0{,}83$ f) keine Lösung
g) $\mathbb{R} \setminus \{1\}$ h) $\mathbb{R}$ i) $x < -5{,}3 \vee x > -1{,}7$

Seite 37

a) $\sqrt[3]{96}$ b) $\pm\sqrt[4]{\frac{8}{3}}$ c) $\sqrt[5]{2a}$
d) $0; \pm\sqrt{12}$ e) $0; \sqrt[3]{\frac{3}{8}}$ f) $0; \frac{1 \pm \sqrt{5}}{2}$

Seite 38

1. a) $\pm 1; \pm\sqrt{15}$ b) $L = \varnothing$ c) $\pm\sqrt{6}; \pm\sqrt{8}$
   d) ± 1 e) 2 f) ± 1
2. $a = 4$
3. Substitution mit $D = -4a^2 - 3 < 0$
4. $\pm\sqrt{5}$

Seite 39

1. a) $D = \mathbb{R}\backslash\{7\}$ b) $D = \mathbb{R}\backslash\{-2; 0\}$ c) $D = \mathbb{R}$

2. a) $D = \mathbb{R}^*; x = \frac{1}{4}$ b) $D = \mathbb{R}\backslash\{\pm 2\}$; Ø c) $D = \mathbb{R}\backslash\{-1\}; x = 8$
   d) $D = \mathbb{R}^*; x = 1$ e) $D = \mathbb{R}^*$; Ø f) $D = \mathbb{R}^*; a = 0{,}5$
   g) $D = \mathbb{R}^*; x = \frac{2}{11}$ h) $D = \mathbb{R}\backslash\{0; 1\}; x = -3$ i) $D = \mathbb{R}\backslash\{-2; -\frac{2}{3}\}; x = 10$

3. $x > 4 \vee x < 0$

4. a) $D = \mathbb{R}^*; x = \frac{7}{4 - 3a}$ b) $D = \mathbb{R}\backslash\{-1\}; x = -\frac{7}{7 + a}$ c) $D = \mathbb{R}^*; x = \frac{1}{a^2}$
   d) $D = \mathbb{R}\backslash\{-a\}; x = \frac{ab}{a - b}$ e) $D = \mathbb{R}\backslash\{\pm a; 0\}$; unlösbar f) $D = \mathbb{R}\backslash\{2\}; x = 1$

5. a) $x < -3$ b) $-1 < x < 3$ c) $x \leq 0 \vee x > 3$

Seite 40

1. a) $D = \{x \in \mathbb{R} \mid x \geq 2\}$ b) $D = \mathbb{R}_+$ c) $D = \mathbb{R}_+^*$ d) $D = [-\sqrt{5}; \sqrt{5}]$

2. a) $x = 49$ b) $x = 7$ c) $x = \pm\sqrt{7}$ d) $x = 0; \frac{1}{49}$

3. a) $x \approx 1{,}62$ b) $x = 4$ c) Ø

Seite 41

1. a) $3; \frac{9}{5}$ b) $-\frac{2}{3}; 6$ c) $\pm 1{,}73$
   d) 1,46; 1,91 e) 1; 2 f) – 3; 11

2. a) $-6 \leq x \leq 0$ b) $x \leq 0{,}25 \vee x \geq 0{,}75$ c) $-4{,}5 \leq x \leq -0{,}5$
   d) $x \leq 8 \vee x \geq 16$ e) $x \leq -\frac{2}{3} \vee x \geq 2$ f) keine Lösung

Seite 43

1. a) k. L. b) $-\frac{1}{3}\ln(2e)$ c) $-\frac{10}{t}\ln(0{,}75)$ d) $\ln(\frac{3}{2})$ e) $\frac{1}{4}\ln(\frac{1}{2}t)$ f) $0; t - \ln(4)$
   g) Substitution $u = e^x$ ergibt: $u_1 = 8$; $u_2 = 0{,}5$; Lösungen: $x_1 = \ln(8)$; $x_2 = \ln(0{,}5)$
   h) $e^{2x} + 5e^x - 50 = 0$; Substitution $u = e^x$ ergibt: $u_1 = 5$; $u_2 = -10$; $x_1 = \ln(5)$
   i) $4e^{0{,}5x} - e^x - 3 = 0$; Substitution $u = e^{0{,}5x}$ ergibt $4u - u^2 - 3 = 0$
   $(e^{0{,}5x})^2 = e^{2 \cdot 0{,}5x} = e^x$ Lösungen in u: $u_1 = 3$; $u_2 = 1$; Lösungen: $x_1 = 2\ln(3)$; $x_2 = 0$
   j) ln(1,03); 0; (– 2,30 ist keine Lösung) k) t l) ln(2,5)

2. $e^{2x} + te^x - 1 = 0$; Substitution $u = e^x$ ergibt: $u^2 + tu - 1 = 0$

   Lösungen in u: $u_{1|2} = \frac{-t \pm \sqrt{t^2 + 4}}{2}$

   Für $t > 0$: $u_1 = \frac{-t + \sqrt{t^2 + 4}}{2} > 0$, da $\sqrt{t^2 + 4} > t$; $u_2 = \frac{-t - \sqrt{t^2 + 4}}{2} < 0$; $e^x = u_2 < 0$ unlösbar.

   Für $t > 0$ hat die Gleichung $e^{2x} + te^x - 1 = 0$ genau eine Lösung.

Seite 45

1. a) $x = \frac{\ln 2}{\ln 3} + 1$ b) $0 < x \leq \lg 2{,}4$ c) $x = -10\,\frac{\ln\frac{1}{2\sqrt{5}}}{\ln 5}$

   d) $\frac{3^{2x}}{2^x} = \frac{9^x}{2^x} = 3 \Rightarrow x = \frac{\ln 3}{\ln 4{,}5}$ e) $x^2 + x = \ln 4 \Leftrightarrow x = -1{,}779 \vee x = 0{,}779$

   f) $3u^2 - 18u - 48 = 0$ Lösungen in u: $u_1 = -2$; $u_2 = 8$; Lösung: $x_1 = \frac{\ln(8)}{\ln(4)} = \frac{3}{2}$

2. a) $5^{2x} = u$; $x = \frac{1}{2}$; 1 b) $2^{4x} - 64 \cdot 2^{2x} + 2^{10} = 0$; $2^{2x} = u$; $x = \frac{5}{2}$

   c) $4^{x+1} = 8^{x-1} \Leftrightarrow 2^{2(x+1)} = 2^{3(x-1)}$; Vergleich der Hochzahlen: $x = 5$

3. $K(8) = K(0) \cdot 1{,}046^8 = 1{,}433 \cdot K(0)$; ca. 11,5 Jahre
   Wachstumsfaktor 1,433; Zunahme um 43,3 %

4. a) $f(t) = 8{,}2 \cdot 10^6 \cdot e^{0{,}01784t}$ b) $f(50) = 20{,}04 \cdot 10^6$

   c) $t_V = 192{,}5$ (Jahre); 0,36%; 1981

5. a) $24 = g(0)\,e^{-0{,}0122 \cdot 20} \Rightarrow g(0) = 30{,}6$; $g(t) = 30{,}6\,e^{-0{,}0122t}$

   b) 378 Tage c) $e^{-0{,}0122} = 0{,}988 \Rightarrow$ tägliche Zerfallsrate 1,2 %; $t_H = 56{,}8$ (Tage)

6. $\frac{4\%}{12} = \frac{1}{3}$ % (pro Monat); $1{,}0033333^{12} = 1{,}0407 < 1{,}041$; das 4,1 % Angebot ist günstiger.

Seite 46

a) 3 b) $\frac{11}{3}x\ln(2x) = 0 \Rightarrow x = \frac{1}{2}$ $(x > 0)$

c) $u^2 + 6u + 5 = 0$; Lösungen in u: $u_1 = -5$; $u_2 = -1$; Lösung: $x_1 = e^{-5}$; $x_2 = e^{-1}$

d) $\frac{2 - x}{x + 3} = 1 \Rightarrow x = -\frac{1}{2}$ e) 1

f) $u^2 - 2u - 8 = 0$; Lösungen in u: $u_1 = 4$; $u_2 = -2$; Lösung: $x_1 = e^4$; $x_2 = e^{-2}$

g) $x^2 + 3 = 1$ keine Lösung h) $\lg(\frac{x}{x^2 - 1}) = 1 \Rightarrow \frac{x}{x^2 - 1} = 10$; $x_1 = 1{,}05$; $x_2 = -0{,}95$

i) $\frac{1}{1 + x} = 1 \Leftrightarrow x = 0$ j) $x^2 - 2 = 10 \Leftrightarrow x = \pm\sqrt{12}$

k) $3\log_4(6) = \frac{3\lg(6)}{\lg(4)} \approx 3{,}877 \Rightarrow x = 10^{3{,}877} \approx 7534$

l) $\lg(\frac{2x + 3}{x}) = 1 \Rightarrow \frac{2x + 3}{x} = 10 \Rightarrow x = \frac{3}{8}$

Seite 49

a) Verschiebung um 2 nach rechts und um 3 nach unten

b) Verschiebung um 1 nach rechts; Streckung in y-Richtung mit Faktor 3

c) Verschiebung um 5 nach links; Spiegelung an der x-Achse

d) Verschiebung um 1 nach rechts; Streckung in x-Richtung mit Faktor 2;
Streckung in y-Richtung mit Faktor 4

Seite 53

1. a) K_1: Parabel 4. Ordnung (Ganzrationale Funktion 4. Grades); Symmetrie zur y-Achse;
   nach unten beschränkt: $f(x) \geq -2$; Monoton fallend für $x \leq -1{,}5 \vee 0 \leq x \leq 1{,}5$

   b) K_2: Trigonometrische Funktion; Symmetrie zu $S(0 \mid 1)$;
   beschränkt: $0 \leq f(x) \leq 2$; Monoton fallend für $-1{,}5 \leq x \leq -0{,}5 \vee 0{,}5 \leq x \leq 1{,}5$

   c) K_3: Gebrochenrationale Funktion; Symmetrie zur y-Achse;
   nach oben beschränkt: $f(x) \leq 1$; Monoton fallend für $x < 0$

   d) K_4: Exponentialfunktion; keine Symmetrie;
   nach oben beschränkt: $f(x) < 4$; Monoton fallend für $x \in \mathbb{R}$

2. a) Verschiebung um 2 nach rechts: $g(x) = f(x-2)$

   b) Streckung in y-Richtung mit Faktor $\frac{1}{2}$; Spiegelung an der x-Achse;
   Verschiebung um 1 nach unten: $g(x) = -\frac{1}{2}f(x) - 1$

3. Für $x_1 < x_2$ und $x < 1$ ist zu zeigen : $f(x_1) > f(x_2)$
   $x_1^2 - 2x_1 > x_2^2 - 2x_2 \Leftrightarrow x_1^2 - x_2^2 - 2(x_1 - x_2) > 0 \Leftrightarrow (x_1 - x_2)((x_1 + x_2 - 2) > 0$
   wahre Aussage wegen $x_1 - x_2 < 0$ und $x_1 + x_2 - 2 < 0$

4. Wegen $f(-x) = -xe^{-x^2} = -f(x)$ ist der Graf von f symmetrisch zum Ursprung.

5. $-7 \leq f(x) = 3\sin(x) - 4 \leq -1$ wegen $-3 \leq 3\sin(x) \leq 3$; f ist beschränkt.
   kleinste obere Schranke: $S_o = -1$; größte untere Schranke: $S_u = -7$

Seite 54

1. a) $\frac{1}{2}\ln\frac{3}{4}$ einfache Nullstelle b) $x = 0$; doppelte Nullstelle

   c) $x = 0$; dreifache Nullstelle; $x = -32$ einfache Nullstelle

2. a) $(e^x - 1)^2 = 0$; $x = 0$; doppelte Schnittstelle

   b) $x = 2$ doppelte Schnittstelle

   c) $x = 4$ einfache Schnittstelle; $x = 0$ dreifache Schnittstelle

   d) $x = 1$ doppelte Schnittstelle; $x = -3$ einfache Schnittstelle

Seite 55

a) $f(x) = \frac{1}{4}x + 2$; $x \in \mathbb{R}$; $f^{-1}(x) = 4(x-2)$; $x \in \mathbb{R}$

b) $f(x) = x^2 - 2$; $x > 0$; $f^{-1}(x) = \sqrt{x+2}$; $x > -2$

c) $f(x) = 3e^{-2x}$; $x \in \mathbb{R}$; $f^{-1}(x) = -\frac{1}{2}\ln(\frac{x}{3})$; $x \in \mathbb{R}_+^*$

Seite 57

1. a) $0; \pm\sqrt{6}$ b) $0; 4$ c) $0; \pm\sqrt{3}$ d) $0; 6$

e) $0; 1; \frac{1}{3}$ f) $\frac{1}{6}(x-1)(x^2+x-3)$; 1; 1,30; – 2,30

g) $\pm 2\sqrt{5}; \pm 2$ h) $\pm 1; 2$ i) 1

Seite 58

2. K_2: C: $f(x) = \frac{1}{8}x^3 - \frac{3}{4}x^2 + 5$; 3. Grades; (0 | 5); vom 3. in 1. Feld

K_3: A: $f(x) = -0{,}5x^2 - x + 5$; 2. Grades, nach unten geöffnet

K_1: B: $f(x) = -\frac{1}{4}x^4 + x^2 + 5$; 4. Grades, Symmetrie zur y-Achse

Merkmale:

Durch (0 | 5) verlaufen alle Kurven.

Achsensymmetrisch: K_1, K_3

Zwei Schnittpunkte mit der x-Achse: K_1, K_3

3. a) $-1 < x < 3$

b) Gerade mit $y = x + 1$; $-1 < x < 2$

c) D = 0 berühren; doppelte Schnittstelle

4. K : $f(x) = x^3 - 2x^2 + 2$

$f(-1) = g(-1) = -1$; $f(0) = 2 = g(0)$; Schnittpunkte: $S_1(-1 \mid -1)$; $S_2(0 \mid 2)$

$g(x) = 3x + 2$; weiterer Schnittpunkt $S_3(3 \mid 11)$

5. a) K verläuft nach unten geöffnet, dreifache Nullstelle in x = 0, einfache in x = 6

b) $f(x) = x^2$ ergibt die einzige Lösung $x_{1|2} = 0$ (wegen $D < 0$).

6. K_f: Parabel 3. Ordnung; K_g Parabel 2. Ordnung

f(x) wächst ab einem bestimmten x schneller als g(x),

also gibt es einen Schnittpunkt mit $x > 0$.

7. a) $x < \frac{4}{3}$ b) $x < -\sqrt{24} \vee 0 < x < \sqrt{24}$

8. Punktprobe ergibt ein LGS mit der Lösung $a = \frac{5}{6}$; $b = -\frac{3}{2}$; $c = \frac{5}{3}$

$f(x) = \frac{5}{6}x^2 - \frac{3}{2}x + \frac{5}{3}$

Seite 61

1. f → B: $x_1 = 1$ ist Postelle mit VZW. $x_2 = 0$ ist eine einfache Nullstelle von f.

   Waagrechte Asymptote: y = 1; P(2 | 2) ist ein Kurvenpunkt.

   g → A: Polstellen: $x_1 = 1$; $x_2 = -1$; $x_{3|4} = 0$ doppelte Nullstelle von f.

   K ist symmetrsch zur y-Achse. Waagrechte Asymptote: y = 1

   h → D: $D_{max} = \mathbb{R}$; $x_1 = 0$ ist eine einfache Nullstelle von f.

   K ist symmetrisch zum Ursprung. Die x-Achse ist waagrechte Asymptote.

   k → C: $x_1 = 1$ ist Polstelle mit VZW. Schiefe Asymptote: y = x − 1.

2. a) $D_{max} = \mathbb{R}\setminus\{-1\}$

   N(2 | 0)

   $S_y(0 | 4)$

   Senkrechte Asymptote: x = − 1

   Waagrechte Asymptote: y = − 2

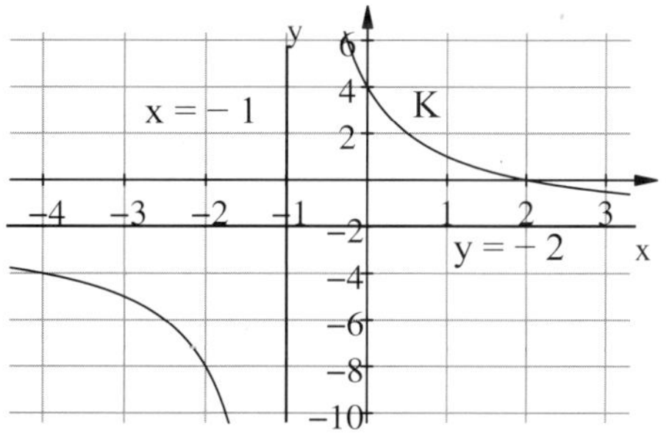

b) $f(x) = \frac{2x - 2}{1 + x}$

   $D_{max} = \mathbb{R}\setminus\{-1\}$

   N(1 | 0)

   $S_y(0 | -2)$

   Senkrechte Asymptote: x = − 1

   Waagrechte Asymptote: y = 2

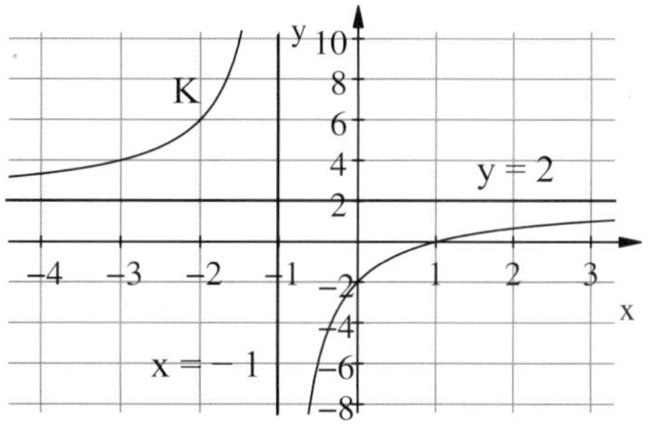

c) $D_{max} = \mathbb{R}\setminus\{3\}$

   $N(0 | 0) = S_y$

   Senkrechte Asymptote: x = 3

   $x_{1|2} = 3$ Postelle ohne VZW

   Waagrechte Asymptote: y = 0

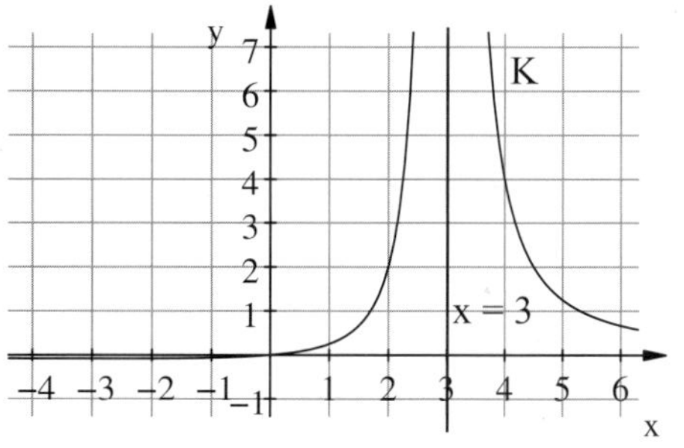

Seite 61

2. d) $D_{max} = \mathbb{R}^*$

Kein SP mit der x-Achse.

Kein SP mit der y-Achse.

Senkrechte Asymptote: $x = 0$

Schiefe Asymptote: $y = \frac{1}{2}x$

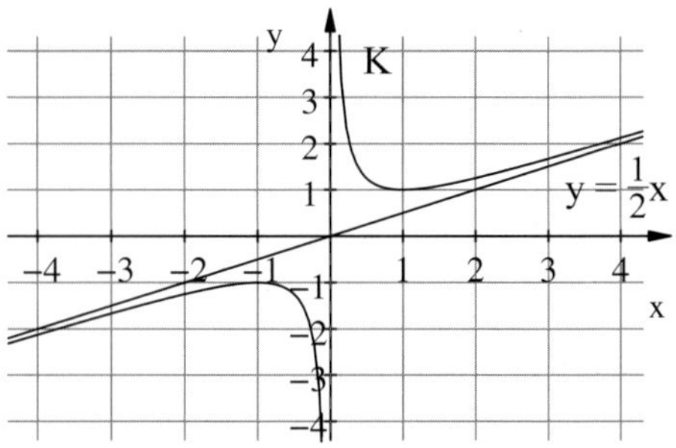

e) $D_{max} = \mathbb{R}\backslash\{\pm\sqrt{5}\}$

$N_{1|2}(\pm\sqrt{8} \mid 0)$

$S_y(0 \mid \frac{8}{5})$

Senkrechte Asymptoten:

$x = \sqrt{5}$; $x = -\sqrt{5}$

Waagrechte Asymptote: $y = 1$

K ist symmetrisch zur y-Achse.

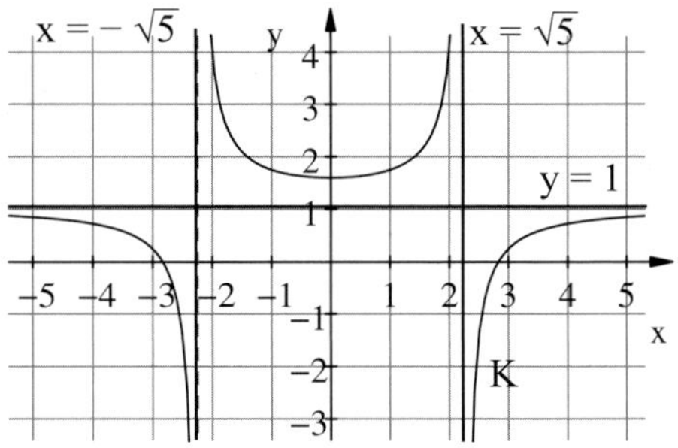

f) $f(x) = \frac{x^2 + 2x - 4}{2(x - 2)}$

$D_{max} = \mathbb{R}\backslash\{2\}$

$N_1(-3{,}24 \mid 0)$; $N_2(1{,}24 \mid 0)$

$S_y(0 \mid 1)$

Senkrechte Asymptote: $x = 2$

Schiefe Asymptote: $y = \frac{1}{2}x + 2$

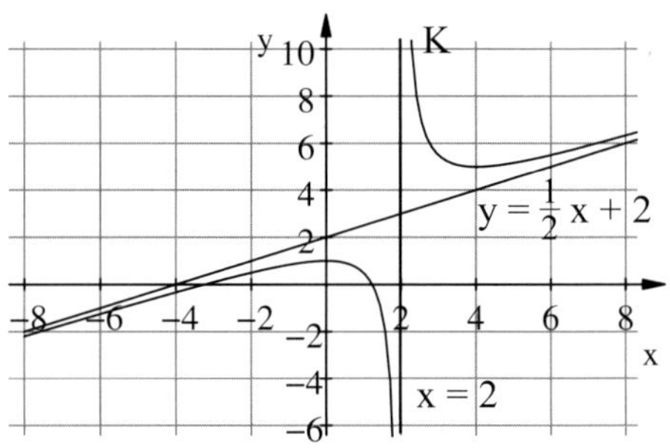

3. a) $D_{max} = \mathbf{R}\backslash\{\pm\sqrt{3}\}$

b) g: $y = -\frac{3}{2}x + 1$ Gleichsetzen ergibt die Lösungen: $x_{1|2} = 1$; $x_3 = -2$

Berührpunkt: $S_{1|2}(1 \mid -\frac{1}{2})$; Schnittpunkt: $S_3(-2 \mid 4)$

Seite 65

1. K: $f(x) = 4e^x - e^{2x}$

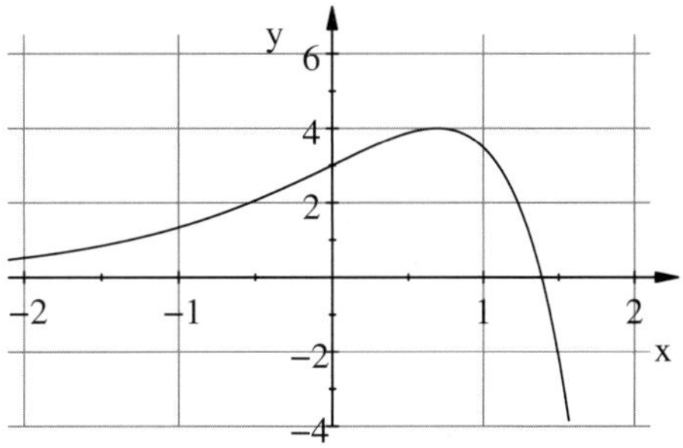

Eigenschaften von K:

Asymptote: $y = 0$

K verläuft vom 2. in das 4. Feld,

K hat einen Schnittpunkt mit der x-Achse.

$S = SP_x(\ln 4 \mid 0)$

$SP_y(0 \mid 3)$

Abstand der beiden Achsenschnittpunkte: $d = \sqrt{9 + (\ln 4)^2} = 3{,}30$

2. Gemeinsame Punkte von K und G

Bedingung: $f(x) = g(x)$	$(x - 1)e^{x-1} = x - 1$
Umformung:	$(x - 1)e^{x-1} - (x - 1) = 0$
Ausklammern:	$(x - 1)(e^{x-1} - 1) = 0$
Lösungen:	$x_1 = 1; x_2 = 1$
Genau eine (doppelte) Schnittstelle:	$x_{1\|2} - 1$

K und G berühren sich in $x_{1|2} = 1$.

3. K: $f(x) = (e^{-x} - 2)^2 = 0 \Leftrightarrow x_{1|2} = -\ln(2)$ doppelte Nullstelle = Berührstelle

Asymptote: $y = 4$ $\quad f(x) = 4 \Leftrightarrow e^{-2x} - 4e^{-x} = 0 \Leftrightarrow x = -\ln(4)$

Schnittpunkt S $(-\ln(4) \mid 4)$

4. Umkehrfunktion f^{-1} von f mit $f(x) = e^x + 2; x \in \mathbb{R}$

$f^{-1}(x) = \ln(x - 2)$: $x > 2$

Schaubilder von f und f^{-1}:

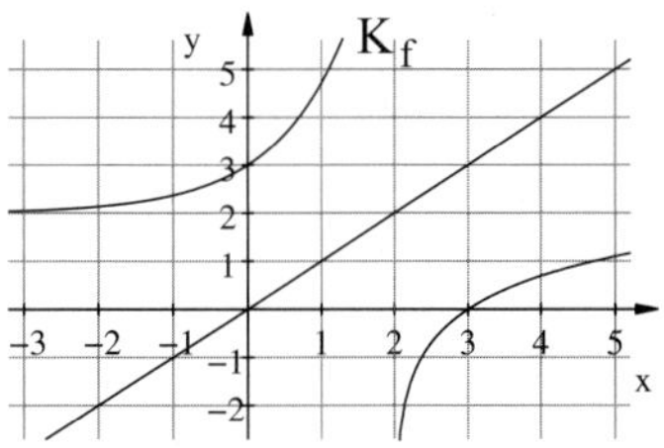

5. $f(x) = \ln(4 - x^2); x \in D$.

Maximaler Definitionsbereich D:

$4 - x^2 > 0$ für $-2 < x < 2$

Symmetrie zur y-Achse: $f(x) = f(-x)$

senkrechte Asymptoten: $x = -2; x = 2$

Schnittpunkte von K mit der x-Achse:

$4 - x^2 = 1 \Leftrightarrow x = \pm\sqrt{3}$

$f(x) \geq 1$: $4 - x^2 > e$ für $-\sqrt{4 - e} < x < \sqrt{4 - e}$

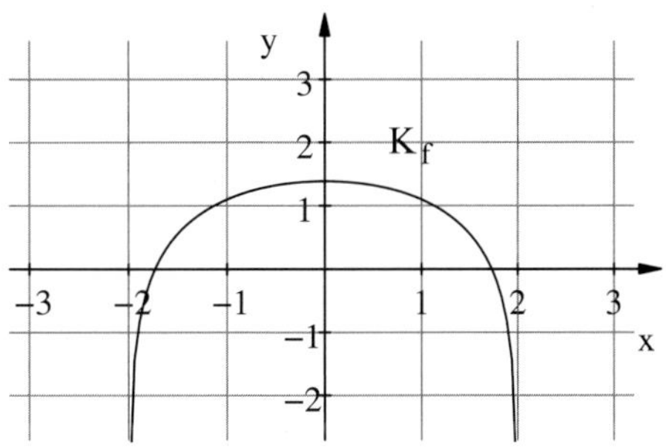

Seite 65

6. $f(x) = \ln(x + 1)$.

   Definitionsbereich: $x > -1$

   Schnittpunkte: $N(0 \mid 0)$

   Senkrechte Asymptote: $x = -1$

   Umkehrfunktion $f^{-1}(x) = e^x - 1$

   Schaubilder von f und f^{-1}

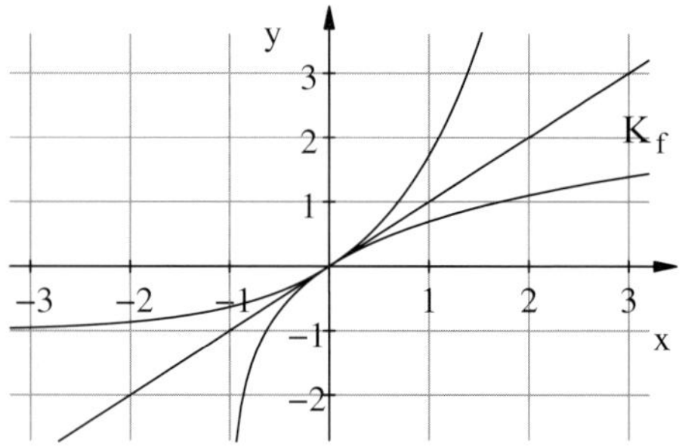

7. K: $f(x) = 2(\ln(x) - 1)^2$; $x \in \mathbb{R}_+^*$.

   Senkrechte Asymptote: $x = 0$

   $N(e \mid 0)$

   Inhalt des Dreiecks $A = \frac{1}{2} e^{-1} \cdot f(e^{-1})$

   $A = \frac{1}{2} e^{-1} \cdot 8 = 4e^{-1}$

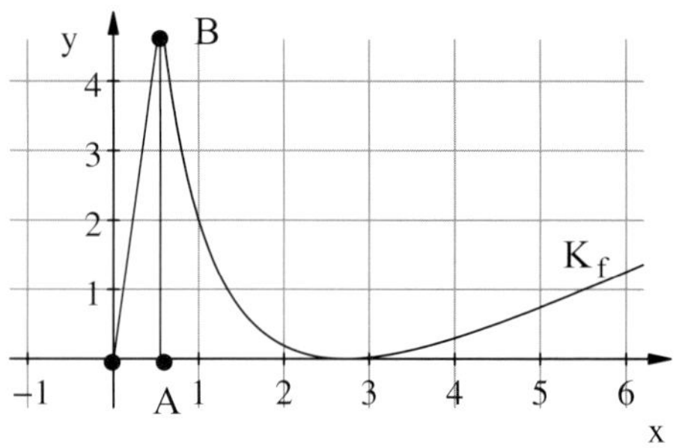

8. $f(x) = \ln \frac{x-1}{x+1}$

   Größtmöglicher Definitionsbereich:

   $\frac{x-1}{x+1} > 0 \Leftrightarrow x < -1 \vee x > 1$

   Schnittpunkt mit der y-Achse existiert nicht:

   $0 \notin D$

   Schnittpunkt mit der x-Achse existiert nicht:

   $\frac{x-1}{x+1} = 1 \Leftrightarrow -1 = 1$

   Für $|x| \to \infty$: $\frac{x-1}{x+1} \to 1$ und damit $f(x) \to 0$

   Senkrechte Asymptoten: $x = -1$; $x = 1$

   $\frac{x-1}{x+1} \to \infty$ für $x \to -1$ $(x < -1)$ und damit $f(x) \to \infty$

   $\frac{x-1}{x+1} \to 0$ für $x \to 1$ und damit $f(x) \to -\infty$

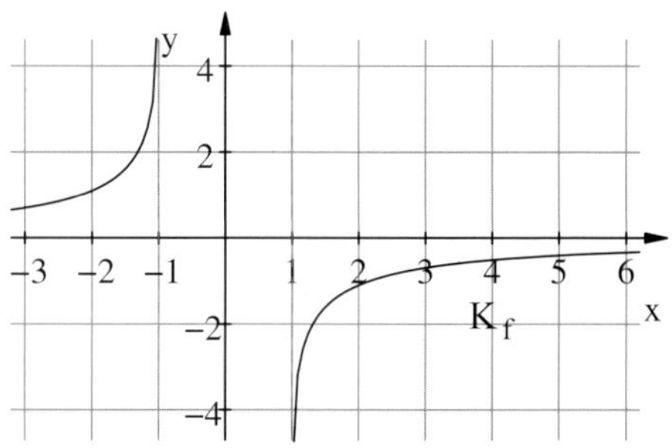

Seite 66

$f(x) = \sqrt{x+2}$; $x \geq -2$; $f(x) \geq 0$

$g(x) = \sqrt{3x-1}$; $x \geq \frac{1}{3}$; $g(x) \geq 0$

Schnittpunkt $S(1{,}5 \mid 1{,}87)$

Verschiebung um 2 nach links

$f^{-1}(x) = x^2 - 2$; $x \geq 0$

Schaubilder von f und f^{-1}:

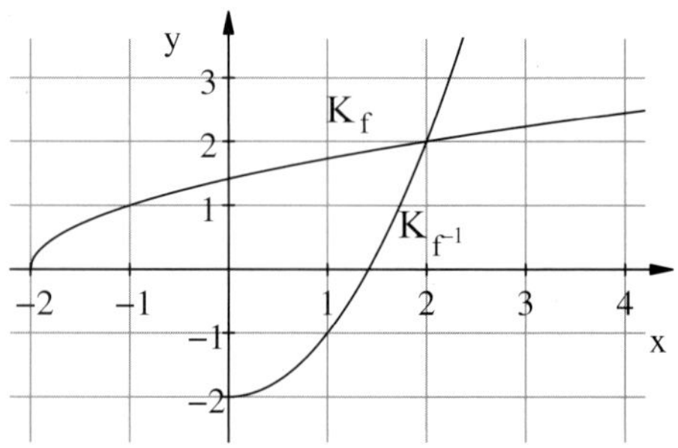

Seite 67

1. K: $f(x) = |3 - 2x|;\ x \in \mathbb{R}$.

$|3 - 2x| = x \Leftrightarrow x = 1 \vee x = 3$

$S_1(1 \mid 1);\ S_2(3 \mid 3)$

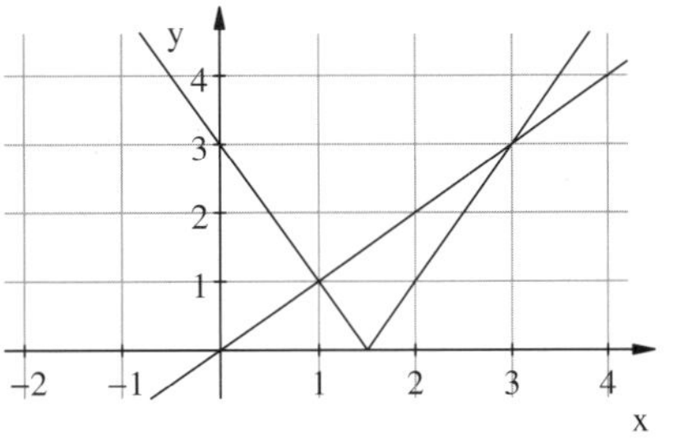

2. a) $f(x) = |4x + 1| = \begin{cases} 4x + 1 & \text{für } x \geq -\frac{1}{4} \\ -(4x + 1) & \text{für } x < -\frac{1}{4} \end{cases}$

$S_y(0 \mid 1);\ S_x(-\frac{1}{4} \mid 0)$

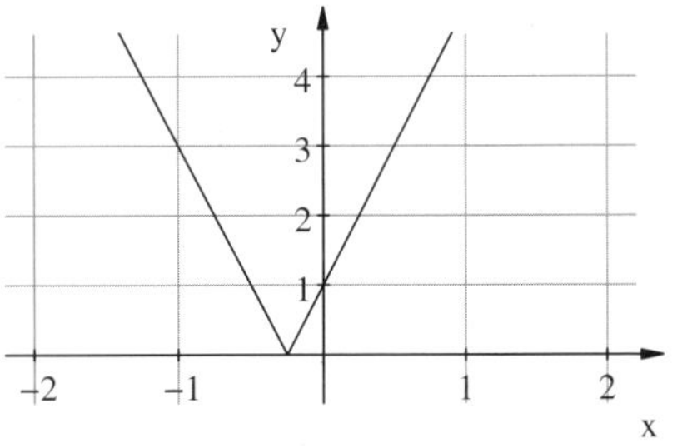

b) $f(x) = |4 - x^2| = \begin{cases} 4 - x^2 & \text{für } -2 \leq x \leq 2 \\ x^2 - 4 & \text{für } x < -2 \vee x > 2 \end{cases}$

$S_y(0 \mid 4);\ S_x(\pm 2 \mid 0)$

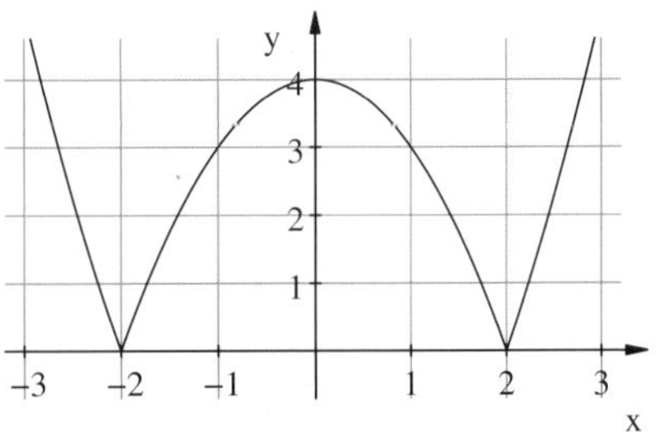

c) $f(x) = |x^3| = \begin{cases} x^3 & \text{für } x \geq 0 \\ -x^3 & \text{für } x < 0 \end{cases}$

$S_y(0 \mid 0) = S_x$

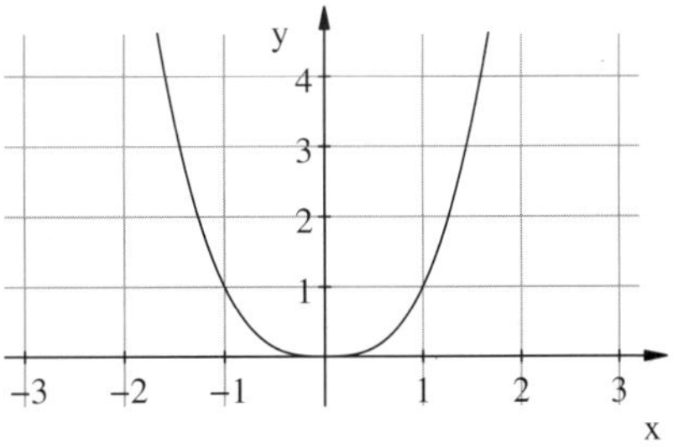

d) $f(x) = \ln|e^x - 1| = \begin{cases} \ln(e^x - 1) & \text{für } x > 0 \\ \ln(1 - e^x) & \text{für } x < 0 \end{cases}$

x =0 nicht definiert; S_y existiert nicht

$S_x(\ln(2) \mid 0)$

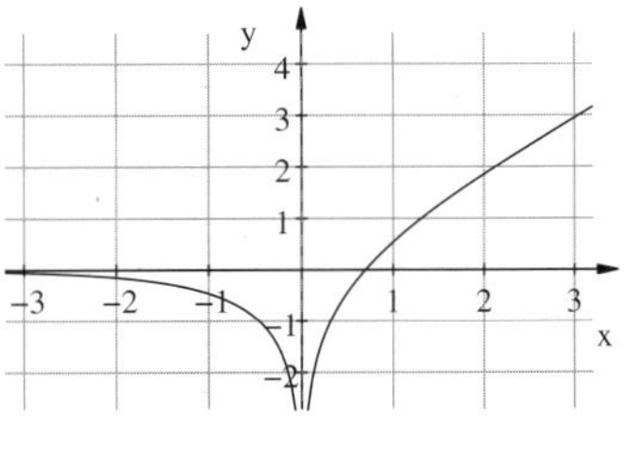

12 Deusch, Ott - ISBN 978-3-8120-0604-0

Seite 67

2. e) $f(x) = |e^x - 2| = \begin{cases} e^x - 2 & \text{für } x \geq \ln(2) \\ 2 - e^x & \text{für } x < \ln(2) \end{cases}$

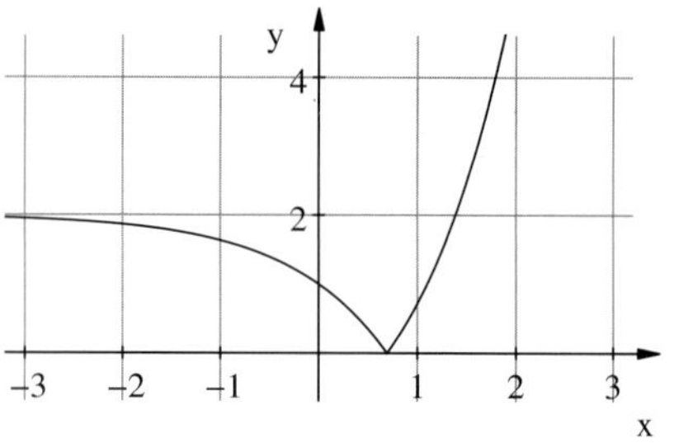

$S_y(0 \mid 1)$; $S_x(\ln(2) \mid 0)$

f) $f(x) = |\frac{1}{x} - 1| = \begin{cases} \frac{1}{x} - 1 & \text{für } x \leq 1 \\ 1 - \frac{1}{x} & \text{für } x > 1 \end{cases}$

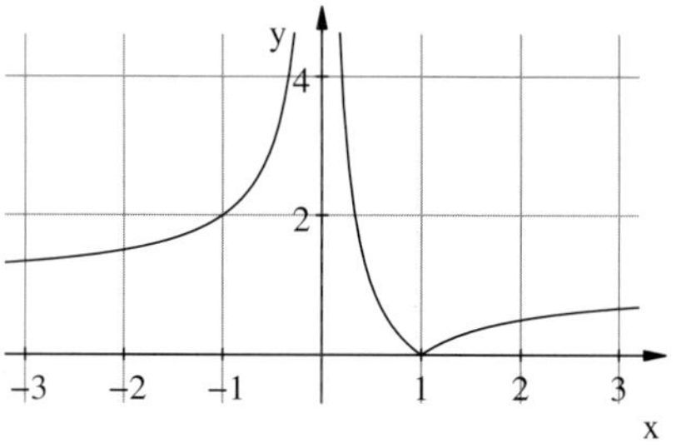

$S_x(1 \mid 0)$

Seite 68

1. $\overline{AB} = \sqrt{6^2 + 2{,}5^2} = \sqrt{42{,}25} = \overline{DC}$; $\overline{BC} = 5 = \overline{AD}$

   Es handelt sich um ein Rechteck (Auch aus einer Zeichnung).

   Winkel α bei A: $\tan\alpha = \frac{\overline{BC}}{\overline{AB}} = \frac{5}{\sqrt{42{,}25}} \Rightarrow \alpha = 37{,}57\,°$

   Weitere Winkel mit 90 ° und 52,43 °.

2. a) Die **maximale Amplitude** ergibt sich aus $s_{max} = \frac{\pi\,\alpha}{180°} \cdot l$.

   Einsetzen ergibt: $s_{max} = \frac{\pi\,3°}{180°} \cdot 150 = 7{,}85$

   Die **Schwingungsamplitude** beträgt 7,85 cm.

   b) Die Schwingungsdauer eines Fadenpendels ist $T = 2\pi\sqrt{\frac{l}{g}}$.

   Dabei ist $g = 9{,}81\,\frac{m}{s^2}$ die Erdbeschleunigung.

   Einsetzen ergibt: $T = 2{,}46$

   Die **Schwingungszeit** beträgt T = 2,46 s.

   Weg-Zeit-Gleichung der Schwingung: $s(t) = s_{max} \cdot \sin(\frac{2\pi}{T} \cdot t)$

   Einsetzen ergibt: $s(t) = 7{,}85\sin(2{,}55t)$

Seite 69

a) –315°; – 225°; 45°; 135° b) –150°; – 30°; 210°; 330°

c) ± 24,6°; ± 335,4° d) ± 135°; ± 225°

Seite 70

1. a) x = 1,5; α = 85,9° b) α = 45°; x = $\frac{\pi}{4}$ c) x = 3; α = 171,9°
   d) α = 120°; x = $\frac{2\pi}{3}$ e) x = – 1; α = – 57,3°
2. a) 0,974 b) 0,622 c) 0,0016 ≈ 0 d) 0 e) – 1
3. a) x = 1 und sin(1)
   b) x = 4 und cos(4)
   c) x = – 0,5 und sin(– 0,5)

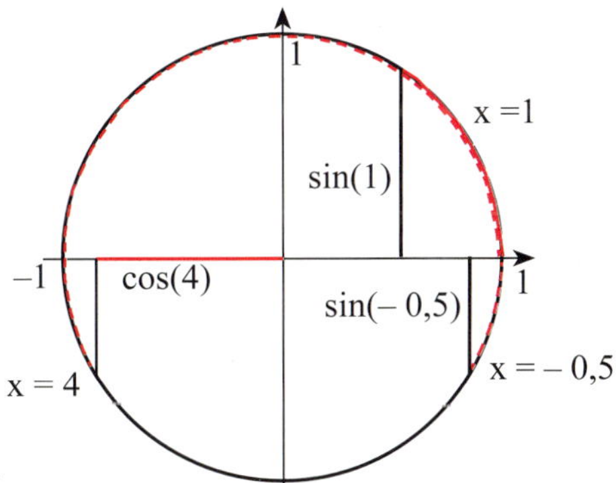

4. sin(1,5°) ≈ sin(0°) = 0
   sin(1,5) ≈ sin(90°) = 1
5. A liegt innerhalb,
   B und D liegen außerhalb des Kreises,
   C liegt auf dem Kreis.
6. a) sin(x) = 0,5 für x = 0,52; x = 2,62
   b) sin(x) = – 0,5$\sqrt{2}$ für x = – 2,356; x = – 0, 785; x = 3,927; x = 5,4978
   c) cos(x) = 0,8 für x = – 0,6435; x = 0,6435; x = 5,6497
   d) cos(x) = – 0,5 für x = – 2,094; x = 2,094; x = 4,189
   e) tan(x) = 1 für x = – 2,356; x = 0,785; x = 3,927
   f) tan(x) = – 4 für x = – 1,326; x = 1,816; x = 4,957

Seite 71

1. Schaubild 1: y = – 0,5 sin(x) + 1 Schaubild 2: y = 2sin(x) – 2
2. Schaubild von f : (0 | – 2); (± $\frac{\pi}{2}$ | 0); Periode p = 2π;
   keine Verschiebung in y-Richtung
   A: (0 | 2) B: Periode π; (± $\frac{\pi}{2}$ | 0) liegt nicht auf der Kurve.
   C: (0 | – 1); Verschiebung in y-Richtung

Seite 74

1. A: $p = 4 = \frac{2\pi}{k} \Rightarrow k = \frac{\pi}{2}$; Amplitude 1; $f(x) = \sin(\frac{\pi}{2}x) + 1$
   B: $p = 6 \Rightarrow k = \frac{\pi}{3}$; Amplitude 2; $f(x) = -2\sin[\frac{\pi}{3}(x - 1)]$
   C: $p = 2\pi \Rightarrow k = 1$; Amplitude 1,5; $f(x) = 1{,}5\cos(x - 1) + 1$
   D: $p = 4\pi = \frac{2\pi}{k} \Rightarrow k = \frac{1}{2}$; Amplitude 2; $f(x) = 2\sin(\frac{1}{2}x) + 1$

Seite 74

2. a) $\sin(2x) + 2 = 0$ keine Lösung, da $\sin(2x) > -1$

   b) $\sin(x) + \cos(x) = 4$ keine Lösung, da $\sin(x) + \cos(x) \leq 2$

   c) $2\cos(3x-1) + 1 = 0$ Lösungen, da $-1 \leq \cos(3x-1) \leq 1$

3. a) $\sin(x) = 0{,}2$ für $x = 0{,}20 + 2k\pi$; $x = 2{,}94 + 2k\pi$

   b) $\sin(x) = -0{,}75$ für $x = -2{,}294 + 2k\pi$; $x = -0{,}848 + 2k\pi$

   c) $\cos(x) = 0{,}95$ für $x = \pm 0{,}318 + 2k\pi$

   d) $\tan(x) = 0{,}2$ für $x = 0{,}197 + k\pi$

   e) $\sin(2x) = 0{,}5$ für $x = 0{,}262 + k\pi$; $x = 1{,}309 + k\pi$

   f) $\sin(x) + \tan(x) = 0 \Leftrightarrow \sin(x)\,(1 + \frac{1}{\cos(x)}) = 0 \Leftrightarrow \sin(x) = 0 \vee \cos(x) = -1$
   für $x = k\pi$; $x = \pi + 2k\pi$

   g) $\sin^2(x) + \sin(x) = 2$ Substitution ergibt $\sin(x) = 1$ oder $\sin(x) = -2$
   $\sin(x) = 1$ für $x = 0{,}5\pi + 2k\pi$

   h) $\sin(x) + \cos(x) = -1 \Leftrightarrow \sin(x) + 1 = -\cos(x) \Rightarrow (\sin(x) + 1)^2 = 1 - \sin^2(x)$
   $2\sin^2(x) + 2\sin(x) = 0 \Leftrightarrow \sin(x)(\sin(x) + 1) = 0$ für $x = 1{,}5\pi + 2k\pi$
   für $x = k\pi$ ist Lösung für k ungerade

   i) $\cos^2(x) = 0{,}25 \Rightarrow \cos(x) = \pm\frac{1}{2}$ für $x = \pm\frac{1}{3}\pi + 2k\pi$; $x = \pm\frac{2}{3}\pi + 2k\pi$

4. a) $p = \frac{\pi}{2}$, Amplitude 3; Streckung in x-Richtung mit Faktor $\frac{1}{4}$, in y-Richtung mit Faktor 3 Verschiebung nach unten um 1.

   b) $p = 4\pi$, Amplitude 1; Streckung in x-Richtung mit Faktor 2, Verschiebung nach rechts um 2; Spiegelung an der x-Achse; Verschiebung nach oben um 3.

   c) $p = 2$, Amplitude 5; Streckung in x-Richtung mit Faktor $\frac{1}{\pi}$, in y-Richtung mit Faktor 5 Verschiebung nach links um 1; Spiegelung an der x-Achse.

5. $3\sin[\pi(x-1)] = 0$ für $\pi(x-1) = 0; \pm\pi; \pm 2\pi \Leftrightarrow x - 1 = 0; \pm 1; \pm 2$
   Nullstellen: $x = 0; \pm 1; \pm 2$

6. a) Die minimale Luftmenge ist 1,5 Liter. b) 5 s

   c) $p = 5 = \frac{2\pi}{k} \Rightarrow k = \frac{2\pi}{5}$; $a = 1{,}5$: $f(x) = -1{,}5\cos(\frac{2\pi}{5}x) + 3$

   d) $f(x) = 2{,}25$ für $x = 0{,}833; 4{,}167; 5{,}833; 9{,}167$

Seite 75

7. A: $y = 3\sin(2(x-1))$ B: $y = e^{\frac{1}{2}x} - 1$ C: $y = \frac{1}{x-3}$ D: $y = -\frac{1}{4}x^2 + \frac{3}{2}$

8. A: $t = \frac{1}{2}$; $t = 4$ B: $t = 1$; $t = -2$

9. A: $f(x) = \frac{1}{8}(x^2 - 4)^2$ B: $f(x) = \frac{-x}{x^2 - 1}$ C: $f(x) = 2\cos(\frac{\pi}{2}x) + 1$

Seite 78

1. a) $a_n = \frac{4}{3^n}$; $n \in \mathbb{N}^*$ b) $a_n = 16 - 5n$; $n \in \mathbb{N}^*$ b) $a_n = 2n^2$; $n \in \mathbb{N}^*$

2. a) $a_1 = \frac{4}{5}$; $a_2 = \frac{3}{2}$; $a_3 = \frac{1}{3}$; $a_4 = 5$; $a_5 = -\frac{3}{5}$

   b) $a_1 = 1$; $a_2 = 2$; $a_3 = 6$; $a_4 = 16$; $a_5 = 44$

3. Es gilt: $a_7 = a_1 \cdot q^6 \Rightarrow q = \pm \sqrt[6]{\frac{128}{2}} = \pm 2$

   Folgenglieder für $q = 2$: 2; 4; 8; 16; 32; 64

   Folgenglieder für $q = -2$: 2; -4; 8; -16; 32; -64; ...

4. a) $a_1 = 0$; $a_2 = \frac{2}{7}$; $a_3 = 0$; $a_1 < a_2$, aber $a_2 > a_3$

   Die Folge ist nicht monoton.

   b) $a_1 = 1$; $a_2 = \frac{7}{4}$; $a_3 = -\frac{5}{9}$; $a_1 < a_2$, aber $a_2 > a_3$

   Die Folge ist nicht monoton.

5. a) Folgenglieder: $\frac{4}{3}$; $\frac{1}{12}$; $\rightarrow 0$ $S_u = 0$; $S_o = \frac{4}{3}$

   b) Folgenglieder: -17; $-\frac{24}{5}$; $\rightarrow -\frac{7}{4}$ $S_u = -17$; $S_o = -\frac{7}{4}$

   c) Folgenglieder: -1; 0,7; $-0{,}6$; $\frac{11}{20}$;... $S_u = -1$; $S_o = 0{,}7$

6. a) $a_{n+1} - a_n = \frac{-22}{(4n+1)(4n+3)} < 0$ für alle $n \in \mathbb{N}^*$. Die Folge ist monoton fallend.

   b) $\frac{a_{n+1}}{a_n} = \frac{8n+4}{4n+6} > 1$ für alle $n \in \mathbb{N}^*$. Die Folge ist monoton wachsend.

7. a) Die Behauptung ist richtig, a_1 ist obere Schranke.

   b) Die Behauptung ist falsch.

   Gegenbeispiel: $a_n = 1 - \frac{1}{n}$ ist für $n \geq 1$ monoton wachsend und nach oben beschränkt.

Seite 82

1. a) konvergent gegen 0 b) divergent c) divergent d) divergent

   e) konvergent gegen $\frac{5}{8}$

2. Vermutung: Die Folge hat den Grenzwert 0.

   $\left|\frac{(-1)^n}{n+2}\right| < \varepsilon \Leftrightarrow \frac{1}{n+2} < \varepsilon \Leftrightarrow n > \frac{1}{\varepsilon} - 2$

   Wählt man n_ε so, dass $n_\varepsilon > \frac{1}{\varepsilon} - 2$ ist, so ist $\left|\frac{(-1)^n}{n+2}\right| < \varepsilon$ für alle $n > n_\varepsilon$

3. Wählen Sie n_ε so, dass

   a) $n_\varepsilon > \frac{2\varepsilon + 3}{4\varepsilon}$ ist. b) $n_\varepsilon > \frac{7 - 2\varepsilon}{4\varepsilon}$ ist. c) $n_\varepsilon > \frac{(3\varepsilon + 10)^2}{243\varepsilon^2}$ ist.

4. a) Die Folge $((-1)^n)$; $n \in \mathbb{N}^*$ ist beschränkt, aber nicht konvergent.

   b) Die Folge $(\frac{1}{n})$; $n \in \mathbb{N}^*$ ist streng monoton fallend und konvergent gegen 0.

   c) Die Folge $(\frac{(-1)^n}{n})$; $n \in \mathbb{N}^*$ ist beschränkt, aber nicht monoton.

Seite 82

5. $\lim\limits_{n\to\infty} a_n = 3;\ \lim\limits_{n\to\infty} b_n = \frac{1}{2},\ \lim\limits_{n\to\infty} c_n = 0$

a) $\lim\limits_{n\to\infty} (a_n + b_n) = 3{,}5$ b) $\lim\limits_{n\to\infty} (b_n - c_n) = 0{,}5$ c) $\lim\limits_{n\to\infty} (a_n \cdot b_n) = \frac{3}{2}$

d) $\lim\limits_{n\to\infty} (\frac{a_n}{b_n}) = 6$ e) $\lim\limits_{n\to\infty} (\frac{b_n}{c_n})$ existiert nicht

6. a) $-\frac{3}{2}$ b) 0 c) existiert nicht d) $\frac{\sqrt{5}}{3}$ e) 0

f) $\frac{27}{8}$ g) $\frac{3}{5}$ h) 3 i) 0

Seite 84

1. a) $\frac{256103}{216000}$ b) $\frac{-101}{420}$ c) 214

2. $4{,}3\overline{45} = 4{,}3 + (\frac{45}{1000} + \frac{45}{100000} + ..) = \frac{43}{10} + \frac{45}{1000} \cdot \frac{1}{1 - \frac{1}{100}} = \frac{43}{10} + \frac{45}{1000} \cdot \frac{100}{99} = \frac{239}{55}$

3. $s_n = a_1 \frac{(q^n - 1)}{(q-1)}$; Mit $q = \frac{1}{2}$, $a_1 = 30^2$ und $n = 15$

ergibt sich: $s_{15} = 30^2\, \frac{0{,}5^{15} - 1}{0{,}5 - 1} = -1800 \cdot (0{,}5^{15} - 1) = 1799{,}945$

Die Summe der Flächeninhalte der ersten 15 Quadrate beträgt ca. 1800 cm².

Seite 86

1. a) f ist nicht stetig auf ℝ

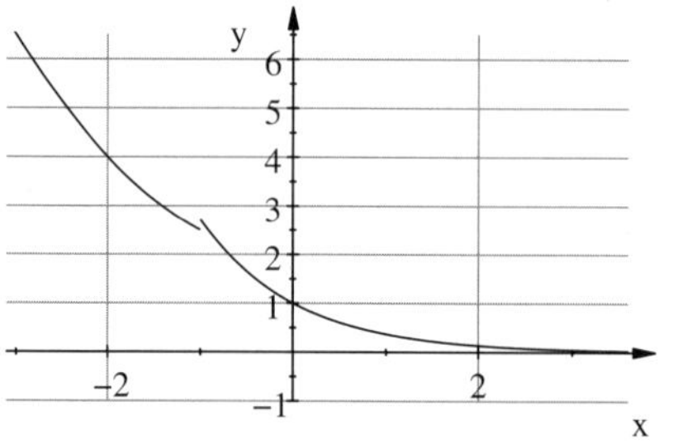

b) f ist stetig auf D: $x \geq 0$

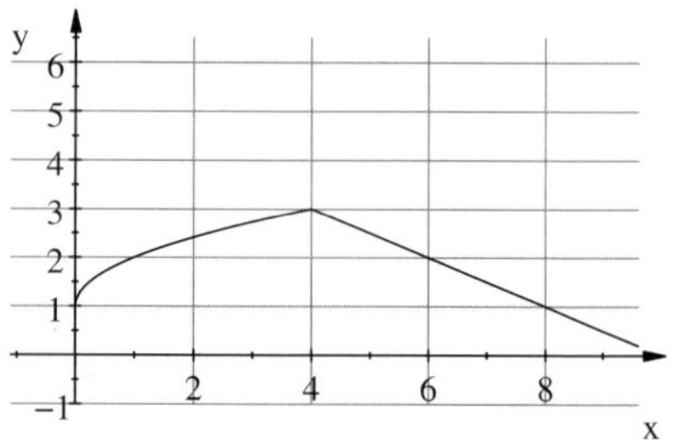

2. $f(x) = \begin{cases} \frac{x^2 + x - 6}{x^2 - 2x} & \text{für } x \in \mathbb{R}^* \setminus \{2\} \\ \frac{5}{2} & \text{für } x = 2 \end{cases}$ ist stetig auf $\mathbb{R}^*$.

3. a) $a = 2$ b) $a = -3$

4. $\lim\limits_{x\to 0} \frac{\sin(x)}{x} = \lim\limits_{x\to 0} \frac{\cos(x)}{1} = 1$ (l' Hospital); f ist nicht stetig in $x = 0$

Seite 87

1. a) $\lim\limits_{h\to 0} \dfrac{f(x_0+h)-f(x_0)}{h} = \lim\limits_{h\to 0} \dfrac{4(x_0+h)+c-(4x_0+c)}{h} = \lim\limits_{h\to 0} 4 = 4$

b) $\lim\limits_{h\to 0} \dfrac{f(x_0+h)-f(x_0)}{h} = \lim\limits_{h\to 0} (2x_0+h-2) = 2x_0-2$

c) $\lim\limits_{h\to 0} \dfrac{f(x_0+h)-f(x_0)}{h} = \lim\limits_{h\to 0} \dfrac{(\sqrt{x_0+h}-\sqrt{x_0})(\sqrt{x_0+h}+\sqrt{x_0})}{h(\sqrt{x_0+h}+\sqrt{x_0})}$

$= \lim\limits_{h\to 0} \dfrac{1}{(\sqrt{x_0+h}+\sqrt{x_0})} = \dfrac{1}{2\sqrt{x_0}}$

2. $\lim\limits_{x\to 2} |x-2| = 0$; f ist stetig in x = 2, also auf $\mathbb{R}$

$f'(x) = \begin{cases} 1 & \text{für } x > 2 \\ -1 & \text{für } x < 2 \end{cases}$ $\lim\limits_{x\to 2} f'(x)$ existiert nicht; f ist nicht differenzierbar auf $\mathbb{R}$.

Seite 89

1. a) $f'(x) = \frac{1}{2}x^3 + \frac{15}{4}x^2 + 4x - 4$

b) Quotientenregel: $f'(x) = \dfrac{2}{(x+2)^2}$

c) $f'(x) = \frac{2}{3}x - \dfrac{32}{3x^3}$

d) Quotientenregel: $f_t'(x) = -\dfrac{\ln(x+t)-t+1}{(x+t)^2}$

e) $f_t'(x) = -(t-1+0{,}5x)e^{-0{,}5x}$

f) $f'(x) = \dfrac{x^2(x+3)}{2(x+1)^3}$

g) Produktregel: $f'(x) = -\dfrac{2\ln(x)-1}{x}$

h) Kettenregel: $f(x) = \frac{3}{2}x(x^2-4)^2$

i) Kettenregel: $f_t'(x) = -2xe^{-tx^2}$

j) $f_t'(x) = -e^x(2t-e^x)$

k) $f'(x) = 0{,}5x^{0{,}5x}(\ln(x)+1)$

l) $f'(x) = \dfrac{x(x+2)}{2(x+1)^2\sqrt{\dfrac{x^2}{x+1}}}$

m) $f'(x) = 8x\sin(x)\cos(x) - 4\sin^2(x)$

n) $f'(x) = -2\,\dfrac{2\ln(x^2+2)-x^2+x^2\ln(x^2+2)}{x^3(x^2+2)}$

o) $f'(x) = 4\sqrt{2x+1} + \dfrac{4x}{\sqrt{2x+1}}$

2. a) $f(x) = \dfrac{4e^x}{4+e^x}$; $f'(x) = \dfrac{16e^x}{(4+e^x)^2}$; $f''(x) = \dfrac{-16e^x(e^x-4)}{(4+e^x)^3}$

b) $f(x) = e^{2x}\cos(2x)$; $f'(x) = 2e^{2x}(\cos(2x)-\sin(2x))$; $f''(x) = -8e^{2x}\sin(2x)$

3. Maximaler Definitionsbereich: $4-x^2 \geq 0 \Leftrightarrow -2 \leq x \leq 2$; D = [– 2; 2]

$f'(x) = \sqrt{4-x^2} - \dfrac{x^2}{\sqrt{4-x^2}}$

4. a) $f'(x) = \dfrac{x-7}{(x-1)^3}$; Tangente in $x_0 = 4$: $y = -\frac{1}{9}x + \frac{4}{9}$

b) $f'(x) = -\frac{3}{2}e^{4-3x}$; Tangente in $x_0 = \frac{4}{3}$: $y = -1{,}5x + 2{,}5$

Seite 90

1. $\lim\limits_{x\to 4^-} f_1(x) = \lim\limits_{x\to 4^+} f_2(x) = f(4) = 2$; $f'_1(x) = \frac{-4}{(x-2)^2}$; $f'_2(x) = \frac{1}{8}(2x - x^2)e^{4-x}$

   $\lim\limits_{x\to 4^-} f'_1(x) = \lim\limits_{x\to 4^+} f'_2(x) = -1$; Tangente: $y = -(x-4) + 2$

2. $\lim\limits_{x\to 1^-} f_1(x) = \lim\limits_{x\to 1^+} f_2(x) = f(1) = 1$ für alle $a \in \mathbb{R}$; f ist stetig für alle $a \in \mathbb{R}$

   $f'_1(x) = (1 + ax)e^{a(x-1)}$; $f'_2(x) = -x + \frac{3}{2}$; $\lim\limits_{x\to 1^-} f'_1(x) = \frac{1}{2} = \lim\limits_{x\to 1^+} f'_2(x) = 1 + a$

   für $a = -\frac{1}{2}$ ist f differenzierbar in $x = 1$, also in $\mathbb{R}$.

Seite 94

1. a) $f(x) = \frac{1 + \ln(x)}{x^2}$; $x > 0$

   Asymptote: $x = 0$ senkrechte; $y = 0$ waagrechte

   Schnittpunkte mit der x-Achse: $N(e^{-1} \mid 0)$

   Hochpunkt: $H(e^{-0,5} \mid 0{,}5e)$;

   Wendepunkt: $W(e^{-\frac{1}{6}} \mid \frac{5}{6}e^{\frac{1}{3}})$

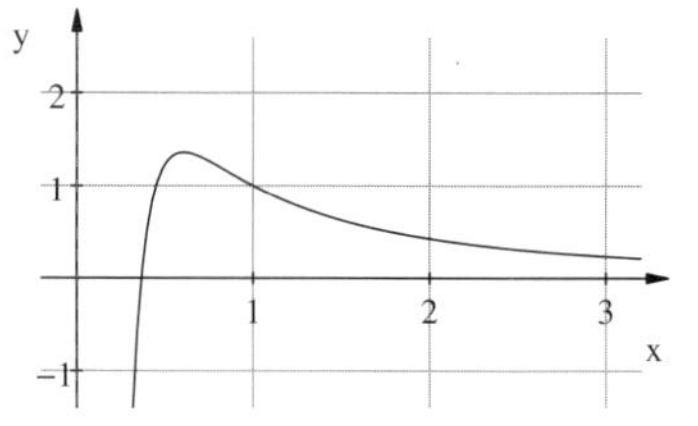

   b) $f(x) = 2(x + 2)e^{-\frac{1}{2}x}$; $f'(x) = -x\,e^{-\frac{1}{2}x}$;

   $f''(x) = -(1 - \frac{1}{2}x)e^{-\frac{1}{2}x}$ waagrechte Asymptote: $y = 0$

   $SP_x = N(-2 \mid 0)$; $S_y(0 \mid 4)$

   $H(0 \mid 4)$; Wendepunkt: $W(2 \mid \frac{8}{e})$

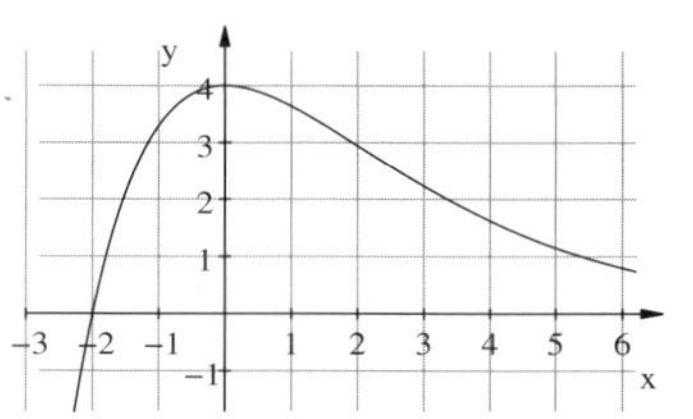

   c) $f(x) = \frac{20x}{x^2 + 4}$

   waagrechte Asymptote: $y = 0$

   $SP_x = N(0 \mid 0)$; $H(2 \mid 5)$; $T(-2 \mid -5)$

   Wendepunkte: $W_{1|2}(\pm 2\sqrt{3} \mid \frac{5}{2}\sqrt{3})$; $W_3 = N$

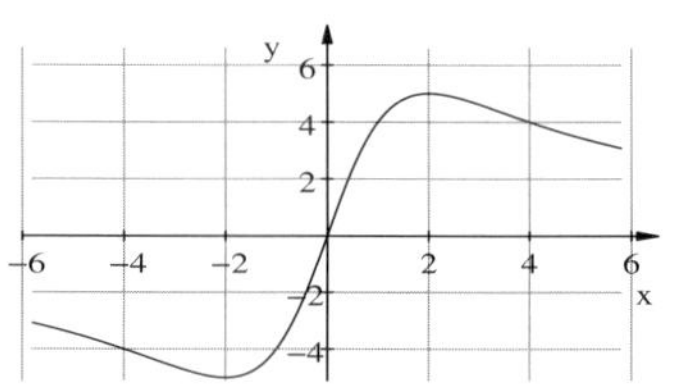

   d) $f(x) = \frac{3}{2}x + \frac{2x}{x^2 - 4}$;

   schiefe Asymptote: $y = \frac{3}{2}x$

   senkrechte Asymptoten: $x = -2$; $x = 2$

   $N_1(0 \mid 0)$; $N_{2|3}(\pm\sqrt{\frac{8}{3}} \mid 0)$

   $T_1(2\sqrt{2} \mid 4\sqrt{2})$: $H_1(-2\sqrt{2} \mid -4\sqrt{2})$

   $H_2(\frac{2}{3}\sqrt{3} \mid \frac{1}{2}\sqrt{3})$: $T_2(-\frac{2}{3}\sqrt{3} \mid -\frac{1}{2}\sqrt{3})$; $W(0 \mid 0)$

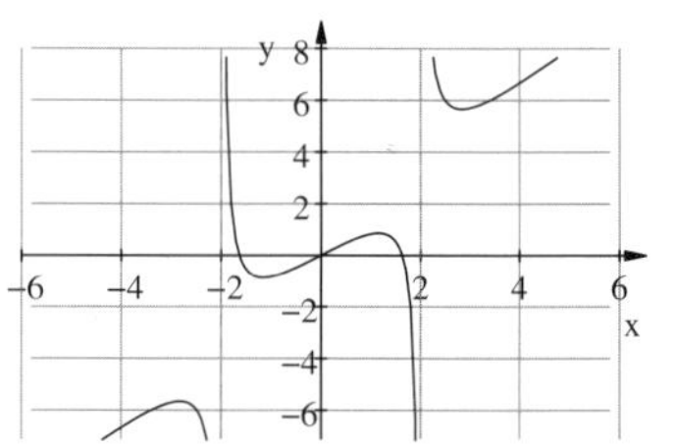

Seite 94

2. a) $f_t(x) = (\ln x - t)^2$; $f_t'(x) = \frac{2(\ln x - t)}{x}$; $f_t''(x) = \frac{2(t - \ln x + 1)}{x^2}$

senkrechte Asymptote: $x = 0$

Schnittpunkt mit der x-Achse: $N(e^t \mid 0)$

Tiefpunkt $T(e^t \mid 0)$

Wendepunkt: $W(e^{t+1} \mid 1)$

K_t für t = 1:

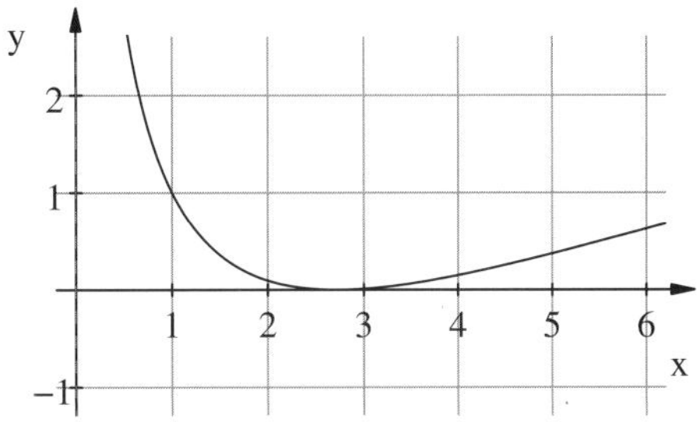

b) $f_t(x) = xe^{-\frac{1}{2}tx^2}$

waagrechte Asymptote: $y = 0$

Schnittpunkte mit der x-Achse: $N(0 \mid 0)$

Hochpunkt $H(\frac{1}{\sqrt{t}} \mid \frac{1}{\sqrt{te}})$

Tiefpunkt $T(-\frac{1}{\sqrt{t}} \mid -\frac{1}{\sqrt{te}})$

Wendepunkte $W_{1|2}(\pm\sqrt{\frac{3}{t}} \mid \sqrt{\frac{3}{te^3}})$; $W_3 = N$

K_t für t = 1:

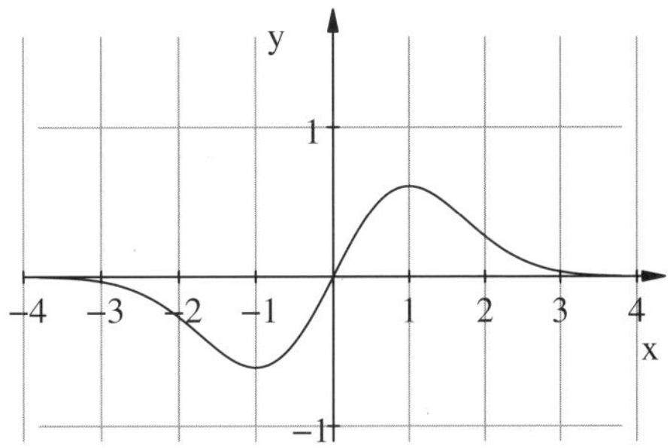

c) $f_t(x) = 4 - \frac{t^2}{x^2}$; $f_t'(x) = 2\,\frac{t^2}{x^3}$

senkrechte Asymptote: $x = 0$

waagrechte Asymptote: $y = 4$

$N_{1|2}(\pm\frac{t}{2} \mid 0)$

keine Hoch-, Tief- und Wendepunkte.

K_t für t = 1:

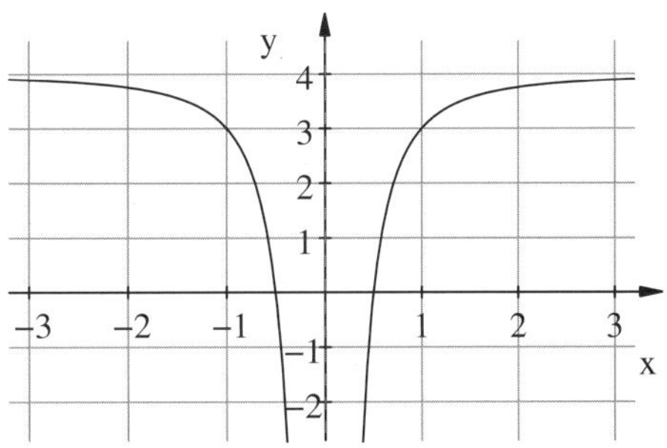

d) $f_t(x) = \frac{2tx}{x^2 - 1}$; $f_t'(x) = -2t\,\frac{x^2 + 1}{(x^2 - 1)^2}$

waagrechte Asymptoten: $y = 0$

senkrechte Asymptote: $x = \pm 1$

$N(0 \mid 0) = W$;

keine Hoch- und Tiefpunkte.

K_t für t = 1:

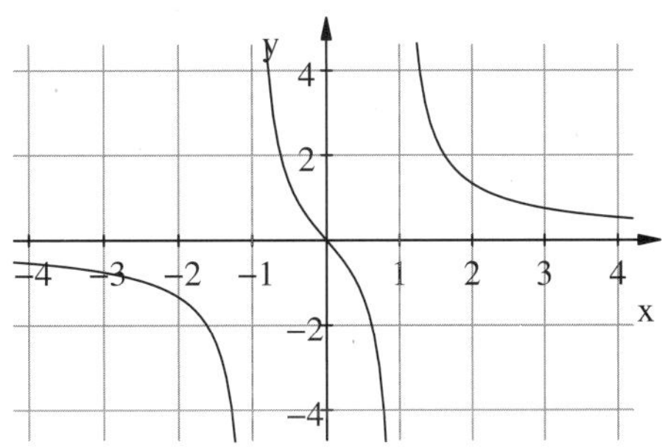

Seite 94

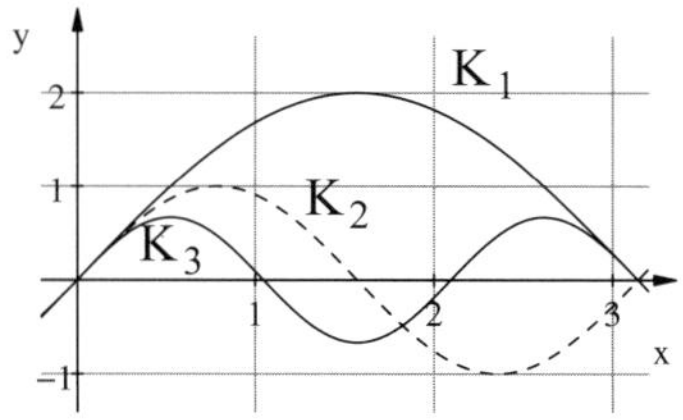

3. $f_t(x) = \frac{2}{t}\sin(tx)$; $x \in \mathbb{R}$, $t \in \mathbb{N}^*$; $f_t'(x) = 2\cos(tx)$

   $N(k \cdot \frac{\pi}{t} \mid 0)$; Periode $p = \frac{2\pi}{t}$

   $H(\frac{2k-1}{2} \cdot \frac{\pi}{t} \mid \frac{2}{t})$ Hochpunkt für $k \in \{\pm 1; \pm 3; ..\}$

   Tiefpunkte $T(\frac{2k-1}{2} \cdot \frac{\pi}{t} \mid -\frac{2}{t})$ für $k \in \{0; \pm 2; \pm 4; ..\}$

   Alle K_t berühren sich im Ursprung: $f_t(0) = 0$; $f_t'(0) = 2$ unabhängig von t

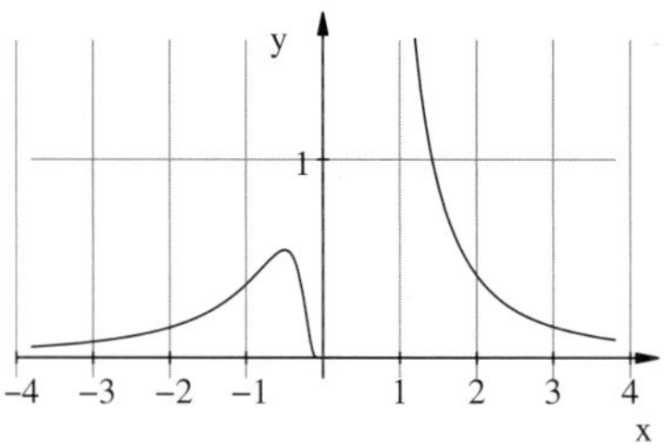

4. K: $f(x) = \frac{1}{x^2}e^{\frac{1}{x}}$ mit $x \in \mathbb{R}^*$

   $f'(x) = -\frac{1}{x^4}(2x+1)e^{\frac{1}{x}}$ Hochpunkt $H(-\frac{1}{2} \mid 4e^{-2})$

   Wendepunkte: $W_1(-0{,}21 \mid 0{,}20)$; $W_2(-0{,}79 \mid 0{,}45)$

   $x < 0$: $f(x) = \frac{1}{x^2}e^{\frac{1}{x}} \to 0$, da $\frac{1}{x^2} \to \infty$ und $e^{\frac{1}{x}} \to 0$

   $x > 0$: $f(x) = \frac{1}{x^2}e^{\frac{1}{x}} \to \infty$, da $\frac{1}{x^2} \to \infty$ und $e^{\frac{1}{x}} \to \infty$

   $\lim\limits_{|x| \to \infty} f(x) = 0$, da $\frac{1}{x^2} \to 0$ und $e^{\frac{1}{x}} \to 1$

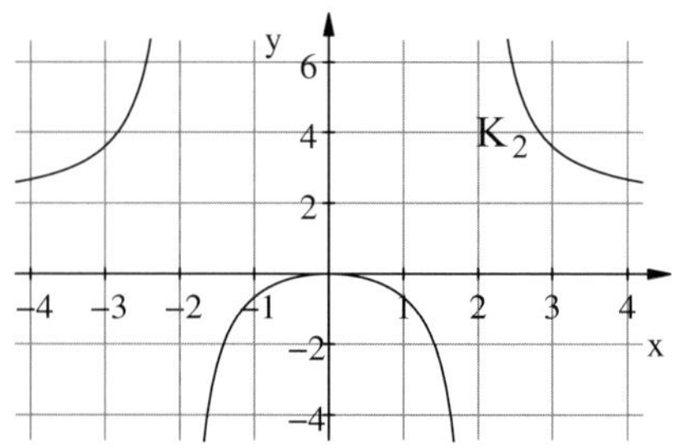

5. D_t: $x^2 - t \neq 0$ für $x = \pm\sqrt{t}$ für $t > 0$

   $D_t = \mathbb{R}\setminus\{\pm\sqrt{t}\}$ für $t > 0$; $D_t = \mathbb{R}$ für $t < 0$

   $f_t'(x) = -\frac{2t^2 \cdot x}{(x^2-t)^2}$; $f_t''(x) = 2t^2\,\frac{3x^2+t}{(x^2-t)^3}$.

   Symmetrie zur y-Achse, $N_{1|2}(0 \mid 0) = H$;

   Wendepunkte $W_{1|2}(\pm\sqrt{-\frac{t}{3}} \mid \frac{t}{4})$ für $t < 0$

   senkrechte Asymptoten: $x = \pm\sqrt{t}$ für $t > 0$; $y = t$ waagrechte Asymptote

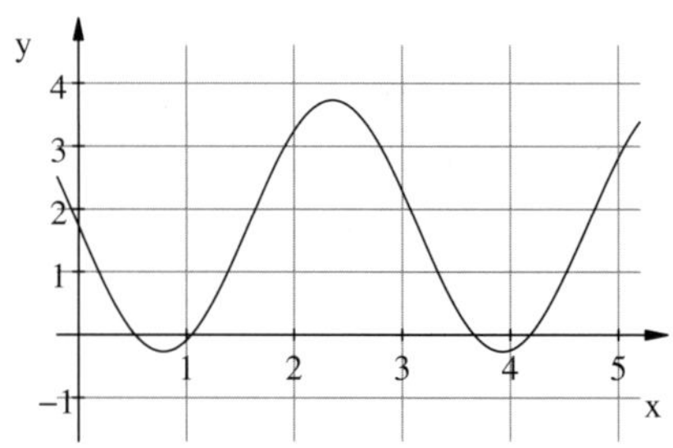

6. $f(x) = \sqrt{3} + 2\cos(2x + \frac{\pi}{2})$; $f'(x) = -4\sin(2x + \frac{\pi}{2})$

   Periode $p = \pi$; Amplitude $a = 2$;

   Kleinste positive Nullstelle:

   $\cos(2x + \frac{\pi}{2}) = -\frac{\sqrt{3}}{2} \Rightarrow 2x + \frac{\pi}{2} = \frac{5}{6}\pi$; also $x = \frac{1}{6}\pi$

   Extrempunkte: $H(-\frac{\pi}{4} + k\pi \mid \sqrt{3} + 2)$

   $T(\frac{\pi}{4} + k\pi \mid \sqrt{3} - 2)$

7. Gewinnfunktion: $G(x) = -\frac{1}{3}x^3 + 65x^2 - 100000$

   Grenzgewinn $G'(x) = -x^2 + 130x^2$

   $G'(100) = -2000$ bzw. $G'(80) = 800$

   Bei Erhöhung der Produktion um 1 ME steigt der Gewinn bei x = 80 um etwa 800 GE an, bei x = 1000 fällt es um etwa 2000 GE.

Seite 95

1. Volumen $V = \pi r^2 h = 5$: $h = \frac{5}{\pi r^2}$

   Oberfläche der Dose: $O(r) = 2\pi r h + 2\pi r^2$

   Einsetzen von h ergibt: $O(r) = \frac{10}{r} + 2\pi r^2$

   O wird minimal für $r = 0{,}93$

   Radius: $r = 0{,}93$ dm

   Höhe: $h = 1{,}84$ dm

   Minimale Oberfläche: $O_{min} = 16{,}19$ dm²

2. x ist die Länge der Strecke von A aus bis zum Standort.

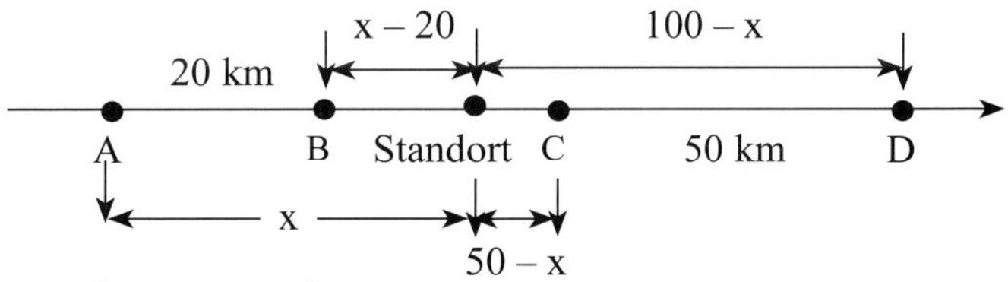

   Möglicher Ansatz:
   $d(x) = x^2 + (x - 20)^2 + (50 - x)^2 + (100 - x)^2$
   Quadrate, damit sich die Abstände nicht aufheben.
   d wird minimal für $x = 42{,}5$, also 22,5 km entfernt von B.

Seite 96

3. x: Entfernung von F nach B in km.

   Fahrzeit: $f(x) = \frac{x}{130} + \frac{1}{90}\sqrt{50^2 + (200 - x)^2}$

   Definitionsbereich: $0 \leq x \leq 200$

   Minimum für: $x = 152$

   Fahrzeit: $f(152) = 1{,}94$

   Die Fahrzeit beträgt 1,94 h. Die Straße mündet nach 152 km (von B aus gemessen) in die Autobahn.

   Bemerkung: Kontrolle mit Hilfe der Einheiten: km : (km/h) = h

   Vergrößert sich die Entfernung von A nach C, so strebt x gegen Null, der Weg auf der Autobahn verkleinert sich bis auf Null (Randminimum).

   Z. B. für 100 km Entfernung von A nach C erhält man $x = 104$.

Seite 96

4. Nach dem Strahlensatz gilt: $\frac{10-h}{10} = \frac{r}{6}$

   Radius r: $r = \frac{3}{5}(10-h)$

   Volumeninhalt eines Zylinders: $V = \pi r^2 h$

   Eingesetzt ergibt: $V(h) = \pi \frac{9}{25} \cdot (10-h)^2 h$

   Definitionsmenge: $D =]0; 10[$

   Inhalt des Volumens in Abhängigkeit von h: $V(h) = \frac{9}{25}\pi \cdot (h^3 - 20h^2 + 100h)$

   Ableitung: $V'(h) = \frac{9}{25}\pi \cdot (3h^2 - 40h + 100)$

   Ansatz: $V'(h) = 0$ $h_1 = \frac{10}{3}$; $h_2 = 10$

   Randwertuntersuchung: $\lim\limits_{h \to 0} V(h) = 0$; $\lim\limits_{h \to 10} V(h) = 0$

   V hat in $h_1 = \frac{10}{3}$ seinen absolut größten Wert.

   Der Zylinder mit Höhe $h_1 = \frac{10}{3}$ hat den Grundkreisradius $r_1 = \frac{3}{5}(10 - h_1) = 4$

   Verhältnis: $r_1 : h_1 = 4 : \frac{10}{3} = 12 : 10 = 6 : 5$

5. V_Z ist abhängig von α, r, h. $V_Z = \pi r^2 h$

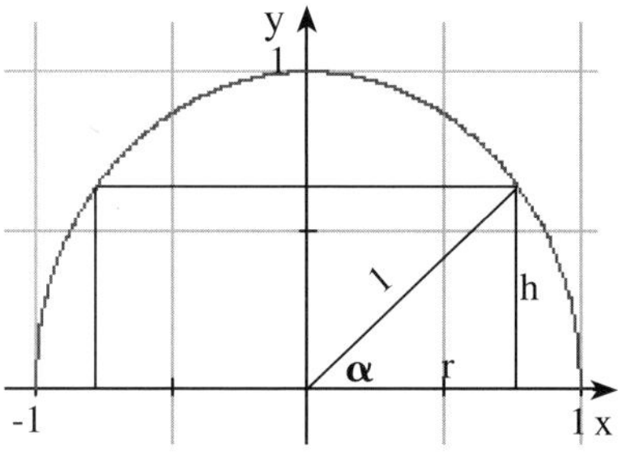

   Mit $1 = h^2 + r^2 \Leftrightarrow r^2 = 1 - h^2$ folgt
   $V_Z = \pi(1 - h^2)h = \pi(h - h^3)$
   V_Z ist maximal für h = 0,58. Exakt: $h = \sqrt{\frac{1}{3}}$

   Mit $1 = h^2 + r^2 \Leftrightarrow h = \sqrt{1 - r^2}$ folgt
   $V_Z = \pi r^2 \sqrt{1 - r^2}$
   V_Z wird maximal für r = 0,82. $V_{Z,\,max} = 1{,}21$
   Mit sin α = h oder cos α = r folgt $V_Z = \pi(\cos\alpha)^2 \sin\alpha$
   V_Z ist maximal für α = 35,26°, im Bogenmaß x = 0,615.
   Optimal zum Weiterrechnen ist der Term für die ganzrationale Funktion.

6. Der Eckpunkt P liegt auf der Geraden g durch die Punkte A(2 | 0) und B(0 | 3).
   Gleichung der Geraden g mit Steigung $m = -1{,}5$: $y = -1{,}5x + 3$
   Die Punkte P haben die Koordinaten in Abhängigkeit von u: P(u | – 1,5u + 3)
   Maßzahl des Flächeninhaltes in Abhängigkeit von u:
   $A(u) = (8 - u)(6 - (-\frac{3}{2}u + 3)) = -\frac{3}{2}u^2 + 9u + 24;\ 0 \le u \le 2$
   $A'(u) = 0$ für u = 3 keine Extremstelle, da $3 \notin D$
   Mit A(0) = 24; A(2) = 36: A hat für u = 2 ein absolutes Maximum (Randmaximum):
   Länge 6 m; Breite 6 m

Seite 98

1. $h(x) = x^3 - 5x - 5$

   $h(2) = -7; h(3) = 7$ h hat eine Nullstelle zwischen 2 und 3.

   Startwert: $x_0 = 2,5$

   $x_1 = 2,6363...; x_2 = 2,6273...; x_3 = 2,6273...$

   Nullstelle: $x_N = 2,627$

2. $h(x) = f(x) - g(x) = x^2 - 2x - e^x$

   $h(-1) = 2,6; h(0) = -1$ Schnittstelle liegt zwischen – 1 und 0.

   Startwert: $x_0 = -0,5$

   $x_1 = -0,3215...; x_2 = -0,3151...; x_3 = -0,3151....$

   Schnittstelle: $x_S = -0,315$

3. Ansatz: $f(t) = 10$ $20te^{-0,5t} = 10 \Rightarrow 2te^{-0,5t} - 1 = 0$

   Diese Gleichung kann nur näherungsweise bestimmt werden.

   Lösung der Gleichung mit dem Newton-Verfahren.

   $h(t) = 2te^{-0,5t} \quad 1; h'(t) = (2 \quad t)e^{-0,5t}$

   Startwert: $t_0 = 4$ (Laut Aufgabenstellung)

   $t_1 = 4,3054...; t_2 = 4,3065...$

   Nach 4,31 Stunden beträgt die Konzentration 10 $\frac{mg}{l}$.

4. Ansatz: $K(x) > 100$

   Grenzfall: $K(x) = 100$ $0,5x^2 + e^{0,1x} + 4 = 100$

   Nullform: $0,5x^2 + e^{0,1x} - 96 = 0$

   Diese Gleichung kann nur näherungsweise bestimmt werden.

   Lösung der Gleichung mit dem Newton-Verfahren.

   $h(x) = 0,5x^2 + e^{0,1x} - 96; h'(x) = x + 0,1e^{0,1x}$

   Lösung liegt zwischen 13 und 14 (mit Hilfe einer Wertetabelle).

   Startwert: $x_0 = 13,5$

   $x_1 = 13,5732...; x_2 = 13,5732...$

   $K'(x) = x + 0,1e^{0,1x} > 0$ für $x > 0$

   Da $K'(x) > 0$ für $x > 0$ ist K streng monoton wachsend,

   d. h., ab der Stückzahl $x = 13,57$ liegen die Gesamtkosten über 100 GE.

Seite 98

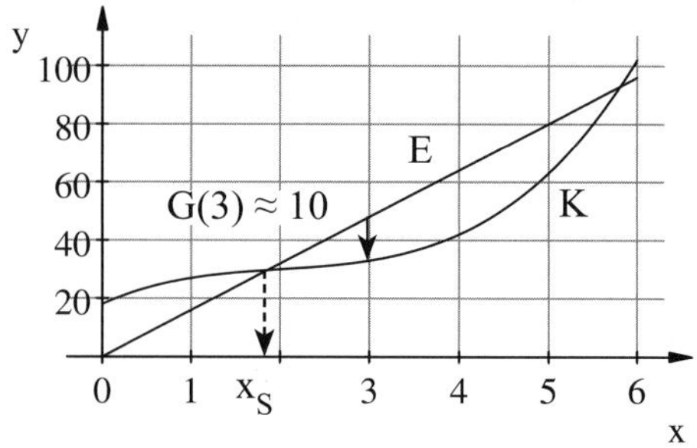

5. a) Schaubild von K und E

b) Aus dem Schaubild:

Nutzengschwelle: $x_S = 1{,}8$

Berechnung: $K(x) = E(x)$

$x^3 - 6x^2 + 14x + 18 = 16x$

$x^3 - 6x^2 - 2x + 18 = 0$

Lösung der Gleichung mit dem Newton-Verfahren.

$h(x) = x^3 - 6x^2 - 2x + 18$; $h'(x) = 3x^2 - 12x - 2$

Startwert: $x_0 = 1{,}8$ (zeichnerische Lösung)

$x_1 = 1{,}857...$; $x_2 = 1{,}856...$

Nutzenschwelle: $x_S = 1{,}9$

$E(6) = 96$; $K(6) = 102$

Da $E(6) < K(6)$ ist die Nutzengrenze kleiner als 6.

c) $G(x) = E(x) - K(x) = -x^3 + 6x^2 + 2x - 18$

Ansatz: $G(x) = 10$ $\quad -x^3 + 6x^2 + 2x - 18 = 10$

Nullform: $\quad -x^3 + 6x^2 + 2x - 28 = 0$

Die Gleichung kann nur näherungsweise gelöst werden.

Lösung der Gleichung mit dem Newton-Verfahren.

$h(x) = -x^3 + 6x^2 + 2x - 28$; $h'(x) = -3x^2 + 12x + 2$

Startwert: $x_0 = 3$ (Mit Hilfe der Abbildung)

$x_1 = 2{,}5454...$; $x_2 = 2{,}5855...$; $x_3 = 2{,}5857...$

Bei einer Produktionsmenge von 2,59 kann mit einem Gewinn von 10 GE gerechnet werden.

Hinweis: Zweite Lösung: $x = 5{,}41$

Seite 99

1. Grenzwerte

a) 0 b) 0 c) 2 d) 2 e) ∞ f) 0

2. $\lim\limits_{x \to 0} f(x) = \frac{1}{\pi^2}$; $\lim\limits_{x \to 0{,}5\pi} f(x) = 0$; $\lim\limits_{x \to \infty} f(x) = 0$

Seite 102

1. a) $\int f(x)\,dx = \frac{3}{5}e^x + \frac{2}{9}x^{1,5}$ b) $\int f(x)\,dx = \frac{1}{10}x^5 + 4\cos(x)$

c) $\int f(x)\,dx = \frac{2}{3}x^3 - \frac{t}{2}x^2 + \sin(x)$ d) $\int f(x)\,dx = -\frac{a}{x} + \ln|x|$

e) $\int f(x)\,dx = \frac{x^6}{24} + \frac{2}{x}$ f) $\int f(x)\,dx = 4x - \frac{4}{9}x^3 - (t+3)\ln|x|$

2. Stammfunktion F mit F(0) = 4

a) $F(x) = 3e^x + \frac{1}{2}x^2 + 1$ b) $F(x) = \frac{1}{4}x^4 - \frac{1}{5}x^4 + 2x + 4$ c) $F(x) = \frac{1}{3}x^3 + 3\cos(x) + 1$

3. a) $-\frac{32}{3}$ b) $\frac{2}{3}$ c) $\frac{7}{6}$

4. $f(t) = (t-1)(t+2) = -2 + t + t^2$

$I(x) = \frac{1}{3}x^3 + \frac{1}{2}x^2 - 2x + \frac{7}{6}$; $I(1) = 0$

Die Nullstellen von f sind die Extremstellen von I.

x = 1 ist Nullstelle von I.

Die Extremstelle von f ist die Wendestelle von I.

Es gilt: $I'(x) = f(x)$

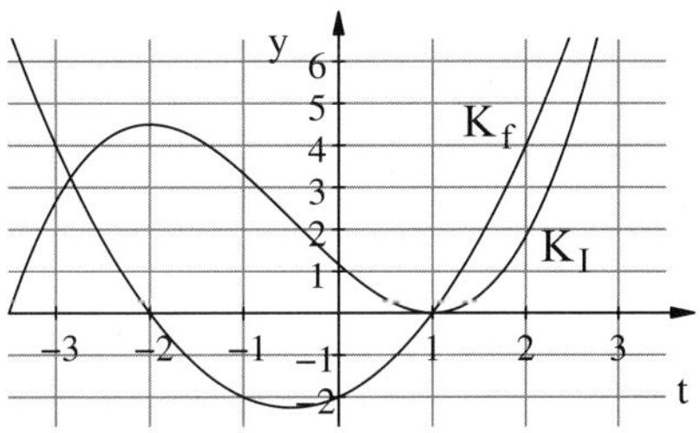

Seite 104

a) $F(x) = \frac{1}{25}e^{5x-1}$ b) $F(x) = \frac{c}{a}e^{ax+b}$ c) $F(x) = \frac{3}{2}e^{\frac{1}{2}x+2} - \ln|x|$

d) $F(x) = -\frac{e}{2}\ln|4-2x|$ e) $F(x) = \frac{1}{3}(\frac{1}{2}x+5)^6$ f) $F(x) = -\frac{1}{n+1}(4-x)^{n+1}$

g) $F(x) = -2x - 10\ln|x-5|$ h) $F(x) = 2\ln|x^2 - x + 4|$ i) $F(x) = \frac{1}{2}\ln|2x+3|$

j) $F(x) = x - 4\ln|x+2|$ k) $F(x) = 3x - 2\ln|x+1|$ l) $F(x) = \frac{x}{4} - \frac{3}{16}\ln|x+4|$

Seite 107

1. a) $(\frac{x^2}{2} + 3x)\ln|x| - 3x - \frac{x^2}{4}$ b) $5\sin(x) - 5x\cos(x)$

c) $(2+4x)e^{-0,5x}$ d) $\frac{1}{2}\sin^2(x)$ e) $-\frac{1}{2}e^x(\cos(x) - \sin(x))$

f) $(x^2 - 2x + 2)e^x + \frac{2}{3}x^3$ g) $\frac{3}{4}\ln|4x+5|$ h) $\frac{1}{2}\ln(x^2+3)$

i) $5\ln|x-3| - 4\ln|x+3|$ j) $\ln|x+2| + \frac{3}{(x+2)}$

k) $\ln|x+2| + \ln|x-1| - \frac{1}{x-1}$ l) $-\ln|x| + 3\ln|x-1| + 4\ln|x+1|$

Seite 107

2. Durch Ableiten der Stammfunktion oder durch Integrieren.

3. $F(x) = -\frac{1}{10}(2x-2)^5$

4. F ist eine Stammfunktion von f, dies wird durch Ableitung $(F'(x) = f(x))$ gezeigt.

5. a) $f_t(x) = t(x-2)e^{tx}$: $F_t(x) = (x - 2 - \frac{1}{t})e^{tx}$

   b) $f_t(x) = \frac{2tx}{x-t}$: $F_t(x) = 2tx + 2t^2 \ln|x-t|$

   c) $f_t(x) = \frac{x}{x^2+t}$: $F_t(x) = \frac{\ln|x^2+t|}{2}$

6. a) $\left[\frac{1}{6}x^3 + 3x^2 - x\right]_{-1}^{2} = 7{,}5$

   b) $[e^x(x-1)]_0^1 = 1$

   c) $\left[0{,}25e^{x^2}\right]_0^1 = 0{,}43$

   d) $\left[\frac{5}{2}\ln|2x-1|\right]_0^{-1} = \frac{5}{2}\ln(3)$

   e) $[x - 2\ln(x+2)]_1^4 = 3 - \ln(4)$

   f) $\left[\frac{1}{4}\ln(x^2+1)\right]_2^3 = \frac{1}{4}\ln(2)$

Seite 110

1. K: $f(x) = x^2$ wird um t Einheiten $(t > 0)$ nach rechts verschoben: $f(x) = (x-t)^2$

   $A(t) = \int_0^t (x-t)^2\,dx = \frac{t^3}{3}$; $A(t) = 9$ für $t = 3$

2. $\int_0^{\sqrt{3t}} \frac{x}{x^2+t}\,dt = \frac{1}{2}\left[\ln(x^2+t)\right]_0^{\sqrt{3t}} = \frac{1}{2}(\ln(4t) - \ln(t)) = \frac{1}{2}\ln(4)$

   $A = \frac{1}{2}\ln(4)$ ist unabhängig von t.

3. $\int_{-\ln(2)}^{\ln(4)} (f(x) - g(x))dx = 2{,}36$

4. a) $F(x) = e^{0{,}25x}(-4x + 8t + 16)$; $A(t) = 16e^{0{,}25t} - 4(2t+4)$

   $A(3) = 16e^{1{,}5} - 40 = 31{,}71 > 30$

   b) K_t und K_1 haben keine Schnittstellen für $t \neq 1$.

   $\int_{-4}^{0} f_t(x) - f_1(x)\,dx = \int_{-4}^{0} 2e^{\frac{1}{4}x}(t-1)dx = \left[8e^{\frac{1}{4}x}(t-1)\right]_{-4}^{0} = 8(t-1)(1-e^{-1})$

   $B(t) = 8(t-1)(1-e^{-1})$ für $t > 1$

   Bedingung für t: $B(t) = 8(e-1)$ $\quad 8(t-1)(1-e^{-1}) = 8(e-1)$

   Gesuchter t-Wert: $\quad t = e + 1$

Seite 111

1. $\frac{1}{6}\int_0^6 f(t)dt \approx 5{,}34$ Mittlere Konzentration 5,34 mg/Liter.
2. $V(t) = -0{,}02t^3 + 0{,}06t^2 + 0{,}264t + 0{,}5$

   $\int_0^{5,5} V(t)dt = 5{,}49$ Mittleres Lungenvolumen: $\overline{m} = \frac{1}{5{,}5} \cdot 5{,}49 = 0{,}998$

   Das mittlere Lungenvolumen beträgt etwa 1 Liter.

Seite 112

1. Randkurve $y = \frac{5}{8}x^2 + 1$

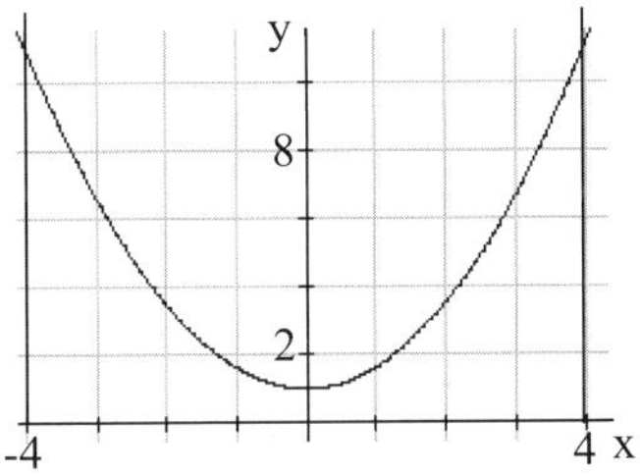

   Rotation um die y-Achse ergibt das Volumen V_i:

   $\pi \int_1^{11} (x^2)dy = \pi \int_1^{11} \frac{8}{5}(y-1)dy = 80\pi$

   $V = 4^2 \cdot 11\pi - 80\pi = 96\pi = 301{,}59$

   Im Glas befinden sich 301,59 cm^3 Wasser.

   Ursprüngliche Höhe im Glas: $V = \pi\, 4^2 h = 96\pi \Rightarrow h = 6$

   Das Wasser stand vor der Rotation 6 cm hoch im Glas.

2. Volumen der Wurfscheibe: $V = \pi \int_0^{3,8} (-\frac{5}{2}x(x - \frac{19}{5}))^2 dx \approx 518{,}59$

   Daraus ergibt sich eine mittlere Dichte: $\rho = \frac{1000\text{ g}}{518{,}59\text{ cm}^3} \approx 1{,}93\ \frac{\text{g}}{\text{cm}^3}$.

Seite 113

1. $s = \int_0^4 v(t)dt = 256$

   Die zurückgelegte Strecke ist 256 km lang.

2. g ist eine Stammfunktion von f mit $g(0) = 25$.

   g(t) ist das Wasservolumen zum Zeitpunkt t im Wasserturm.

   Integration von f: $g(t) = -5e^{-t} - 0{,}2e^t + c$

   Bedingung für c: $g(0) = 25$ ergibt $c = 30{,}2$

   Stammfunktion: $g(t) = -5e^{-t} - 0{,}2e^t + 30{,}2$

   $g_{max} = g(1{,}61) = 28{,}2$

   Es sind maximal 28,2 m^3 Wasser im Wasserturm.

13 Deusch, Ott - ISBN 978-3-8120-0604-0

Seite 117

1. a) $\begin{pmatrix} 4 & -9 & 3 \\ -4 & 5 & 9 \\ -3 & -1 & 18 \end{pmatrix}\begin{pmatrix} -5 \\ 2 \\ 4 \end{pmatrix} = \begin{pmatrix} -26 \\ 66 \\ 85 \end{pmatrix}$

b) $(\mathbf{A}+\mathbf{B})^T \cdot \vec{a} = \begin{pmatrix} 3 & -2 & -3 \\ -5 & 0 & 0 \\ 1 & 6 & 11 \end{pmatrix}\begin{pmatrix} 1 \\ -2 \\ 3 \end{pmatrix} = \begin{pmatrix} -2 \\ -5 \\ 22 \end{pmatrix}$

c) $(2 \quad 7 \quad -8)\begin{pmatrix} 1 & -6 & 3 \\ -11 & 20 & -4 \\ 7 & 6 & 17 \end{pmatrix} = (-131 \quad 80 \quad -158)$

d) $\begin{pmatrix} 18 \\ 32 \\ -59 \end{pmatrix}$

2. $(\mathbf{A}^T)^2 = \begin{pmatrix} 1 & 4 \\ 0 & 1 \end{pmatrix}$; $(\mathbf{A}^T)^3 = \begin{pmatrix} 1 & 6 \\ 0 & 1 \end{pmatrix}$; $(\mathbf{A}^T)^n = \begin{pmatrix} 1 & 2n \\ 0 & 1 \end{pmatrix}$

3. $\mathbf{A} \cdot \mathbf{B} = \frac{1}{5}\begin{pmatrix} 9 & -2 \\ 19 & 37 \end{pmatrix}$; $\mathbf{B} \cdot \mathbf{A} = \frac{1}{5}\begin{pmatrix} -5 & -25 & 45 & 15 \\ 12 & 28 & -28 & 4 \\ -4 & -16 & 26 & 7 \\ 1 & 5 & -9 & -3 \end{pmatrix}$

Die Ergebnisse sind im Format (Typ) und in den Elementen verschieden.

Seite 119

a) $(1{,}75 \quad 0{,}625 \quad 0{,}5)$

b) $(3 \quad 6 \quad 6)$

c) $(1 \quad -1 \quad 2{,}5)$

d) $(0 \quad 1{,}5 \quad 1{,}5)$

e) $(1 \quad 1 \quad 1)$

f) $(4 \quad 0 \quad -1)$

Seite 121

1. a) $\begin{pmatrix} 3 \\ 5 \\ 7 \end{pmatrix}$

b) $\begin{pmatrix} 2r+1 \\ 0{,}5r+0{,}5 \\ r \end{pmatrix}$

c) $\begin{pmatrix} r \\ s \\ -1-2s \end{pmatrix}$

d) $\begin{pmatrix} 0{,}5+r \\ -0{,}25-2r \\ r \end{pmatrix}$

e) $\begin{pmatrix} 10-7r \\ 1+3r \\ r \end{pmatrix}$

f) $\begin{pmatrix} \frac{2}{3}+\frac{7}{3}r \\ -\frac{1}{3}-\frac{5}{3}r \\ r \end{pmatrix}$

2. a) $\vec{x} = \frac{1}{3}\begin{pmatrix} 2r \\ 5r \\ 3r \end{pmatrix}$

b) Für r = 3: $\vec{x} = \begin{pmatrix} 2 \\ 5 \\ 3 \end{pmatrix}$

c) $x_1 = 7 \Rightarrow r = 10{,}5 \qquad \vec{x} = \begin{pmatrix} 7 \\ 17{,}5 \\ 10{,}5 \end{pmatrix}$

Seite 122

1. a) $\begin{pmatrix} 1 & -3 & 2 \\ 3 & 3 & -2 \\ 1 & -6 & 5 \end{pmatrix} \sim \ldots \sim \begin{pmatrix} 1 & -3 & 2 \\ 0 & 12 & -8 \\ 0 & 0 & 4 \end{pmatrix}$ $\quad Rg(\mathbf{A}) = 3$

b) $\begin{pmatrix} 1 & 3 & -2 & -2 \\ 0 & 0 & 1 & -1 \\ 0 & 0 & 7 & -7 \end{pmatrix} \sim \ldots \sim \begin{pmatrix} 1 & 3 & -2 & -2 \\ 0 & 0 & 1 & -1 \\ 0 & 0 & 0 & 0 \end{pmatrix}$ $\quad Rg(\mathbf{A}) = 2$

c) $\begin{pmatrix} 1 & 3 & 2 \\ 0 & 0 & 1 \\ 0 & 0 & -1 \\ 0 & 0 & 5 \end{pmatrix} \sim \ldots \sim \begin{pmatrix} 1 & 3 & 2 \\ 0 & 0 & 1 \\ 0 & 0 & 0 \\ 0 & 0 & 0 \end{pmatrix}$ $\quad Rg(\mathbf{A}) = 2$

Seite 122

2. a) $\left(\begin{array}{ccc|c} 2 & 2 & 0 & 7 \\ 0 & 1 & 1 & 1 \\ 0 & 3 & 2 & 4 \end{array}\right) \sim \ldots \sim \left(\begin{array}{ccc|c} 2 & 2 & 0 & 7 \\ 0 & 1 & 1 & 1 \\ 0 & 0 & -1 & 1 \end{array}\right)$ $\text{Rg}(\mathbf{A}) = 3 = \text{Rg}(\mathbf{A} \mid \vec{b})$ Das LGS ist eindeutig lösbar.

b) $\left(\begin{array}{ccc|c} 4 & -2 & 6 & 2 \\ 4 & -2 & 1 & -3 \\ -2 & 1 & 5 & 3 \end{array}\right) \sim \ldots \sim \left(\begin{array}{ccc|c} 4 & -2 & 6 & 2 \\ 0 & 0 & 1 & 1 \\ 0 & 0 & 0 & -1 \end{array}\right)$ $\text{Rg}(\mathbf{A}) = 2 < \text{Rg}(\mathbf{A} \mid \vec{b}) = 3$ Das LGS ist unlösbar.

c) $\left(\begin{array}{ccc|c} 4 & 8 & -12 & 16 \\ 3 & 6 & -8 & 14 \\ -2 & -4 & 3 & -14 \end{array}\right) \sim \ldots \sim \left(\begin{array}{ccc|c} 4 & 8 & -12 & 16 \\ 0 & 0 & 1 & 2 \\ 0 & 0 & 0 & 0 \end{array}\right)$

$\text{Rg}(\mathbf{A}) = 2 = \text{Rg}(\mathbf{A} \mid \vec{b}) < 3$ Das LGS ist mehrdeutig lösbar.

Seite 124

1. a) Das LGS ist eindeutig lösbar: $\vec{x} = \begin{pmatrix} -8 \\ 6 \\ 2 \end{pmatrix}$

b) Das LGS ist mehrdeutig lösbar: $\vec{x} = \begin{pmatrix} 2-r \\ 2-r \\ r \end{pmatrix}$; $r \in \mathbb{R}$

c) LGS umformen: $-x_1 + x_2 - 2x_3 = 0 \wedge -2x_2 + x_3 = 0 \wedge -2x_1 + 4x_2 - 5x_3 = 0$

Das LGS ist mehrdeutig lösbar: $\vec{x} = \begin{pmatrix} -1{,}5r \\ 0{,}5r \\ r \end{pmatrix}$; $r \in \mathbb{R}$

2. a) $\left(\begin{array}{cc|c} -2 & 8 & a \\ 0 & 28 & 5a-8 \\ 0 & 0 & a-12 \end{array}\right)$

Für $a = 12$: Das LGS ist eindeutig lösbar mit $\vec{x} = \frac{1}{7}\begin{pmatrix} 10 \\ 13 \end{pmatrix}$; $\text{Rg}(\mathbf{A}) = \text{Rg}(\mathbf{A} \mid \vec{b}) = 2$

b) $\left(\begin{array}{ccc|c} 1 & 3 & -2 & a-1 \\ 0 & 4 & -1 & 2 \\ 0 & 0 & 0 & a^2+2a-3 \end{array}\right)$ $a^2 + 2a - 3 = 0 \Rightarrow a = 1$ oder $a = -3$

Für $a = 1$ ist das LGS mehrdeutig lösbar mit $\vec{x} = \begin{pmatrix} 1{,}25r-1{,}5 \\ 0{,}25r+0{,}5 \\ r \end{pmatrix}$.

Für $a = -3$ ist das LGS mehrdeutig lösbar mit $\vec{x} = \begin{pmatrix} 1{,}25r-5{,}5 \\ 0{,}25r+0{,}5 \\ r \end{pmatrix}$.

Für $a = 12$: $\text{Rg}(\mathbf{A}) = 2$; $\text{Rg}(\mathbf{A} \mid \vec{b}) = 3$

Seite 125

3. a) $\vec{x} = \begin{pmatrix} 2 \\ 0 \\ 3 \end{pmatrix} + r\begin{pmatrix} 3 \\ -3 \\ 4{,}5 \end{pmatrix}$; $r \in \mathbb{R}$

b) $p \neq 2$ $\left(\begin{array}{ccc|c} -4 & -1 & 2 & -2 \\ 0 & -3 & 2-2p & -6 \\ 0 & 0 & 12-6p & 0 \end{array}\right)$

4. a) Umformung führt zu $\begin{pmatrix} -4 & 1 & 0{,}5 \\ 0 & 0 & 0 \\ 0 & 0 & 0{,}5 \end{pmatrix}$ $\vec{x} = \begin{pmatrix} r \\ 4r \\ 0 \end{pmatrix}$; $r \in \mathbb{R}$

b) $\begin{pmatrix} -4 & 1 & -\lambda \\ 0 & 2\lambda^2+\lambda & 0 \\ 0 & 0 & -\lambda \end{pmatrix}$; weiterer Wert: $\lambda = 0$

Seite 125

5. Vorüberlegung: $\left(\begin{array}{ccc|c} 1 & 0 & 2 & x \\ 0 & 9 & 6 & y-2x \\ 0 & 0 & 0 & 5x-y+3z \end{array}\right)$

   a) $x = y = z = 0$: LGS ist mehrdeutig lösbar. Lösungsvektor: $\vec{x} = \begin{pmatrix} 3r \\ r \\ -1{,}5r \end{pmatrix}$

   b) Das LGS ist unlösbar.

   c) $5x - y + 3z = 0$

6. $\vec{x}$ sei der Preisvektor pro Gebinde.

   $\mathbf{A}\vec{x} = \begin{pmatrix} 2 & 4 & 5 \\ 3 & 2 & 6 \\ 2 & 5 & 5 \end{pmatrix}\vec{x} = \begin{pmatrix} 80 \\ 75 \\ 89 \end{pmatrix} \Rightarrow \quad \vec{x} = \begin{pmatrix} 7 \\ 9 \\ 6 \end{pmatrix}$

   Gewinn: $0{,}2 \cdot 7 \cdot 7 + 0{,}3 \cdot 9 \cdot 11 + 0{,}25 \cdot 6 \cdot 16 = 63{,}50$ Der Gewinn beträgt 63,50 €.

7. x_1, x_2, x_3 Anzahl der Endprodukte E1, E2, E3

   LGS: $x_1 + 3x_2 + 2x_3 = 370$; $4x_1 + 2x_2 + x_3 = 330$; $5x_1 + 2x_2 + 3x_3 = 460$

   Matrixschreibweise: $\mathbf{A}\vec{x} = \begin{pmatrix} 1 & 3 & 2 \\ 4 & 2 & 1 \\ 5 & 2 & 3 \end{pmatrix}\vec{x} = \begin{pmatrix} 370 \\ 330 \\ 460 \end{pmatrix}$

   Lösung: (30 80 50) ; Es lassen sich 30 Endprodukte E1, 80 Endprodukte E2 und 50 Endprodukte E3 herstellen.

Seite 127

1. a) $\mathbf{A}^{-1} = \frac{1}{9}\begin{pmatrix} -3 & 6 \\ 2 & -1 \end{pmatrix}$ b) $\mathbf{A}^{-1} = \begin{pmatrix} 0 & 2 & -1 \\ 1 & 1 & 1 \\ 2 & -1 & 3 \end{pmatrix}$ c) $\mathbf{A}^{-1} = \frac{1}{7}\begin{pmatrix} 0 & -7 & 0 \\ 1 & 0 & -2 \\ 3 & 14 & 1 \end{pmatrix}$

2. Bestimmung von $\mathbf{A}^{-1}$ und Vergleich mit $\mathbf{A}^{T}$ ergibt die Behauptung.

3. $\mathbf{A} \cdot \mathbf{B} = \begin{pmatrix} 1 & 4 & 2 \\ 2 & 3 & 5 \\ 2 & 5 & 5 \end{pmatrix}\begin{pmatrix} 5 & 5 & -7 \\ 0 & -0{,}5 & 0{,}5 \\ -2 & -1{,}5 & 2{,}5 \end{pmatrix} = \begin{pmatrix} 1 & 0 & 0 \\ 0 & 1 & 0 \\ 0 & 0 & 1 \end{pmatrix} = \mathbf{E}$

   Die Matrizen **A** und **B** sind invers zueinander.

$$\left(\begin{array}{ccc|ccc} 1 & 4 & 2 & 1 & 0 & 0 \\ 2 & 3 & 5 & 0 & 1 & 0 \\ 2 & 5 & 5 & 0 & 0 & 1 \end{array}\right) \sim \ldots \sim \left(\begin{array}{ccc|ccc} 1 & 4 & 2 & 1 & 0 & 0 \\ 0 & -5 & 1 & -2 & 1 & 0 \\ 0 & 0 & 2 & -4 & -3 & 5 \end{array}\right) \sim \ldots \sim \left(\begin{array}{ccc|ccc} 5 & 0 & 0 & 25 & 25 & -35 \\ 0 & 10 & 0 & 0 & -5 & 5 \\ 0 & 0 & 2 & -4 & -3 & 5 \end{array}\right)$$

$$\mathbf{A}^{-1} = \begin{pmatrix} 5 & 5 & -7 \\ 0 & -0{,}5 & 0{,}5 \\ -2 & -1{,}5 & 2{,}5 \end{pmatrix}$$

4. Die gesuchte Matrix ist **X**. $\mathbf{A}^{-1}\mathbf{X} = \begin{pmatrix} 6 & -61 & -7 \\ 60 & 25 & 95 \\ 2 & 143 & 21 \end{pmatrix}$

$$\mathbf{X} = \mathbf{A}\begin{pmatrix} 6 & -61 & -7 \\ 60 & 25 & 95 \\ 2 & 143 & 21 \end{pmatrix} = \frac{1}{10}\begin{pmatrix} 1 & 1 & 2 \\ 3 & 2 & 1 \\ 4 & 1 & 3 \end{pmatrix}\begin{pmatrix} 6 & -61 & -7 \\ 60 & 25 & 95 \\ 2 & 143 & 21 \end{pmatrix} = \begin{pmatrix} 7 & 25 & 13 \\ 14 & 1 & 19 \\ 9 & 21 & 13 \end{pmatrix}$$

   Das gesuchte Wort lautet: GYMNASIUM.

Seite 132

1. a) Variable Herstellkosten für je eine ME Z_1: $k_{Z_1} = \vec{k}_R \cdot \begin{pmatrix} 2 \\ 4 \\ 4 \end{pmatrix} + 24 = 78{,}2$

b) $\mathbf{AB} = \mathbf{C} \Rightarrow \mathbf{B} = \mathbf{A}^{-1}\mathbf{C}$ $\quad \mathbf{B} = \begin{pmatrix} 3 & 3 & 4 \\ 2 & 5 & 2 \\ 6 & 3 & 6 \end{pmatrix}$

Variable Herstellkosten je ME Endprodukt:

$\vec{k}_v^T = \vec{k}_R \cdot \mathbf{C} + \vec{k}_Z \cdot \mathbf{B} + \vec{k}_E$

$= (478{,}2 \quad 536{,}4 \quad 532{,}4) + (417 \quad 388{,}5 \quad 441) + (132 \quad 200 \quad 182)$

$= (1027{,}2 \quad 1124{,}9 \quad 1155{,}4)$

Gesamtkosten: $K = K_v + K_f = \vec{k}_v \cdot \vec{p} + K_f = \vec{k}_v \cdot \begin{pmatrix} 10 \\ 20 \\ 30 \end{pmatrix} + 3250 = 70682$

c) $(920 \quad 1015 \quad 1040) = (2 \quad 4 \quad 7) \cdot \mathbf{C} + \vec{k}_Z \cdot \mathbf{B} + (132 \quad 200 \quad 182)$

$\vec{k}_Z \cdot \mathbf{B} = (370 \quad 346 \quad 392) \Rightarrow \vec{k}_Z = (370 \quad 346 \quad 392) \cdot \mathbf{B}^{-1}$

Ergebnis: $\vec{k}_Z = (22 \quad 32 \quad 40)$

Anderer Lösungsweg: $\vec{k}_Z \cdot \mathbf{B} = (a \quad b \quad c) \cdot \mathbf{B} = (370 \quad 346 \quad 392)$ LGS lösen

2. a) Gesucht ist $\vec{k}_R$.

$\vec{k}_v = \vec{k}_R \cdot \mathbf{C} + \vec{k}_Z \cdot \mathbf{B} + \vec{k}_E$

$(296 \quad 420 \quad 370) = \vec{k}_R \cdot \mathbf{C} + (12 \quad 15 \quad 12) \cdot \mathbf{B} + (86 \quad 103 \quad 138)$

$\vec{k}_R \cdot \mathbf{C} = (120 \quad 182 \quad 130) \Rightarrow \vec{k}_R = (120 \quad 182 \quad 130) \cdot \mathbf{C}^{-1}$

Ergebnis: $\vec{k}_R = (3 \quad 2 \quad 4)$

b) $K = K_v + K_f = \vec{k}_v \cdot \vec{p} + K_f = \vec{k}_v \cdot \begin{pmatrix} 200 \\ 280 \\ 220 \end{pmatrix} + 10920 = 269120$

Erlös: $E = 1{,}25K = 336400$

$E = 200 \cdot 360 + 280 \cdot 520 + 220 \cdot p = 336400$

Verkaufspreis für E_3 in EUR pro Stück: $p = 540$

Seite 136

1. a) $68 + 3a = 40b$ und $8a + 25b = 200 - 46 - 72$

Beide Gleichungen sind erfüllt für $a = 4$ und $b = 2$.

$x_{12} = 12$; $x_{31} = 32$; $x_{33} = 50$

Inputmatrix $\mathbf{A} = \begin{pmatrix} 0{,}2 & 0{,}1 & 0{,}2 \\ 0{,}15 & 0{,}4 & 0{,}3 \\ 0{,}4 & 0{,}6 & 0{,}25 \end{pmatrix}$

Seite 136

1. b) $(\mathbf{E}-\mathbf{A})\cdot\begin{pmatrix}x_1\\x_2\\1680\end{pmatrix}=\begin{pmatrix}y\\0\\2y\end{pmatrix}$

Ausmultiplizieren ergibt das LGS für x_1, x_2, y: $\left(\begin{array}{ccc|c}0{,}8 & -0{,}1 & -1 & 336\\-0{,}15 & 0{,}6 & 0 & 504\\-0{,}4 & -0{,}6 & -2 & -1260\end{array}\right)$

Lösung des LGS: $x_1 = 760$, $x_2 = 1030$; $y = 169$

Sektor A_1 produziert 760 Einheiten.

Die Marktabgabe von Sektor A_1 beträgt 169 Einheiten.

2. a) $(\mathbf{E}-\mathbf{A})\cdot\begin{pmatrix}20\\40\\x_3\end{pmatrix}=\begin{pmatrix}0\\y_2\\y_3\end{pmatrix}$

Ausmultiplizieren ergibt das LGS für x_3, y_2, y_3: $\left(\begin{array}{ccc|c}2 & 0 & 0 & 60\\3 & -10 & 0 & 320\\0 & 0 & -10 & 160\end{array}\right)$

Lösung des LGS: $x_3 = 30$; $y_2 = 23$; $y_3 = 8$

b) $(\mathbf{E}-\mathbf{A})\cdot\begin{pmatrix}x_1\\40\\x_3\end{pmatrix}=\begin{pmatrix}0{,}3x_1\\y\\4y\end{pmatrix}$

Ausmultiplizieren ergibt das LGS für x_1, x_3, y: $\left(\begin{array}{ccc|c}0{,}2 & -0{,}2 & 0 & 4\\0{,}2 & 0{,}3 & 1 & 36\\-0{,}4 & 0{,}8 & -4 & 8\end{array}\right)$

Lösung des LGS: $x_1 = 80$; $x_3 = 60$; $y = 2$

Produktionsvektor: $\vec{x}=\begin{pmatrix}80\\40\\60\end{pmatrix}$ Konsumvektor: $\vec{y}=\begin{pmatrix}24\\2\\8\end{pmatrix}$

3. a) $(\mathbf{E}-\mathbf{A})\cdot\begin{pmatrix}x\\180\\270\end{pmatrix}=\begin{pmatrix}0{,}5x-135\\-0{,}2x+144\\-0{,}3x+144\end{pmatrix}$ mit $x \geq 0$; x ist die Produktion von A.

Bedingungen für x: $0{,}5x - 135 \geq 20 \Rightarrow x \geq 310$

$-0{,}2x+144 \geq 20 \Rightarrow x \leq 620$

$-0{,}3x+144 \geq 20 \Rightarrow x \leq 413{,}3$

Für $310 \leq x \leq 413{,}3$ sind alle Bedingungen erfüllt.

b) $(\mathbf{E}-\mathbf{A})\cdot\begin{pmatrix}x_1\\x_2\\x_1\end{pmatrix}=\begin{pmatrix}y_1\\0\\y_3\end{pmatrix} \Leftrightarrow \begin{pmatrix}0\\-0{,}2x_1+0{,}8x_2\\0{,}5x_1-0{,}4x_2\end{pmatrix}=\begin{pmatrix}y_1\\0\\y_3\end{pmatrix}$

Folgerungen: (1) Marktabgabe von A ist $y_1 = 0$

(2) $-0{,}2x_1 + 0{,}8x_2 = 0 \Leftrightarrow x_2 = 0{,}25x_1 \Leftrightarrow x_1 : x_2 = 4 : 1$

(3) $0{,}5x_1 - 0{,}4(0{,}25x_1) = y_3 \Leftrightarrow y_3 = 0{,}4x_1$

40 % der Produktion von C geht an den Konsum.

Seite 137

Im folgenden sei x_1 die Masse der Kupfermünzen in kg,
x_2 die Masse der Glockenbronze in kg, x_3 die Masse des Rotmessings in kg und
x_4 die Masse des reinen Kupfers in kg.
Die gewünschte Statuenlegierung enthält 92 kg Kupfer, 7 kg Zinn und 1 kg Zink.

a) Aus dem linearen Gleichungssystem

$$\begin{aligned} 0{,}95x_1 + 0{,}75x_2 + 0{,}90x_3 &= 92 \\ 0{,}04x_1 + 0{,}25x_2 \phantom{+ 0{,}90x_3} &= 7 \\ 0{,}01x_1 \phantom{+ 0{,}75x_2} + 0{,}10x_3 &= 1 \end{aligned}$$

folgt: $x_1 \approx 83{,}8$; $x_2 \approx 14{,}6$; $x_3 \approx 1{,}6$
Man benötigt 83,8 kg von Rohstoff I, 14,6 kg von Rohstoff II und 1,6 kg von Rohstoff III.

b) Um in der Statuenlegierung einen Anteil von 1% Zink zu haben, werden 100 kg der Münzen benötigt, da in der Glockenlegierung kein Zink ist.
Dann stimmen aber die Kupfer- und Zinnanteile nicht.
Alternative: Das LGS aus a) hat keine Lösung mit $x_3 = 0$.

c) Mit 4 Rohstoffen ergibt sich folgendes LGS:

$$\begin{aligned} 0{,}95x_1 + 0{,}75x_2 + 0{,}90x_3 + x_4 &= 92 \\ 0{,}04x_1 + 0{,}25x_2 \phantom{+ 0{,}90x_3 + x_4} &= 7 \\ 0{,}01x_1 \phantom{+ 0{,}75x_2} + 0{,}10x_3 &= 1 \end{aligned}$$

bzw. mit $x_1 = 50$:

$$\begin{aligned} 0{,}75x_2 + 0{,}90x_3 + x_4 &= 44{,}5 \\ 0{,}25x_2 \phantom{+ 0{,}90x_3 + x_4} &= 5 \\ 0{,}10x_3 &= 0{,}5 \end{aligned}$$

Lösung: $x_2 = 20$; $x_3 = 5$; $x_4 = 25$
Man braucht also 20 kg von Rohstoff II, 5 kg von Rohstoff III und 25 kg von Rohstoff IV.

d) Es lässt sich z. B. keine Legierung mit weniger als 75% Kupfer herstellen, weil kein Rohstoff weniger als 75% Kupfer enthält.

Seite 138

Aufstellen der Maschengleichung

Maschengleichungen

Masche 1: $(R_1 + R_2)\, I_1 - R_2\, I_2 = U_1$

Masche 2: $-R_2\, I_1 + (R_2 + R_3 + R_4)\, I_2 - R_4\, I_3 = 0$

Masche 3: $-R_4\, I_2 + (R_4 + R_5) I_3 = U_2$

Sortieren

$$\begin{aligned} (R_1 + R_2) I_1 - R_2 I_2 - 0 \cdot I_3 &= U_1 \\ 0 \cdot I_1 - R_4 I_2 + (R_4 + R_5) I_3 &= U_2 \\ -R_2 I_1 + (R_2 + R_3 + R_4) I_2 - R_4 I_3 &= 0 \end{aligned}$$

Lösung des LGS für I_1, I_2, I_3: $I_1 = 2{,}4$; $I_2 = 1{,}3$; $I_3 = 2{,}05$

Seite 143

1. a) linear unabhängig; $\vec{a}$ lässt sich nicht als Linearkombination von $\vec{b}$ und $\vec{c}$ darstellen.

   b) linear abhängig; $\vec{a} = -\vec{b} + \vec{c}$ $\left(\vec{x} = r\begin{pmatrix}1\\1\\-1\end{pmatrix}\right.$ ist Lösung von $x_1\vec{a} + x_2\vec{b} + x_3\vec{c} = \vec{0}\Big)$

2. Das LGS $\vec{a} = r\vec{b} + s\vec{c}$ ist eindeutig lösbar für $8k + 22 = 0 \Leftrightarrow k = -\frac{11}{4}$

   $\cos 60° = 0{,}5$; $\frac{\vec{a}\cdot\vec{c}}{|\vec{a}|\cdot|\vec{c}|} = 0{,}5 \Rightarrow \frac{k-7}{\sqrt{k^2+17}\,\sqrt{6}} = 0{,}5$; diese Gleichung hat keine Lösung.

   $|\vec{a}| = 2\sqrt{10{,}5}$ für $k^2 + 17 = 42$, also $k = \pm 5$

3. $\vec{n} = \begin{pmatrix}n_1\\n_2\\n_3\end{pmatrix}$; Bedingungen für n_1, n_2, n_3: $\vec{n}\cdot\vec{a} = 0 \Leftrightarrow 4n_1 + 4n_2 + 4n_3 = 0$

   $\vec{n}\cdot\vec{b} = 0 \Leftrightarrow n_1 + n_2 + 6n_3 = 0$

   Addition ergibt: $n_3 = 0 \wedge n_1 = -n_2$

   Die orthogonalen Vektoren $\begin{pmatrix}2\\-2\\0\end{pmatrix}$ bzw. $\begin{pmatrix}-3\\3\\0\end{pmatrix}$ und $\vec{n}$ sind linear abhängig.

   $\vec{a}_0 = \frac{1}{\sqrt{48}}\begin{pmatrix}4\\4\\4\end{pmatrix}$; Schnittwinkel $\alpha = 41{,}47°$ wegen $\cos\alpha = 0{,}749$

Seite 144

1. $\vec{a}\cdot\vec{b} = 1$; $\vec{a}\times\vec{b} = \begin{pmatrix}-3\\-5\\-2\end{pmatrix}$; $(\vec{a} - 3\vec{b})\cdot\vec{c} = 10$; $(\vec{a}\times\vec{b})\cdot\vec{c} = -64$

2. Seitenlängen: $\vec{c} = \vec{b} - \vec{a}$; $|\vec{c}| = \sqrt{20}$; $\vec{b} = \sqrt{29}$; $\vec{a} = \sqrt{17}$

   Winkel im Dreieck: $\alpha = 54{,}2°$; $\beta = 77{,}5°$; $\gamma = 48{,}3°$

   $\vec{a}\times\vec{b} = \begin{pmatrix}-6\\-12\\-12\end{pmatrix}$ steht senkrecht auf $\vec{b}$ und auf $\vec{a}$; Dreiecksfläche $A = \frac{1}{2}|\vec{a}\times\vec{b}| = 9$

Seite 147

1. g: $\vec{x} = \overrightarrow{OA} + r\,\overrightarrow{AB} = \begin{pmatrix}1\\2\\0\end{pmatrix} + r\begin{pmatrix}6\\0\\0\end{pmatrix} = \begin{pmatrix}1\\2\\0\end{pmatrix} + s\begin{pmatrix}1\\0\\0\end{pmatrix}$

   Die Gerade g liegt in der x_1x_2-Ebene ($x_3 = 0$); g verläuft parallel zur x_1-Achse.

   Für z. B. $s = 0{,}5$ erhält man einen Punkt auf der Strecke AB: C(1,5 | 2 | 0).

2. a) g: $\vec{x} = \begin{pmatrix}4\\3\\2\end{pmatrix} + r\begin{pmatrix}-6\\-6\\0\end{pmatrix} = \begin{pmatrix}-2\\-3\\2\end{pmatrix} + r\begin{pmatrix}1\\1\\0\end{pmatrix}$ b) h: $\vec{x} = \begin{pmatrix}4\\3\\2\end{pmatrix} + t\begin{pmatrix}0\\1\\0\end{pmatrix}$

3. g: $\vec{x} = \begin{pmatrix}-a\\2-a\\1\end{pmatrix} = \begin{pmatrix}0\\2\\1\end{pmatrix} + a\begin{pmatrix}-1\\-1\\0\end{pmatrix}$; $a \in \mathbb{R}$

4. Die Geraden g und h sind nicht parallel (Richtungsvektoren linear unabhängig).

   S ist Schnittpunkt von g und h, wenn S auf g und auf h liegt.

   Punktprobe in g: S liegt auf g für r = 1. Punktprobe in h: S liegt auf h für s = 2

Seite 147

4. g und h stehen **senkrecht aufeinander,** wenn die **Richtungsvektoren** $\vec{u}$ von g und $\vec{v}$ von h zueinander **orthogonal** sind.

Es muss gelten: $\vec{u} \cdot \vec{v} = 0$ $\quad \begin{pmatrix} 1 \\ -1 \\ 4 \end{pmatrix} \cdot \begin{pmatrix} 1 \\ 1 \\ 0 \end{pmatrix} = 1 - 1 + 0 = 0$ wahre Aussage.

5. Gleichung dieser Ebene durch die Punkte A, B und C in Parameterform:

$$E: \vec{x} = \overrightarrow{OA} + r \cdot \overrightarrow{AB} + s \cdot \overrightarrow{AC} = \begin{pmatrix} 6 \\ 0 \\ 0 \end{pmatrix} + r \cdot \begin{pmatrix} -6 \\ 8 \\ 0 \end{pmatrix} + s \cdot \begin{pmatrix} -6 \\ 0 \\ 8 \end{pmatrix};\ r, s \in \mathbb{R}$$

Koordinatenform: $4x_1 + 3x_2 + 3x_3 - 24 = 0.$

Die Gerade g und der Punkt D legen eine Ebene F fest. $\vec{x} = \begin{pmatrix} 9 \\ 12 \\ 2 \end{pmatrix} + r \begin{pmatrix} 3 \\ 4 \\ -2 \end{pmatrix} + s \begin{pmatrix} 0 \\ 0 \\ -2 \end{pmatrix};\ r, s \in \mathbb{R}$

6. a) Gerade g: $\overrightarrow{OX} = \begin{pmatrix} -1 \\ 8 \\ 4 \end{pmatrix} + r \begin{pmatrix} 3 \\ -15 \\ -6 \end{pmatrix};\ r \in \mathbb{R}$

Schnittpunkt mit der x_2x_3-Ebene: $x_1 = 0 \quad 4 - 6r = 0 \iff r = \frac{1}{3}$; $S(0 \mid 3 \mid 2)$

A, B und C_t legen kein Dreieck fest, wenn C_t auf der Geraden g = (AB) liegt.

Punktprobe: $\begin{pmatrix} t-2 \\ t+1 \\ t \end{pmatrix} = \begin{pmatrix} -1 \\ 8 \\ 4 \end{pmatrix} + r \begin{pmatrix} 3 \\ -15 \\ -6 \end{pmatrix} \Leftrightarrow r = \frac{1}{3};\ t = 2$

Die Punkte A, B und C_2 liegen auf der Geraden g, sie legen kein Dreieck fest.

b) Ebene E: $\overrightarrow{OX} = \overrightarrow{OA} + u \cdot \overrightarrow{AB} + v \cdot \overrightarrow{AC_0} = \begin{pmatrix} -1 \\ 8 \\ 4 \end{pmatrix} + u \cdot \begin{pmatrix} 3 \\ -15 \\ -6 \end{pmatrix} + v \cdot \begin{pmatrix} -1 \\ -7 \\ -4 \end{pmatrix};\ u, v \in \mathbb{R}$

Punktprobe mit D_t:

$$\begin{pmatrix} t \\ 1-t \\ 2t+5 \end{pmatrix} = \begin{pmatrix} -1 \\ 8 \\ 4 \end{pmatrix} + u \cdot \begin{pmatrix} 3 \\ -15 \\ -6 \end{pmatrix} + v \cdot \begin{pmatrix} -1 \\ -7 \\ -4 \end{pmatrix} \iff u \cdot \begin{pmatrix} 3 \\ -15 \\ -6 \end{pmatrix} + v \cdot \begin{pmatrix} -1 \\ -7 \\ -4 \end{pmatrix} + t \begin{pmatrix} -1 \\ 1 \\ -2 \end{pmatrix} = \begin{pmatrix} 1 \\ -7 \\ 1 \end{pmatrix}$$

Lösung des LGS: $\left(\begin{array}{ccc|c} 3 & -1 & -1 & 1 \\ -15 & -7 & 1 & -7 \\ -6 & -4 & -2 & 1 \end{array}\right) \sim \left(\begin{array}{ccc|c} 1 & 0 & 0 & -\frac{1}{18} \\ 0 & 1 & 0 & \frac{5}{6} \\ 0 & 0 & 1 & -2 \end{array}\right)$

LGS eindeutig lösbar mit $u = -\frac{1}{18} \wedge v = \frac{5}{6} \wedge t = -2$

D_{-2} liegt in der Ebene E.

7. F_1: Gerade g: $\vec{x} = \begin{pmatrix} 0 \\ 0 \\ 1 \end{pmatrix} + t \begin{pmatrix} 0 \\ 8 \\ 4 \end{pmatrix}$; $\qquad F_2$: Gerade h: $\vec{x} = \begin{pmatrix} 0 \\ 0 \\ 4 \end{pmatrix} + t \begin{pmatrix} -1 \\ 5 \\ 2 \end{pmatrix};\ t \in \mathbb{R}$

t in Minuten, also haben wir hier bei beiden Geraden den gleichen Parameter.

Gleichsetzen ergibt ein LGS: $\left(\begin{array}{cc|c} 0 & 1 & 0 \\ 8 & -5 & 0 \\ 4 & -2 & 3 \end{array}\right) \sim \left(\begin{array}{cc|c} 0 & 1 & 0 \\ 8 & -5 & 0 \\ 0 & -1 & -6 \end{array}\right)$

Das LGS ist unlösbar, denn aus Zeile 1: t = 0 ; aus Zeile 3: t = 6 Widerspruch.

Die Geraden schneiden sich nicht, die Richtungsvektoren sind linear unabhängig, sie sind windschief. Die Flugbahnen schneiden sich nicht, die Flugzeuge stoßen nicht zusammen.

Seite 149

1. a) Gleichung der Ebene E, in der die Punkte A, B und C liegen:

Aufpunkt A(–2 | –2 | 4) und Spannvektoren $\overrightarrow{AB}$ und $\overrightarrow{AC}$

$$E: \vec{x} = \begin{pmatrix} -2 \\ -2 \\ 4 \end{pmatrix} + r \begin{pmatrix} -8 \\ 8 \\ 0 \end{pmatrix} + s \begin{pmatrix} -6 \\ 10 \\ 8 \end{pmatrix}; \; r, s \in \mathbf{R}$$

Punktprobe mit D ergibt: $\begin{pmatrix} 0 \\ 0 \\ 12 \end{pmatrix} = \begin{pmatrix} -2 \\ -2 \\ 4 \end{pmatrix} + r \begin{pmatrix} -8 \\ 8 \\ 0 \end{pmatrix} + s \begin{pmatrix} -6 \\ 10 \\ 8 \end{pmatrix}$ => s = 1; r = – 1

Der Punkt D liegt in der Ebene E.

Es gilt $\overrightarrow{AB} = \overrightarrow{DC} = \begin{pmatrix} -8 \\ 8 \\ 0 \end{pmatrix}$, also ist das Viereck ein Parallelogramm.

Nach Pythagoras gilt in einem Rechteck: $|\overrightarrow{AB}|^2 + |\overrightarrow{AD}|^2 = |\overrightarrow{BD}|^2$

$|\overrightarrow{AB}| = \sqrt{128}$; $|\overrightarrow{AD}| = \left|\begin{pmatrix} 2 \\ 2 \\ 8 \end{pmatrix}\right| = \sqrt{72}$; $|\overrightarrow{BD}| = \left|\begin{pmatrix} 10 \\ -6 \\ 8 \end{pmatrix}\right| = \sqrt{200}$

b) **Koordinatenform** von E: $-2x_1 - 2x_2 + x_3 - 12 = 0$

Ebene F verläuft **parallel** zu E, also F: $-2x_1 - 2x_2 + x_3 = t$

Punktprobe mit O(0 | 0 | 0) ergibt t = 0, also F: $-2x_1 - 2x_2 + x_3 = 0$

Hesse-Normalenform: $\frac{1}{3}(-2x_1 - 2x_2 + x_3) = 0$

2. Normalengleichung von E:

Normalenvektor: $\vec{n} = \begin{pmatrix} -1 \\ -2 \\ 1 \end{pmatrix} \times \begin{pmatrix} 1 \\ -2 \\ 1 \end{pmatrix} = \begin{pmatrix} 0 \\ 2 \\ 4 \end{pmatrix}$ $\qquad \begin{pmatrix} 0 \\ 2 \\ 4 \end{pmatrix} \left[\vec{x} - \begin{pmatrix} 1 \\ 0 \\ 0 \end{pmatrix} \right] = 0$

3. a) $x_1 + x_2 + x_3 - 2 = 0$

Normalengleichung: $\begin{pmatrix} 1 \\ 1 \\ 1 \end{pmatrix} \left[\vec{x} - \begin{pmatrix} 1 \\ 1 \\ 0 \end{pmatrix} \right] = 0$

Parametergleichung: $\vec{x} = \begin{pmatrix} 0 \\ 0 \\ 2 \end{pmatrix} + r \begin{pmatrix} 1 \\ 0 \\ -1 \end{pmatrix} + s \begin{pmatrix} 0 \\ 1 \\ -1 \end{pmatrix}$; r, s $\in \mathbb{R}$

b) $x_1 - 2x_3 - 2 = 0$

Normalengleichung: $\begin{pmatrix} 1 \\ 0 \\ -2 \end{pmatrix} \left[\vec{x} - \begin{pmatrix} 4 \\ 0 \\ 1 \end{pmatrix} \right] = 0$

Parametergleichung: $\vec{x} = \begin{pmatrix} 2 \\ 0 \\ 0 \end{pmatrix} + r \begin{pmatrix} 2 \\ 0 \\ 1 \end{pmatrix} + s \begin{pmatrix} 0 \\ 1 \\ 0 \end{pmatrix}$; r, s $\in \mathbb{R}$

Seite 150

1. g: $\vec{x} = \begin{pmatrix} -1 \\ 0 \\ 0 \end{pmatrix} + r\begin{pmatrix} 1 \\ 1 \\ 0 \end{pmatrix}$; $r \in \mathbb{R}$ h: $\vec{x} = \begin{pmatrix} 0 \\ 3 \\ -4 \end{pmatrix} + s\begin{pmatrix} 1 \\ -1 \\ 4 \end{pmatrix}$; $s \in \mathbb{R}$ $\Rightarrow$ Schnittpunkt S(1 | 2 | 0)

2. g: $\vec{x} = \begin{pmatrix} 2 \\ 1 \\ 1 \end{pmatrix} + r\begin{pmatrix} -3 \\ 2 \\ -1 \end{pmatrix}$; $r \in \mathbb{R}$ h: $\vec{x} = \begin{pmatrix} 1 \\ 2 \\ 0 \end{pmatrix} + s\begin{pmatrix} 0 \\ 0 \\ 1 \end{pmatrix}$; $s \in \mathbb{R}$

   Gleichsetzen ergibt ein LGS; das LGS ist unlösbar; die Richtungsvektoren von g und h sind linear unabhängig., also g und h sind zueinander windschief.

3. a) Wenn das Vielfache des Richtungsvektors nicht der Nullvektor ist, so wird die Lage der Geraden dadurch nicht verändert, da jedes Vielfache ($\neq 0$) eines Richtungsvektors ebenfalls Richtungsvektor der Geraden ist.

   b) Die Aussage ist falsch. Geraden sind auch dann parallel, wenn die Richtungsvektoren Vielfache voneinander sind, d. h. sie müssen nicht gleich sein.

   c) Die Aussage ist richtig. Da der Richtungsvektor unverändert bleibt, sind die Geraden parallel.

Seite 154

1. a) g und E schneiden sich für $r = -\frac{10}{7}$: $S(\frac{38}{7} \mid \frac{25}{7} \mid -\frac{10}{7})$

   b) g und E schneiden sich für $r = \frac{5}{3}$: $S(-\frac{8}{3} \mid 2 \mid \frac{8}{3})$

2. a) E und F schneiden sich in g: $\vec{x} = \frac{1}{8}\begin{pmatrix} 10 \\ 3 \\ 3 \end{pmatrix} + \frac{1}{4}r\begin{pmatrix} 6 \\ -1 \\ 3 \end{pmatrix}$; $r \in \mathbb{R}$

   b) E und F schneiden sich in g: $\vec{x} = \begin{pmatrix} -1 \\ 0 \\ 2{,}5 \end{pmatrix} + r\begin{pmatrix} 2 \\ 1 \\ 1{,}5 \end{pmatrix}$; $r \in \mathbb{R}$

   c) E und F schneiden sich in g: $\vec{x} = \begin{pmatrix} -0{,}5 \\ 0 \\ 0 \end{pmatrix} + s\begin{pmatrix} -1 \\ 1 \\ -1 \end{pmatrix}$; $s \in \mathbb{R}$

3. a) Aus der Parameterform von E_1 ergeben sich drei Gleichungen:

   $x_1 = 2 + r + s$; $x_2 = 5 + r$; $x_3 = 1 + r + 2s$

   Einsetzen in die Koordinatenform von E_2 ergibt:

   $2(2 + r + s) - 3(5 + r) + 6(1 + r + 2s) = 12 \iff 5r + 14s = 17$

   Auflösen nach r: $r = 3{,}4 - 2{,}8s$

Seite 154

3. a) Einsetzen in die Parameterform von E_1 ergibt: $\vec{x} = \begin{pmatrix}2\\5\\1\end{pmatrix} + (3{,}4 - 2{,}8s)\begin{pmatrix}1\\1\\1\end{pmatrix} + s\begin{pmatrix}1\\0\\2\end{pmatrix}$

Gleichung der Schnittgeraden von E_1 und E_2 : $\vec{x} = \begin{pmatrix}5{,}4\\8{,}4\\4{,}4\end{pmatrix} + s\begin{pmatrix}-1{,}8\\-2{,}8\\-0{,}8\end{pmatrix}$; $s \in \mathbb{R}$

b) Wir bestimmen die Gleichung einer zu E_2 parallelen Geraden, mit einem Aufpunkt, der nicht auf E_2 liegt.

Aus der Koordinatenform von E_2 ergeben sich die Schnittpunkte mit den Koordinatenachsen (Spurpunkte) (6 | 0 | 0), (0 | –4 | 0), (0 | 0 | 2).

Damit liegt (3 | 0 | 0) nicht auf E_2

$\begin{pmatrix}6\\0\\0\end{pmatrix} - \begin{pmatrix}0\\0\\2\end{pmatrix} = \begin{pmatrix}6\\0\\-2\end{pmatrix}$ ist ein Richtungsvektor der Ebene E_2 .

Die Gerade h: $\vec{x} = \begin{pmatrix}3\\0\\0\end{pmatrix} + t\begin{pmatrix}6\\0\\-2\end{pmatrix}$; $t \in \mathbb{R}$ verläuft parallel zu E_2 .

Lösungsalternative:

Die Parallele zur Schnittgeraden von E_1 und E_2 durch O: $\vec{x} = s\begin{pmatrix}-1{,}8\\-2{,}8\\-0{,}8\end{pmatrix}$; $s \in \mathbb{R}$

verläuft parallel zu E_2

4. Jede Ebenengleichung entspricht einer Gleichung des LGS. Dieses ist eindeutig lösbar mit $x_1 = x_2 = x_3 = \frac{1}{3}$; E, F und G schneiden sich in $S(\frac{1}{3} \mid \frac{1}{3} \mid \frac{1}{3})$.

Seite 158

1. a) $|\overrightarrow{AP}| = \left|\begin{pmatrix}2\\2\\6\end{pmatrix}\right| = \sqrt{44}$

b) $\overrightarrow{PF} = \begin{pmatrix}-r\\6+r\\r-1\end{pmatrix}$; $\begin{pmatrix}-r\\6+r\\r-1\end{pmatrix} \cdot \begin{pmatrix}-1\\1\\1\end{pmatrix} = 0$ für $r = -\frac{5}{3}$; $d = |\overrightarrow{PF}| = 5{,}35$

c) HNF und P eingesetzt: $\frac{1}{\sqrt{19}}\begin{pmatrix}-1\\3\\3\end{pmatrix}\left[\begin{pmatrix}4\\-1\\1\end{pmatrix} - \begin{pmatrix}2\\1\\0\end{pmatrix}\right] = -\frac{5}{\sqrt{19}}$; also $d = \frac{5}{\sqrt{19}}$

2. E: $\vec{x} = \begin{pmatrix}-3\\-3\\0\end{pmatrix} + s\begin{pmatrix}-1\\0\\2\end{pmatrix} + t\begin{pmatrix}1\\1\\-4\end{pmatrix}$; $s,t \in \mathbb{R}$

Normalenvektor $\vec{n} = \begin{pmatrix}2\\2\\1\end{pmatrix}$ mit $|\vec{n}| = 3$

HNF: $\frac{1}{3}\begin{pmatrix}2\\2\\1\end{pmatrix}\left[\vec{x} - \begin{pmatrix}-3\\-3\\0\end{pmatrix}\right] = 0$

Abstand der beiden Geraden: $d = \frac{1}{3}\begin{pmatrix}2\\2\\1\end{pmatrix}\left[\begin{pmatrix}2\\1\\9\end{pmatrix} - \begin{pmatrix}-3\\-3\\0\end{pmatrix}\right] = 9$

Seite 158

3. E: $2x_1 + x_2 + 2x_3 - 1 = 0$

   a) HNF: $\frac{1}{3}(2x_1 + x_2 + 2x_3 - 1) = 0$ Abstand zum Ursprung: $d = \frac{1}{3}$

   b) HNF: $\frac{1}{1{,}5}(x_1 + 0{,}5x_2 + x_3 + 3) = 0$ Abstand zum Ursprung: $d = 2$

   Abstand zur Ebene F: $d = \frac{7}{3}$ (E und F verlaufen parallel)

   c) (g und E verlaufen parallel) Abstand von E zur Geraden g

   = Abstand von $P(-2 \mid -1 \mid 3)$ zu E.

   HNF, P eingesetzt: $\frac{1}{3}(2(-2) - 1 + 2 \cdot 3 - 1) = d = 0$

   g läuft in E

4. Die Geraden g_1 und g_2 verlaufen parallel.

   Abstand = Abstand von $A(2 \mid 1 \mid 0)$ zu g_2

   Der Lotfußpunkt F liegt auf der Geraden g_2: $F(2 + 2t \mid 1 \mid 9 - 4t)$.

   Lotvektor $\overrightarrow{AF} = \begin{pmatrix} 2t \\ 0 \\ 9-4t \end{pmatrix}$ steht senkrecht auf $\begin{pmatrix} -1 \\ 0 \\ 2 \end{pmatrix}$.

   Bedingung: $\begin{pmatrix} 2t \\ 0 \\ 9-4t \end{pmatrix} \cdot \begin{pmatrix} -1 \\ 0 \\ 2 \end{pmatrix} = 0 \Leftrightarrow -2t + 18 - 8t = 0 \Leftrightarrow t = 1{,}8$

   Abstand = Länge von $\overrightarrow{AF} = \begin{pmatrix} 3{,}6 \\ 0 \\ 1{,}8 \end{pmatrix}$: $\left|\overrightarrow{AF}\right| = \left|\begin{pmatrix} 3{,}6 \\ 0 \\ 1{,}8 \end{pmatrix}\right| = 4{,}02$

Seite 160

1. a) $\cos\alpha = \left|\frac{\vec{u}\cdot\vec{v}}{|\vec{u}|\cdot|\vec{v}|}\right| = \left|\frac{\begin{pmatrix}-1\\1\\2\end{pmatrix}\begin{pmatrix}1\\3\\6\end{pmatrix}}{\left|\begin{pmatrix}-1\\1\\2\end{pmatrix}\right|\left|\begin{pmatrix}1\\3\\6\end{pmatrix}\right|}\right| = \frac{14}{\sqrt{6}\cdot\sqrt{46}} \approx 0{,}843 \Rightarrow \alpha \approx 32{,}57°$

b) Normalenvektor von E: $\vec{n} = \begin{pmatrix}1\\3\\6\end{pmatrix} \times \begin{pmatrix}-2\\0\\3\end{pmatrix} = \begin{pmatrix}9\\-15\\6\end{pmatrix}$

$\sin\alpha = \left|\frac{\vec{u}\cdot\vec{n}}{|\vec{u}|\cdot|\vec{n}|}\right| = \left|\frac{\begin{pmatrix}-1\\1\\2\end{pmatrix}\begin{pmatrix}9\\-15\\6\end{pmatrix}}{\left|\begin{pmatrix}-1\\1\\2\end{pmatrix}\right|\left|\begin{pmatrix}9\\-15\\6\end{pmatrix}\right|}\right| = \frac{12}{\sqrt{6}\cdot\sqrt{342}} \approx 0{,}265 \Rightarrow \alpha \approx 15{,}36°$

c) Normalenvektor von E: $\vec{n} = \begin{pmatrix}1\\-3\\0\end{pmatrix}$

$\sin\alpha = \left|\frac{\vec{u}\cdot\vec{n}}{|\vec{u}|\cdot|\vec{n}|}\right| = \left|\frac{\begin{pmatrix}-1\\1\\2\end{pmatrix}\begin{pmatrix}1\\-3\\0\end{pmatrix}}{\left|\begin{pmatrix}-1\\1\\2\end{pmatrix}\right|\left|\begin{pmatrix}1\\-3\\0\end{pmatrix}\right|}\right| = \frac{4}{\sqrt{6}\;\sqrt{10}} \approx 0{,}516 \Rightarrow \alpha \approx 31{,}09°$

2. $\cos\alpha = \frac{\vec{u}\cdot\vec{v}}{|\vec{u}|\cdot|\vec{v}|} = \frac{\begin{pmatrix}-1\\0\\2\end{pmatrix}\cdot\begin{pmatrix}1\\1\\-4\end{pmatrix}}{\left|\begin{pmatrix}-1\\0\\2\end{pmatrix}\right|\cdot\left|\begin{pmatrix}1\\1\\-4\end{pmatrix}\right|} = \frac{-9}{\sqrt{5}\;\sqrt{18}} \approx -0{,}949 \Rightarrow \alpha \approx 161{,}57°$

3. $\cos\alpha = \left|\frac{\vec{n}_1\cdot\vec{n}_2}{|\vec{n}_1|\cdot|\vec{n}_2|}\right| = \left|\frac{\begin{pmatrix}-1\\1\\-1\end{pmatrix}\cdot\begin{pmatrix}-5\\1\\6\end{pmatrix}}{\left|\begin{pmatrix}-1\\1\\-1\end{pmatrix}\right|\cdot\left|\begin{pmatrix}-5\\1\\6\end{pmatrix}\right|}\right| = 0 \Rightarrow \alpha = 90°$ oder: $\begin{pmatrix}-1\\1\\-1\end{pmatrix}\cdot\begin{pmatrix}-5\\1\\6\end{pmatrix} = 0$

Die Ebenen E und F schneiden sich senkrecht.

Schnittgerade: $\vec{x} = \begin{pmatrix}0\\2\\2\end{pmatrix} + \frac{1}{4}r\begin{pmatrix}7\\11\\4\end{pmatrix}$

HNF von E: $\frac{-x_1 + x_2 - x_3}{\sqrt{3}} = 0$ HNF von F: $\frac{-5x_1 + x_2 + 6x_3 - 14}{\sqrt{62}} = 0$

Ebene E verläuft durch den Ursprung;

Ebene F hat vom Ursprung einen Abstand von $\frac{14}{\sqrt{62}}$.